Kohlhammer

Rönnfeldt/König/Kuczewski

Messtechnik im Feuerwehreinsatz

3., aktualisierte und erweiterte Auflage

Verlag W. Kohlhammer

Wichtiger Hinweis

Die Verfasser haben größte Mühe darauf verwendet, dass die Angaben und Anweisungen dem jeweiligen Wissensstand bei Fertigstellung des Werkes entsprechen. Weil sich jedoch die technische Entwicklung sowie Normen und Vorschriften ständig im Fluss befinden, sind Fehler nicht vollständig auszuschließen. Daher übernehmen die Autoren und der Verlag für die im Buch enthaltenen Angaben und Anweisungen keine Gewähr.

Umschlagbild: Jochen Tack, Essen

3., aktualisierte und erweiterte Auflage 2026

Gesamtherstellung: W. Kohlhammer GmbH, Heßbrühlstr. 69, 70565 Stuttgart
produktsicherheit@kohlhammer.de

Print:
ISBN 978-3-17-040525-7

E-Book-Formate:
pdf: ISBN 978-3-17-040527-1
epub: ISBN 978-3-17-040528-8

Vorwort zur 3. Auflage

Dreißig Jahre nach der ersten Auflage und fünfzehn Jahre nach Erscheinen der zweiten Auflage war es an der Zeit eine aktualisierte Auflage zu veröffentlichen.

Die Notwendigkeit für eine Aktualisierung ergab sich im Wesentlichen aus den Veränderungen bei den verfügbaren Gerätetechniken. Das bedeutet aber nicht zwangsläufig, dass den Feuerwehren immer neue Technologien zur Verfügung stehen, sondern dass verfügbare Gerätetechniken auch weiterentwickelt und verbessert wurden. Die Zahl der Anbieter ist in manchen Marktsegmenten teilweise sogar größer geworden. Viele bewährte Nachweisprinzipien sind nach wie vor Standard bei den Feuerwehren und werden dort in den nächsten Jahren bei Einsätzen noch zu finden sein.

Grundsätzlich wurde die inhaltliche Struktur in der dritten Auflage überarbeitet. Nach einem allgemeinen Teil folgen die drei Hauptteile zu den drei Gefahrstoffgruppen in der Reihenfolge nach der international üblichen Abkürzung CBRN, also chemisch, biologisch und radiologisch/nuklear.

Auf die Darstellung der Gerätetechnik zur technischen Ortung wurde in der dritten Auflage gänzlich verzichtet, da es sich um ein eigenständiges Thema handelt, das keinen direkten Zusammenhang zu den CBRN-Themen hat. So entstand mehr Kapazität für die detaillierte Darstellung anderer Themen.

Ein wichtiger Meilenstein war seit dem Erscheinen der zweiten Auflage die Veröffentlichung einheitlicher Standards zur Probenahme auf Bundesebene. Auch die wenigen überhaupt existierenden Regelwerke (FwDV 500 und vfdb-Richtlinien 10/05) wurden überarbeitet und neu strukturiert. Auf diesem Wege konnte auch das Thema Gesundheitsschutz etabliert werden. Der Begriff »Biomonitoring« sollte daher den Verantwortlichen der Feuerwehren und Katastrophenschutzeinheiten zukünftig geläufig sein. Eine Zentrale Expositionsdatei (ZED) kann mittlerweile auch von ehrenamtlichen Kräften genutzt werden.

Die Strahlenschutzregisternummer (SSR), die auch ehrenamtliche und hauptberufliche Einsatzkräfte aufgrund von Änderungen im Strahlenschutzrecht betreffen kann, wird erläutert.

Neu aufgenommen wurde auch ein Kapitel zur praxisbezogenen Ausbildung im Umgang mit verschiedenen Nachweistechnologien.

Die Autoren setzen voraus, dass die Leserschaft über Grundlagenwissen verfügt, das in den Gefahrstoff-Lehrgängen an den Landesfeuerwehrschulen und in den Seminaren an der »Bundesakademie für Bevölkerungsschutz und zivile Verteidigung (BABZ)« vermittelt wird.

Mario König, Mannheim
Dr. Bernhard Kuczewski, Rüsselsheim
Jens Rönnfeldt, Weiterstadt

Inhaltsverzeichnis

1 Regelwerke

Allgemeines

Für den Betrieb der Gerätetechnik und deren Handhabung sowie für die Festlegung einer lageabhängigen Messtaktik an Einsatzstellen der Feuerwehren sind fundierte Kenntnisse über die wesentlichen Regelwerke im Zusammenhang mit CBRN-Gefahrstoffen von grundsätzlicher Bedeutung.

1.1 Feuerwehr-Dienstvorschrift 500

Die überarbeitete Version der Feuerwehr-Dienstvorschrift 500 (FwDV 500) »Einheiten im ABC-Einsatz« wurde am 16. März 2022 durch den Ausschuss Feuerwehrangelegenheiten, Katastrophenschutz und zivile Verteidigung (AFKzV) genehmigt und den Ländern als Handlungsvorgabe dargelegt [1.1].

Zur Anwendbarkeit von Regelwerken aus anderen Rechtsgebieten (z. B. Strahlenschutzgesetz, Biostoffverordnung, Gefahrstoffverordnung) bei Feuerwehreinsätzen sind in der FwDV 500 eindeutige Aussagen zu finden, die die Einsatzkräfte betreffen (▶ Kasten Auszug aus der FwDV 500).

Auszug aus der FwDV 500

1 Allgemeines

(...)

Vorbehaltlich der geltenden landesrechtlichen Regelungen ist zu beachten:

- Feuerwehrangehörige sind keine beruflich strahlenexponierten Personen im Sinne des Strahlenschutzgesetzes (StrlSchG).
- Eine Durchführung des ABC-Einsatzes gemäß der FwDV 500 wird als gleichwertig zur Einhaltung der Biostoffverordnung (BioStoffV) und TRBA 130 (Arbeitsschutzmaßnahmen in akuten biologischen Gefahrenlagen) sowie der Gefahrstoffverordnung (GefStoffV) betrachtet.

Für Angehörige von Werkfeuerwehren oder betrieblichen Feuerwehren können aufgrund ihrer Betriebszugehörigkeit besondere Vorschriften gelten.

(...)
Neben der FwDV 500 gelten beispielhaft folgende Regelwerke:
- Betriebssicherheitsverordnung (BetrSVO),
- Biostoffverordnung (BioStoffV),
- Gefahrstoffverordnung (GefStoffV),
- Strahlenschutzgesetz (StrSchG),
- Vorschriften der Unfallversicherungsträger (DGUV),
- DIN-Normen,
- Richtlinien, z. B. der Vereinigung zur Förderung des deutschen Brandschutzes e. V. (vfdb),
- Technische Unterlagen der Hersteller (Gebrauchsanleitungen).

Die Gesetze und zugehörigen Verordnungen werden in einschlägigen und anerkannten Regeln der Technik konkretisiert, die wegen der Vielzahl aber hier nicht einzeln aufgeführt werden.

1.2 vfdb-Richtlinien

Anfang des neuen Jahrhunderts veröffentlichte das Referat 10 der Vereinigung zur Förderung des deutschen Brandschutzes (vfdb) den ersten Teil der Richtlinie 10/05 »Gefahrstoffnachweis im Feuerwehreinsatz« zum Thema Nachweistechnik [1.4], um die bis dahin bestehende Regelungslücke für den Gefahrstoffnachweis bei Einsätzen mit chemischen Stoffen zu schließen. Der zweite Teil, »Nachweistaktik« [1.5], und der dritte Teil, »Qualifikation des Personals« [1.6] folgten im Jahr 2003. Im Jahr 2022 erschien eine grundlegend überarbeitete Version der Richtlinie. Alle drei bisherigen Teile sind nunmehr in einer Richtlinie zusammengefasst [1.3].

Mit der Einführung der ersten Version der FwDV 500, die die Feuerwehr-Dienstvorschriften 9/1, 9/2 und 14 ersetzte, konnte auch der Rechtscharakter der vfdb-Richtlinien des Referates 10 geklärt werden, da zu Beginn des allgemeinen Textteiles der FwDV 500 darauf hingewiesen wird, dass vorbehaltlich der geltenden landesrechtlichen Regelungen auch DIN-Normen, Richtlinien der vfdb sowie einschlägige technische Regeln zu beachten sind (► Kasten Auszug aus der FwDV 500). Gleiches gilt auch für andere Regelwerke.

Somit erlangten die vfdb-Richtlinien mit der Einführung der FwDV 500 den Status von anerkannten Richtlinien der Technik. Die FwDV 500 ist mittlerweile in allen Bundesländern entweder per Erlass oder über andere Regelwerke eingeführt (z. B. Gefahrstoff-Konzept in Rheinland-Pfalz [1.2]). In Baden-Württemberg ist die FwDV 500 über die Unfallverhütungs-Vorschriften und entsprechende Verwaltungsvorschriften rechtskräftig anzuwenden.

1.3 Prüfvorschriften

Auf der Basis der DGUV Vorschrift 49 [1.6] sind auch für Geräte, die an Feuerwehr-Einsatzstellen für den Nachweis von Gefahrstoffen eingesetzt werden, Prüfungen vorgeschrieben.

▶ Tabelle 1 führt alle derzeit in den »Prüfgrundsätze für Ausrüstungen, Geräte und Fahrzeuge der Feuerwehr, DGUV Grundsatz 305-002« [1.7] genannten Geräte und Fristen auf.

Macht der Hersteller abweichende Prüfvorschriften, die eine strengere Regelung beinhalten, so sind diese im Rahmen der Produkthaftung zu beachten. Weiterhin sind ggf. auch noch Regelungen aus anderen anerkannten Regelwerken der Technik (DIN, DVGW) sowie Erlasse übergeordneter Behörden bei der Prüfung zu beachten.

Seit 2009 gelten neue Wartungsvorschriften für Mess- und Warngeräte für gefährliche Gase/Dämpfe und Sauerstoff, die von der Berufsgenossenschaft Rohstoffe und chemische Industrie zuletzt 2023 überarbeitet wurden [1.8, 1.9]. Diese Vorgaben stellen eine Präzisierung vieler Vorgaben aus der DIN EN 60079-29-2 [10.2] dar.

Tabelle 1: ***Prüffristen (Quelle: DGUV Grundsatz 3005-002, auszugsweise)***

Ausrüstung, Gerät, Fahrzeug	Sichtprüfung gem. § 1 (1) DGUV Vorschrift 49 Nach Benutzung	Regelmäßige Prüfung durch befähigte Person Sicht und Funktion
Dosisleistungsmessgerät	Benutzende Person	halbjährlich
Dosisleistungswarngerät	Benutzende Person	halbjährlich
Dosiswarngerät	Benutzende Person	halbjährlich
Kontaminationsnachweis-gerät	Benutzende Person	halbjährlich
Ex-, Ex-/Ox-Messgerät	Benutzende Person	Herstellerangaben
Sensormessgerät	Benutzende Person	Herstellerangaben

Tabelle 1: ***Prüffristen (Quelle: DGUV Grundsatz 3005-002, auszugsweise) – Fortsetzung***

Ausrüstung, Gerät, Fahrzeug	Sichtprüfung gem. § 1 (1) DGUV Vorschrift 49 Nach Benutzung	Regelmäßige Prüfung durch befähigte Person Sicht und Funktion
Infrarotspektrometer	Benutzende Person	Herstellerangaben
Photoionisationsdetektor	Benutzende Person	Herstellerangaben
Photometer	Benutzende Person	Herstellerangaben
Leitfähigkeitsmessgerät	Benutzende Person	vierteljährlich
pH-Messgerät	Benutzende Person	vierteljährlich
Prüfröhrchen	Benutzende Person	Verbrauchszeit der Röhrchen beachten
Pumpe für Prüfröhrchen	Benutzende Person	Herstellerangaben
pH-Papier	Benutzende Person	Herstellerangaben
Öltestpapier	Benutzende Person	Herstellerangaben
Wasseranalyseset	Benutzende Person	Herstellerangaben

1.4 Normen

Neben den Normen für Feuerwehrfahrzeuge (▶ Kapitel 7), in denen Messgeräte und Probenahmegerätschaften aufgeführt sein können, existieren weitere Normen für Gaswarngeräte (▶ Tabelle 2). Informationen zu Berichtigungen oder aktuellen Entwürfen der aufgeführten Normen sind auf dem Normungsportal des Deutschen Instituts für Normung (DIN) zu finden.

Tabelle 2: ***Übersicht der Normen zu Gaswarngeräten (Quelle: BG RCI)***

Norm	Titel
DIN EN 60079-29-1	Explosionsfähige Atmosphäre – Teil 29-1: Gasmessgeräte – Anforderungen an das Betriebsverhalten von Geräten für die Messung brennbarer Gase
DIN EN 60079-29-2	Explosionsfähige Atmosphäre – Teil 29-1: Gasmessgeräte – Auswahl, Installation, Einsatz und Wartung von Geräten für die Messung von brennbaren Gasen und Sauerstoff

Tabelle 2: ***Übersicht der Normen zu Gaswarngeräten (Quelle: BG RCI) – Fortsetzung***

Norm	Titel
DIN EN 50104	Elektrische Geräte für die Detektion und Messung von Sauerstoff – Anforderungen an das Betriebsverhalten und Prüfverfahren
DIN EN 45544-1	Arbeitsplatzatmosphäre – Elektrische Geräte für die Detektion und direkte Konzentrationsmessung toxischer Gase und Dämpfe – Teil 1: Allgemeine Anforderungen an Prüfverfahren
DIN EN 45544-2	Arbeitsplatzatmosphäre – Elektrische Geräte für die Detektion und direkte Konzentrationsmessung toxischer Gase und Dämpfe – Teil 2: Anforderungen an das Betriebsverhalten von Geräten für Konzentrationsmessungen im Bereich von Grenzwerten
DIN EN 45544-3	Arbeitsplatzatmosphäre – Elektrische Geräte für die Detektion und direkte Konzentrationsmessung toxischer Gase und Dämpfe – Teil 3: Anforderungen an das Betriebsverhalten von Geräten für Konzentrationsmessungen weit oberhalb von Grenzwerten
DIN EN 45544-4	Arbeitsplatzatmosphäre – Elektrische Geräte für die Detektion und direkte Konzentrationsmessung toxischer Gase und Dämpfe – Teil 4: Leitfaden für Auswahl, Installation, Einsatz und Instandhaltung

1.5 Stufenkonzept des Deutschen Feuerwehrverbandes

Der Deutsche Feuerwehrverband (DFV) veröffentlichte vermutlich im Jahr 1992 ein vierstufiges Schema, das auch in der überarbeiteten Fassung der vfdb-Richtlinie 10/05 aus dem Jahr 2022 in etwas modifizierter Form noch zu finden ist (▶ Bild 1). Der genaue Zeitpunkt zur Entstehungsgeschichte des Stufenkonzeptes lässt sich heute nicht mehr genau nachweisen. Die Angaben stammen aus Informationen des früheren Leiters der Berufsfeuerwehr Aachen, Herrn Dr. Nüßler, die durch Mails vom September 2008 belegbar sind.

Für Gefahrstoffeinsätze wird nach einem modularen Prinzip beschrieben, wie sich bestimmte Aufgabenbereiche bei einem Feuerwehr-Einsatz planerisch und einsatztaktisch aufbauen und bewältigen lassen.

Das Schema beschreibt die Bereiche Gefahrstoffnachweis, Informationsbeschaffung, Ausbreitungsprognose und Qualifikation der Einsatzkräfte. Nachfolgend werden nur die Festlegungen für den Gefahrstoffnachweis erläutert. Auch in der FwDV 500 wird auf das Stufenkonzept Bezug genommen (▶ Kapitel 1.5.1).

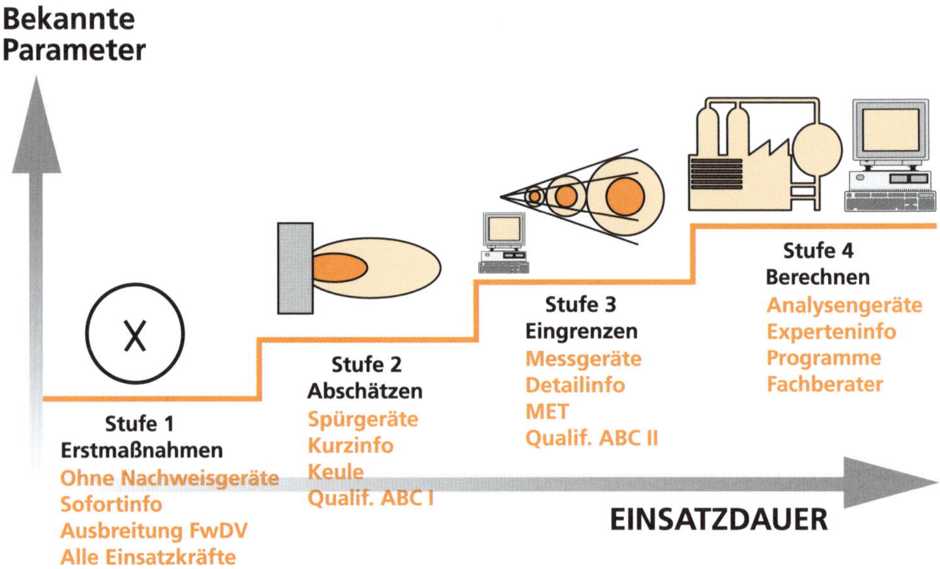

Bekannte Parameter

Stufe 1
Erstmaßnahmen
Ohne Nachweisgeräte
Sofortinfo
Ausbreitung FwDV
Alle Einsatzkräfte

Stufe 2
Abschätzen
Spürgeräte
Kurzinfo
Keule
Qualif. ABC I

Stufe 3
Eingrenzen
Messgeräte
Detailinfo
MET
Qualif. ABC II

Stufe 4
Berechnen
Analysengeräte
Experteninfo
Programme
Fachberater

EINSATZDAUER

Bild 1: ***Vierstufiges Schema des Deutschen Feuerwehrverbands (DFV) zum Abarbeiten von Gefahrstoffeinsätzen, gegliedert in die Bereiche Gefahrstoffnachweis, Informationsbeschaffung, Ausbreitungsprognose und Qualifikation der Einsatzkräfte***

1.5.1 Gefahrstoffnachweis

Stufe 1: Ohne Nachweisgeräte

Die Erstmaßnahmen können auf der Grundlage der sensorischen Fähigkeiten der Einsatzkräfte in Verbindung mit deren Einsatzerfahrung und erkennbaren Gefahrenhinweisen oder Beschriftungen festgelegt werden.

Stufe 2: Spürgeräte nach vfdb-Richtlinie 10/05

Einfache Nachweisverfahren, die mit geringem Aufwand eine Abschätzung ermöglichen, ob Gefahrstoffe vorhanden sind. Beispiele: pH-Wert-Indikatoren, Öltestpapier, Lecksuchspray, Wassernachweispaste

Stufe 3: Messgeräte nach vfdb-Richtlinie 10/05
Nachweisverfahren, mit denen Punktmessungen und kontinuierliche Messungen möglich sind. Der gerätetechnische Aufwand ist größer als bei Spürgeräten. Beispiele: Prüfröhrchen, katalytische Sensoren, elektrochemische Sensoren, Photoionisationsdetektoren, Mehrgasmessgeräte, stoffspezifische Testsätze, digitale Dosiswarngeräte, Dosisleistungsmessgeräte, Dosisleistungswarngeräte, Thermolumineszenzdosimeter, Kontaminationsnachweisgeräte

Stufe 4: Analysegeräte nach vfdb-Richtlinie 10/05
Komplexe aufwändige Geräte, die nur an wenigen Standorten vorhanden sind und besondere Anforderungen an das Bedienungspersonal stellen (Ausstattung der Analytischen Task Force). Beispiele: Mobile Gaschromatographen/Massenspektrometer, Ionenmobilitatsspektrometer, Infrarotspektrometer, Ramanspektrometer.

Literatur

[1.1] FwDV 500, Einheiten im ABC-Einsatz, Stand Januar 2022; Verlag W. Kohlhammer Deutscher Gemeindeverlag, 3. Auflage 2023.

[1.2] Gefahrstoff-Konzept Rheinland-Pfalz, Schreiben des Ministeriums des Innern und für Sport vom 25. April 2005 (Az.: 30 113-1DV.500).

[1.3] vfdb-Richtlinie 10/05, ABC-Gefahrstoffnachweis im Feuerwehreinsatz, Vereinigung zur Förderung des Deutschen Brandschutzes e. V.; VdS Schadenverhütung Verlag; Köln, 2022.

[1.4] vfdb-Richtlinie 10/05, Gefahrstoffnachweis im Feuerwehreinsatz, Teil 1, Nachweistechnik, Vereinigungzur Förderung des Deutschen Brandschutzes e. V.; VdS Schadenverhütung Verlag; Köln, 2003.

[1.5] vfdb-Richtlinie 10/05, Gefahrstoffnachweis im Feuerwehreinsatz, Teil 2, Nachweistaktik, Vereinigung zur Förderung des Deutschen Brandschutzes e. V.; VdS Schadenverhütung Verlag; Köln, 2003.

[1.6] vfdb-Richtlinie 10/05, Gefahrstoffnachweis im Feuerwehreinsatz, Teil 3, Qualifikation des Personals, Vereinigung zur Förderung des Deutschen Brandschutzes e. V.; VdS Schadenverhütung Verlag; Köln, 2003.

[1.7] Deutsche Gesetzliche Unfallversicherung (Hrsg.): Feuerwehren, DGUV Vorschrift 49; Ausgabe 2018.

[1.8] Deutsche Gesetzliche Unfallversicherung (Hrsg.): Prüfgrundsätze für Ausrüstungen, Geräte und Fahrzeuge der Feuerwehr, DGUV Grundsatz 305-002; aktualisierte Onlinefassung Dezember 2021.

[1.9] Berufsgenossenschaft Rohstoffe und chemische Industrie (Hrsg.): Gaswarneinrichtungen und -geräte für toxische Gase/Dämpfe und Sauerstoff, Einsatz und Betrieb, T021, DGUV Information 213-056, 2/2016 aktualisiert 2023.

[1.10] Berufsgenossenschaft Rohstoffe und chemische Industrie (Hrsg.): Gaswarneinrichtungen und -geräte für den Explosionsschutz, T023, DGUV Information 213-057, 2/2016 aktualisiert 2023.

2 Taktik

Warum soll wer, womit, welche Gefahren, wann und wo nachweisen (messen)?

Die anwendbaren Regelwerke (▶ Kapitel 1) liefern nur auf einen Teil der Fragen befriedigende Antworten im Sinne von taktischen Vorgaben.

In Anlage 2 der vfdb-Richtlinie 10/05 [1.3] werden die Begriffe, mit denen sich das unterschiedliche taktische Vorgehen beim Gefahrstoffnachweis beschreiben lässt, definiert. Dabei wird in Spüren, Messen und Analysieren unter dem Oberbegriff Nachweisen unterschieden. In der Praxis lässt sich feststellen, dass im Sprachgebrauch diese begriffliche Unterscheidung nicht wirklich Anwendung findet. Umgangssprachlich ist meistens der Begriff »Messen« wahrzunehmen. Auch in diesem Buch wird überwiegend der Begriff »Messen« verwendet.

2.1 Warum wird gemessen?

Messungen an Feuerwehr-Einsatzstellen sind Bestandteil der Lageerkundung und der Lagebeurteilung, um Einsatzkräfte und Betroffene angemessen schützen zu können (siehe FwDV 500 ▶ Kapitel 1.5.1).

Für Entscheidungen über den Verbleib von Personen in Gebäuden, die Festlegung von Absperrgrenzen, die Auswahl geeigneter persönlicher Schutzkleidung und die Anordnung angemessener Gefahrenabwehrmaßnahmen benötigt die Einsatzleitung Hinweise auf die Freisetzung von Gefahrstoffen, die häufig nur durch Nachweistechnik geliefert werden können, wenn eine sensorische Wahrnehmung nicht möglich ist oder vermieden werden muss.

Für die Kontrolle der Wirksamkeit der angeordneten Maßnahmen sind Messgeräte erforderlich.

Soweit realisierbar sollten die beteiligten Stoffe mit den gerätetechnischen Möglichkeiten der eingesetzten Einheiten und Fachdienste hinreichend genau ermittelt werden, um einsatzbegleitende Maßnahmen, wie zum Beispiel Dekontamination und medizinische Versorgung, stoffbezogen einleiten zu können.

2.2 Wer macht Messungen?

An Einsatzstellen, an denen die Einsatzleitung auf der Basis der jeweiligen Landesbrandschutzgesetze durch Führungsdienste der Feuerwehr wahrgenommen wird, führen im Regelfall Einheiten der Feuerwehr auch die Messungen durch. Dabei ist es üblich auf entsprechende Einheiten des Katastrophenschutzes zurückzugreifen, die häufig personell ebenfalls von Einsatzkräften der Feuerwehr besetzt werden.

Einheiten der Polizei verfügen in einigen Bundesländern ebenfalls über Geräte zum Gefahrstoffnachweis und sind aufgrund landesspezifischer Regelungen in die Gefahrenabwehrmaßnahmen der Feuerwehr eingebunden (z. B. Hamburg, Niedersachsen, Berlin).

Eine klare Grenze muss gezogen werden, wenn die Gefahrenabwehrmaßnahmen der Feuerwehr beendet sind und die Zuständigkeit bei Gefahrstoffeinsätzen an andere Fachbehörden (Umwelt, Gesundheit, Strahlenschutz, …) oder die Polizei übergeht.

2.3 Womit wird gemessen?

Geräte zum Gefahrstoffnachweis an Feuerwehr-Einsatzstellen lassen sich grundsätzlich in verschiedene Gruppen einteilen.

In der FwDV 500 sind in den Kapiteln 1.3.1.4 und 1.3.2 Nachweisgeräte nur sehr allgemein aufgelistet:

1.3.1.4 Dosismess- und Warngeräte

Zur Warnung vor einer Gefährdung von außen sind für bestimmte Einsätze Mess- und Warngeräte vorgesehen. (…)

1.3.2 Sonstige Sonderausrüstung

(…)
Nachweisgeräte
Folgende Gerätegruppen sind in Abhängigkeit von der Lage und den vorhandenen ABC-Gefahrstoffen geeignet:

Geräte zum Nachweis
- explosionsfähiger Gas-/Dampf-Luft-Gemische,
- sonstiger gefährlicher Gase und Dämpfe,
- des Sauerstoffgehalts,
- gefährlicher fester und flüssiger Stoffe und/oder
- gefährlicher Strahlung.

In den Kapiteln 2.3 und 4.3.3 sind in der FwDV 500 dann etwas detailliertere Darstellungen der Gerätegruppen zu finden.

Für radioaktive Stoffe unterscheidet die Dienstvorschrift in Personendosimeter und Dosiswarngeräte als Bestandteil der Persönlichen Schutzausrüstung und Dosisleistungsmessgeräte, Dosisleistungswarngeräte sowie Kontaminationsnachweisgeräte, die der sonstigen Schutzausrüstung zugeordnet werden. Einzelheiten sind im ▶ Kapitel 24 beschrieben.

Für C-Gefahrstoffe sind Messgeräte im Kapitel 4.3.3 der überarbeiteten FwDV 500 weiterhin nur allgemein unter Bezugnahme auf das Stufenmodell aufgeführt. Die FwDV 500 verweist darauf, dass die Gerätetechnik einer ständigen wissenschaftlich-technischen Entwicklung unterliegt. Deshalb ist eine abschließende Auflistung der Geräte und Gerätegruppe als sonstige Sonderausrüstung in der FwDV 500 nicht möglich (siehe FwDV 500 Kapitel 4.3.2). Zumindest die Photoionisationsdetektoren haben es mittlerweile in die Auflistung der Messgeräte für die Stufe 3 geschafft.

4.3.3 Umfang der Sonderausrüstung

(…)

Schnelltests (Stufe 2)
- pH-Wert-Indikatoren
- Spürpapier
- Wassernachweispaste mit Holzspatel
- Öltestpapier
- Lecksuchspray

Messgeräte (Stufe 3)
- Prüfröhrchen mindestens für Stoffe nach der vfdb-Richtlinie 10/01
- Gaswarngeräte zur Warnung vor Explosionsgefahren bzw. Mehrgaswarngeräte
- Photoionisationsdetektoren

In Kapitel 1.2 der vfdb-Richtlinie 10/05 [1.3] findet man ebenfalls eine Einteilung der Geräte auf der Grundlage des Stufenmodells:

Stufe 2 Schnelltests zum Spüren

- pH-Wert-Indikatoren
- Öltestpapier
- Lecksuchspray
- Wassernachweispaste

Stufe 3 Geräte zum Messen

- Prüfröhrchen
- Katalytische Sensoren (Ein- und Mehrgasmessgeräte)
- Photoionisationsdetektoren
- Mehrgasmessgeräte
- Stoffspezifische Testsätze
- Digitale Dosiswarngeräte
- Dosisleistungsmessgeräte
- Dosisleistungswarngeräte
- Thermoluminiszenzdosimeter
- Kontaminationsnachweisgeräte
- Nachweistests für biologische Stoffe

Stufe 4 Geräte zum Analysieren

- Mobile Gaschromatographen/Massenspektrometer
- Ionenmobilitätsspektrometer (IMS)
- Infrarot-Spektroskopie
- Raman

2.4 Welche Gefahren sollen nachgewiesen (»gemessen«) werden?

In Anlehnung an die bei der Feuerwehr gebräuchliche Gefahrenmatrix lassen sich die nachzuweisenden Gefahren folgendermaßen klassifizieren:

2.4.1 Atomare Gefahren

Es bestehen Gefahren durch äußere Bestrahlung, Kontamination und Inkorporation. Zur Beurteilung dieser Gefahren orientiert man sich an den Kenngrößen Dosis,

Dosisleistung und Oberflächenkontamination. Einzelheiten werden in ▶ Kapitel 24 erläutert.

2.4.2 Biologische Gefahren

Gefahren, die vor Ort bestehen, lassen sich nicht zeitnah nachweisen. Die Möglichkeiten der Feuerwehr sind in ▶ Kapitel 5 (Probenahme) und ▶ Kapitel 23 (Nachweis biologischer Gefahren) beschrieben.

2.4.3 Chemische Gefahren

Zur Beurteilung der Gefahren, die von C-Gefahrstoffen an Feuerwehr-Einsatzstellen ausgehen, müssen neben dem Aggregatzustand (Kriterium für das Ausbreitungsverhalten) drei weitere Gefahren (EX-OX-TOX) bewertet werden.

Explosionsgefahr (»EX«)
Atemgiftgefahr durch Sauerstoffverdrängung (»OX«)
Atemgiftgefahr durch Reiz- und Ätzwirkung (»TOX«)
Atemgiftgefahr durch Wirkung auf Blut, Nerven und Zellen (»TOX«)

Dabei hängt es sehr stark von den chemisch-physikalischen Eigenschaften der Gefahrstoffe ab, auf welche der drei Gefahren ein besonderes Augenmerk bei Messungen gelegt werden muss. Meistens hat die »TOX-Gefahr« die gefährlichste Wirkung.

Um die Gewichtung der Gefahren zu veranschaulichen, ist es hilfreich, sich die Größenordnungen der Gefahren auslösenden Konzentrationen bewusst zu machen.

Beispiele:

Ammoniak ist ein gasförmiger Stoff, der leichter als Luft ist (rel. Dampfdichte 0,6). Der Arbeitsplatzgrenzwert wird in der Fachliteratur mit 20 ppm und der Einsatztoleranzwert mit 110 ppm angegeben. Ammoniak ist brennbar, die Explosionsgrenzen liegen zwischen 3 und 15 Volumenprozent, das entspricht 3 000 bzw. 15 000 ppm [2.1].

Daraus lässt sich ableiten, dass der Schwerpunkt der Gefahr bei Ammoniak-Freisetzungen eindeutig in der TOX-Gefahr liegt. Betroffene haben längst erheb-

liche gesundheitliche Schäden erlitten, bevor die Ammoniak-Konzentration den Explosionsbereich erreicht.

Kohlenstoffdioxid ist ein gasförmiger Stoff, der schwerer als Luft ist (rel. Dampfdichte 1,53). Der Arbeitsplatzgrenzwert wird in der Fachliteratur mit 5 000 ppm angegeben. Das entspricht 0,5 Volumenprozent. Kohlenstoffdioxid ist nicht brennbar [2.1].

Bei Kohlenstoffdioxid liegen die Gefahren auslösenden Konzentrationen für die TOX-Gefahr und die OX-Gefahr in ungefähr gleichen Größenordnungen. Wenn keine stoffspezifische Nachweismöglichkeit verfügbar ist, liegt der Schwerpunkt beim Nachweis der OX-Gefahr.

2.5 Wann soll gemessen werden?

Hinter dieser Fragestellung steckt die grundsätzliche Entscheidung über den Sinn oder Unsinn von Messungen.

Für die Entscheidungsfindung sind verschiedene Kriterien zu bewerten:

- Aggregatzustand der freigesetzten Stoffe,
- Gasdichte im Vergleich zu Luft,
- Stoffgruppe (z. B. Säure/Lauge; Reinstoff/Gemisch),
- Gefährdung von Mensch und Umwelt, Toxizität,
- Brennbarkeit, Zündgrenzen,
- Zeitpunkt und Dauer der Freisetzung,
- Menge der freigesetzten Stoffe,
- Örtlichkeit (innerhalb/außerhalb eines Gebäudes, Topographie),
- Witterung und
- Ausbreitungsmedium.

2.5.1 Zeitliche Betrachtung

Sofern Einsatzkräfte für die Aufgaben des Gefahrstoffnachweises zur Verfügung stehen, sollte mit Probenahmen und dem Nachweis von Gefahrstoffen immer so früh wie möglich begonnen werden.

Bei großräumigen Gefahrstofffreisetzungen gilt der einsatztaktische Grundsatz: *»Erst warnen, dann messen! Entwarnung nicht vergessen!«*

2.5.2 Ereignisbezogene Betrachtung

In der vfdb-Richtlinie 10/05 sind in den Anhängen Tabellen zu finden, die als Hilfestellung für die Entscheidung über die einsatztaktische Notwendigkeit von Messungen dienen können. Der Anhang 4 gibt Auskunft über die ereignisabhängige Eignung der Nachweisverfahren:

Als Ereignisse werden aufgelistet:

- Brände Gefahrenbereiche 0 und 1 nach VdS 2357 [2.2]
- Brände Gefahrenbereiche 2 und 3 nach VdS 2357
- Brände in Betrieben, die der Störfall-Verordnung unterliegen
- Löschwasser
- Gefahrstoff, gasförmig
- Gefahrstoff, flüssig
- Gefahrstoff, flüssig, im Erdboden
- Gefahrstoff, flüssig, im Gewässer
- Gefahrstoff, fest
- Transportunfall
- Strahlenunfall

Aus der Auflistung lässt sich grundsätzlich ableiten, dass bei Bränden, die den Gefährdungsbereichen 0 oder 1 nach VdS 2357 zugeordnet werden können, Maßnahmen zum Gefahrstoffnachweis grundsätzlich nicht empfohlen werden.

Auszug aus der VdS 2357

Gefahrenbereich 0 (GB 0):

- räumlich eng begrenzte Ausdehnung (ca. 1 m^2) des deutlich sichtbar bis stark brandverschmutzten Bereichs, z. B. Brand eines Papierkorbs, Kerzengestecks oder einer Kochstelle, oder
- größere Ausdehnung, jedoch mit minimaler Brandverschmutzung.

Gefahrenbereich 1 (GB 1):

Brände mit deutlich sichtbarer Brandverschmutzung und gegenüber GB 0 größerer Ausdehnung des kontaminierten Bereiches, bei denen haushaltsübliche Mengen an kunststoffhaltigen Materialien verbrannt sind oder bei denen auf Grund der Brandbedingungen und des Brandbildes keine gravierende Schadstoffkontamination auf der Brandstelle zu erwarten ist.

2.6 Wo soll gemessen werden?

Es sind folgende einsatztaktische Grundsätze zu beachten:

- Immer im Einwirkungsbereich von Personen messen!
- Je nach Stoffeigenschaften in Kopfhöhe (Einatmung) oder Bodennähe messen!
- Bei Messungen an Gegenständen oder in Bodennähe Berührungen mit dem Nachweisgerät vermeiden (Kontamination)!

2.7 Es wurde gemessen und was nun?

2.7.1 Beurteilung

Fachberater, die eine Aussage zu einer möglichen Gefährdung für die betroffene Bevölkerung und die Einsatzkräfte machen müssen, benötigen eine Vielzahl von Informationen zu den Rahmenbedingungen einer Gefahrstofffreisetzung. Diese entsprechen genau den Kriterien, die auch bei der Grundsatzentscheidung über die Anordnung von Messungen heranzuziehen sind (▶ Kapitel 2.5).

Bei der Bewertung und Interpretation von Messergebnissen spielt dabei nicht die Konzentration die entscheidende Rolle, sondern insbesondere die Dauer der Exposition, die vermutlich der einzige Faktor ist, der durch Einsatzmaßnahmen (Warnung/Entwarnung, Räumung) entscheidend beeinflusst werden kann [1.2].

Aus der Vielzahl der möglichen Beurteilungswerte wird der Wert genommen, der für die Situation angemessen ist (▶ Kapitel 4). Es ist besser eine Situation in Größenordnungen zu beurteilen, als eine Beurteilung zu unterlassen (siehe Erläuterungen zur Anwendung des Modells für Effekte mit Toxischen Gasen MET [2.3]).

2.7.2 Übergabe der Einsatzstelle

Feuerwehr-Einsatzstellen werden nicht freigemessen oder freigegeben! Dieser Sprachgebrauch hält sich hartnäckig in den Lagemeldungen und Einsatzberichten der Feuerwehren. Die FwDV 500 enthält hierzu die klare Aussage, dass der Gefahrenbereich bei ABC-Einsätzen grundsätzlich nicht von der Feuerwehr freigegeben, sondern immer an die zuständige Behörde, den Betreiber oder Eigentümer übergeben wird (siehe FwDV 500 Kapitel 1.5.3.8).

Aufgrund der Ergebnisse der Feuerwehr-Messungen lässt sich lediglich die Aussage machen, dass durch die Feuerwehr keine unmittelbaren Gefahrenabwehrmaßnahmen mehr erforderlich sind. Die Folgemaßnahmen zur Beseitigung weiterer Gefahrenquellen werden durch die zuständige Behörde veranlasst.

Die Übergabe der Einsatzstelle ist als Lagemeldung bekanntzugeben und der Zeitpunkt der Übergabe ist im Einsatzprotokoll zu dokumentieren.

Für Freigabemessungen in Unternehmen zur Beurteilung einer momentanen Situation in Behältern oder engen Räumen gibt es entsprechende Regelwerke, die Vorgaben zur Qualifikation des Personals machen. Diese Freigabemessungen müssen nicht zwingend von Einsatzkräften der Feuerwehr durchgeführt werden [2.4].

Literatur

[2.1] Datenbank MEMPLEX 2023, Keudel av-Technik GmbH.

[2.2] VdS 2357; Richtlinie zur Brandschadensanierung, Gesamtverband der Deutschen Versicherungswirtschaft (Hrsg.): VdS Schadenverhütung GmbH, Köln, 2014.

[2.3] Nüßler, H.-D.: Gefahrgut-Ersteinsatz; Storck Verlag, Hamburg, 2024.

[2.4] Köhnen, Ä.: Freigabemessung – Arbeiten in Behältern, Silos und engen Räumen, BRANDSCHUTZ/ Deutsche Feuerwehr-Zeitung 3/2016, S.196 f.

3 Messtrupp-Einsatz

Unter dem Stichwort Messtrupp-Einsatz geht es darum, die verschiedenen Möglichkeiten zu beschreiben, mit denen ein oder mehrere Trupps eine mehr oder weniger umfangreiche Kontamination der Umwelt messtechnisch untersuchen bzw. beproben können. Da dieses Thema bereits in mehreren allgemein bekannten und leicht zugänglichen Dokumenten beschrieben wurde, sollen hier nur die verschiedenen Aspekte eines solchen Einsatzes angerissen werden und dann der Verweis auf die weiterführende Literatur dem Leser ein vertiefendes Einarbeiten ermöglichen. Sinnvollerweise wird bereits im Vorfeld eines möglichen Einsatzes die grundsätzliche Vorgehensweise für verschieden Szenarien überdacht und damit die Nachweisstrategie festgelegt. Im konkreten Einsatzfall wird dann nach der gegebenen Lage die spezielle Vorgehensweise durch die Nachweis-Taktik bestimmt.

Bei der Planung eines Messeinsatzes ist auch immer zu beachten, dass die höheren Stufen (▶ Kapitel 1.2) einer möglichen Unterstützung, insbesondere wenn Einheiten des Bundes zum Einsatz kommen, immer die personelle und technische Logistik der darunter liegenden Stufen voraussetzt, um arbeitsfähig zu sein.

3.1 Planung eines Einsatzes

Grundsätzlich gilt die vorgesehene Vorgehensweise: Die Einsatzleitung erläutert der Abschnittsleitung Messen oder dem Fachberater Gefahrstoff möglichst präzise die Informationen, die er benötigt, um eine ausreichende Lagebeurteilung durchführen zu können. Aus diesem Auftrag entwickelt die Abschnittsleitung Messen anhand der gegebenen Randbedingungen wie

- verfügbarer Zeitrahmen,
- Anzahl und Qualifikation der Kräfte,
- vorhandene Ausstattung,
- Wetterlage,
- räumlichen Gegebenheiten und
- sonstige Randbedingungen

eine Einsatztaktik, die in Form eines Einsatzbefehls an die verfügbaren Trupps weitergegeben wird.

Zum Teil wurden sehr ausgeklügelte Ablaufschemata entwickelt, die für die verschiedensten Szenarienarten und Szenariengrößen ein genaues Vorgehen beschreiben, die sowohl die einzelnen messtechnischen Aufgaben als auch die daraus abzuleitenden Maßnahmen festlegen [3.1]. Während es bei Einsätzen mit Chemikalien üblicherweise darum geht, eine einzelne Substanz oder manchmal ein Stoffgemisch zu analysieren und gegebenenfalls zu quantifizieren, wird die Aufgabenstellung im Fall eines Brandes erheblich anspruchsvoller. Nachdem entsprechend ▶ Kapitel 2.5 geklärt wurde, ob eine analytische Untersuchung des Brandrauches überhaupt sinnvoll ist, müssen für den positiven Fall aus der vorliegenden Brandlast und der Brandphase die zu erwartenden Brandprodukte abgeschätzt werden [3.2]. In den meisten Fällen wird man sich in diesem Fall auf eine Leitsubstanz festlegen, um den Messaufwand noch in einem zu vertretenden Rahmen zu halten, insbesondere wenn nur Prüfröhrchen zur Verfügung stehen. Die Messtaktik richtet sich oftmals auch nach der verfügbaren Ausstattung. Aber auch für Feuerwehren, deren messtechnische Ausstattung sich auf Prüfröhrchen und Ex-Messgeräte beschränkt, gibt es Anleitungen zur Optimierung eines solchen Einsatzes [3.4].

3.2 Einsatzauftrag

Der Einsatzauftrag für den jeweiligen Messtrupp enthält folgende Informationen:

- Erläuterung des Einsatzrahmens,
- Durchzuführende Messung und/oder Probenahme,
- Festlegung der notwendigen Persönlichen Schutzausrüstung (▶ Kapitel 3.3),
- Festlegung der einzusetzenden Messegräte (ggf. mit Details zur Durchführung der Messung) bzw. Festlegung der anzuwendenden Probenahmeverfahren (Art und Anzahl),
- Art und Umfang der Dokumentation sollte vordefiniert sein und keiner besonderen Hinweise bedürfen,
- Festlegung der Messpunkte inkl. gegebenenfalls weiterer Detailhinweise wie beispielsweise der Messpunkthöhe,
- Festlegung der Fahrtroute,
- Hinweis über die Lage des Dekonplatzes, sofern aufgrund des Einsatzauftrages mit einer Kontamination von Personal oder Gerät zu rechnen ist.

Bei großflächigen Schadenlagen sind je nach Art und Menge der freigesetzten Substanz verschiedene Formen der Erkundung möglich. Einige dieser ursprünglich aus dem Militärischen stammenden Vorgehensweisen (Grenzmessung, Eintauchen,

Durchstoßen oder Kreuzen) stoßen bei vielen Feuerwehren nicht ohne Grund auf eine gewisse Skepsis.

3.3 Persönliche Schutzausrüstung eines Erkundungstrupps

In Abhängigkeit von der Gefahrenanalyse für den Messtrupp und seinem Einsatzauftrag ist die optimale Schutzausrüstung festzulegen. So wird es in unklaren Lagen bei der ersten Erkundung in den meisten Fällen zum Einsatz eines gasdichten Chemikalienschutzanzuges kommen. In dem Maß, in dem dann zunehmende Erkenntnisse eine genauere Gefährdungseinschätzung zulassen, ist es möglich, die Schutzstufe der Lage und Aufgaben angemessen zu reduzieren.

3.4 Messtechnikausstattung und Probenahmeausstattung eines Erkundungstrupps

Sinnvollerweise ist die Ausstattung von Erkundungstrupps, die in einem Einsatz parallel eingesetzt werden, nach einheitlichen Standards festgelegt. Es ist darauf zu achten, dass die Messbereiche der Geräte der Aufgabe angemessen sind, insbesondere bei Prüfröhrchen ist hier gegebenenfalls der optimale Messbereich über die Anzahl der Pumpenhübe festzulegen. Kommen Geräte zum Einsatz, die über eine Querempfindlichkeit verfügen (Prüfröhrchen, elektrochemische Zellen), ist das, sofern möglich, im Vorfeld der Messung abzuprüfen. Die Querempfindlichkeit kann sowohl von Vorteil sein, wenn damit Stoffe gemessen werden können, für die es sonst kein anderes Nachweisverfahren gibt. Es kann sich aber auch als Nachteil erweisen, wenn dadurch Substanzen vorgetäuscht werden, die vor Ort nicht vorhanden sind. Zur Auswahl der geeigneten Probenahme- und Messverfahren für die verschiedensten Einsatzlagen kann ein Indikationskatalog hilfreich sein, in dem ereignisabhängige Nachweis- und Probenahmeverfahren in Tabellen angeführt sind.

3.5 Führung von Messtrupps

In Abhängigkeit vom Schadenausmaß und den verfügbaren Ressourcen ist der Einsatzabschnitt Messen zu strukturieren. Gegebenenfalls kann es bei großen

Schadenlagen zu einem Führungssystem mit mehreren Hierarchieebenen kommen, in dem der Aufgabenbereich Messen als ein eigener Einsatzabschnitt mit einer eigenen Betriebsgruppe geführt wird. Mit der Einführung der Messleitkomponenten durch den Bund wird es hier in den nächsten Jahren zu erheblichen Veränderungen kommen.

3.6 Zusammenarbeit mit anderen Fachbehörden

In Abhängigkeit vom Schadenszenario und den geltenden kommunalen/kreisweiten Vorgaben bzw. landesweiten Regelungen ist eine Zusammenarbeit mit den jeweiligen Behörden während und nach einem Einsatz vorzubereiten. Insbesondere ist dabei zu beachten, dass je nach Schadenlage die Einsatzleitung von der Feuerwehr an die Fachbehörde übergehen kann.

3.7 Dokumentation

Sobald mehrere Feuerwehren bei einem Gefahrstoffeinsatz zusammengezogen werden, ist es unerlässlich, dass alle Einheiten eine einheitliche Dokumentation betreiben. Bei der Dokumentation einer Probenahme muss der Schwerpunkt darauf liegen, dass die analysierende Stelle im benötigten Umfang und mit qualitativ hochwertigen Daten versorgt wird, um ein optimales Analysenergebnis abzuliefern bzw. um eine optimale Bewertung des Messergebnisses zu ermöglichen. Eine Kopie dieses Protokolls sollte immer bei den Einsatzunterlagen abgelegt werden, um die Informationen zu den gesammelten Proben und Messungen auch im Nachhinein noch dokumentieren bzw. nachverfolgen zu können. Bei der Dokumentation der Messwerte ist aus zweierlei Gründen auf eine sorgfältige Datenerfassung bezüglich Qualität und Umfang zu achten. Zum einen sind die Daten Grundlage für die aktuelle Schadenbewertung, zum anderen können sie auch dann noch von großer Bedeutung werden, wenn der Einsatz im Nachhinein juristisch untersucht wird bzw. wenn die Möglichkeiten des Umweltinformationsgesetzes ausgenutzt werden und die Medien oder interessierte Gruppen eine Freigabe der Messwerte verlangen, was rechtlich zulässig ist.

3.8 Lagedarstellung

Eine zeitnah geführte und auf die wesentlichen Fakten reduzierte Lagedarstellung ist die Voraussetzung für den Einsatzleiter, um aus der Vielzahl an Detailinformationen, die im Laufe der messtechnischen Aufklärung gewonnen werden, eine optimale Einsatzentscheidung zu treffen. Neben einer Darstellung des Ausbreitungsgebietes werden auch alle Punkte dokumentiert, an denen Proben entnommen und Messungen durchgeführt wurden. Es erleichtert die Übersichtlichkeit einer Lage, wenn die Messergebnisse der einzelnen Messpunkte durch einen Farbcode (z. B. mit kleinen, farbigen Magneten) dargestellt werden. Beispielsweise in der Form:
Weiß = Konzentration unterhalb der Nachweisgrenze,
Grün = Konzentration unterhalb des Beurteilungswertes,
Gelb = Beurteilungswert erreicht,
Rot = Beurteilungswert erheblich überschritten.

Literatur

[3.1] ABC-Schutz-Konzept NRW: »Messzug NRW«, Innenministerium des Landes Nordrhein-Westfalen, Juni 2009.

[3.2] vfdb-Richtlinie 10-03, Schadstoffe bei Bränden, Tabelle 4.4.1: Mögliche Verbrennungs- und Brandfolgeprodukte in den verschiedenen Brandphasen, Vereinigung zur Förderung des Deutschen Brandschutzes e. V., 2020-09.

[3.3] Denker S., Mussmann B.: Messstrategievorschlag zur Bewertung von Schadstoffkonzentrationen im Feuerwehreinsatz, Drägerheft 366, S. 31-34, Dezember 1997.

[3.4] Gefahrstoffnachweis und Notfallprobenahme im Katastrophenschutz des Landes Hessen KatSDV 510 HE. Hessisches Ministerium des Innern und für Sport, 2013, online abrufbar unter: https://innen.hessen.de/sicherheit/katastrophenschutz/infothek, zuletzt aufgerufen am 21.09.2025.

4 Beurteilungswerte

Bei Einsätzen im Zusammenhang mit CBRN-Gefahrstoffen besteht eine mögliche Gefährdung für Menschen durch die Aufnahme in den Körper durch Körperöffnungen (Inkorporation), den Kontakt mit der Hautoberfläche, den Schleimhäuten (Kontamination) und der Schädigung durch Einwirkung von außen durch mechanische Energie oder Strahlungsenergie.

Um die dadurch möglichen Schäden vermeiden zu können, oder zumindest soweit als möglich zu reduzieren, benötigt die Einsatzleitung Grundlagen auf denen ihre taktischen Entscheidungen beruhen. Dazu dienen gemäß der FwDV 500 die Beurteilungswerte, mit denen die erhaltenen Messwerte verglichen werden können. Im Bereich der B-Gefahrstoffe existieren weder verwertbare Grenzwerte noch ist hier eine quantitative Messung möglich. Im Strahlenschutz sind die entsprechenden Werte gut messbar und durch Referenzwerte für die Dosisleistung für die Feuerwehren und die Bevölkerung definiert.

Die Gefährdung durch eine mögliche Explosionsgefahr ergibt sich über die untere Explosionsgrenze in Luft (%-UEG). Bei einer Gefährdung durch C-Gefahrstoffe stehen nun mehrere Beurteilungswerte zur Verfügung. Zum einen sind dies die Arbeitsplatzgrenzwerte, die eigentlich zur Bewertung von Schadstoffkonzentrationen an einem Arbeitsplatz vorgesehen sind und zum anderen die Einsatztoleranz- und die Störfall-Konzentrationsleitwerte, die für einen kurzen Expositionszeitraum (bis vier Stunden) in einem Schadenfall vorgesehen sind.

Anhand dieser Beurteilungswerte sind die Einsatzleitung bzw. Fachberater in der Lage, die vorliegenden Messwerte zu bewerten und sie können auch den Gefahrenbereich festlegen, außerhalb dessen Beurteilungswerte nicht überschritten werden sollen.

4.1 Definierte Grenzwerte

Bei der Verwendung von Grenzwerten ist zwischen Werten zu unterscheiden, die für die Verwendung an Arbeitsplätzen gedacht sind und Grenzwerten, die für den Einsatz im Schadenfall vorgesehen sind, von denen die gesamte Bevölkerung betroffen ist. Die Werte, die an Arbeitsplätzen zum Einsatz kommen, sind durch ihre Definition nur eingeschränkt für Feuerwehreinsätze geeignet. Im Folgenden werden zuerst die einsatzrelevanten Werte besprochen, die Definition, der Anwendungsbereich, die dafür verantwortlichen Institutionen und die jeweiligen Originalfundstellen. Anschließend folgen einige Informationen, die im Einsatzfall zu einem besseren Verständnis im Umgang mit den Grenzwerten führen sollen.

4.2 Grenzwerte für den Schadenfall

4.2.1 AEGL-Werte

Ursprünglich stammten die AEGL-Werte (Acute Exposure Guideline Levels) von der US-Umweltschutzbehörde EPA (Environmental Protection Agency). Sie werden dort als Planungsgrundlagen unter anderem für die Katastrophenschutzplanung herangezogen. In Deutschland hält sie das Umweltbundesamt vor – das UBA verweist allerdings auf die EPA für fortlaufend aktualisierte Informationen. Sie dienen als Planungswerte für die sicherheitstechnische Auslegung von störfallrelevanten Anlagen (Störfall-Verordnung, 12. BImSchV), sie finden aber auch europaweit im Rahmen der Seveso III-Richtlinie (Richtlinie 96/82/EG) Anwendung. Darüber hinaus können die Maßnahmen der Alarm- und Gefahrenabwehrplanung und der Katastrophenschutzplanung auf Grundlage der AEGL-Werte vorgesehen werden. Die AEGL-Werte sind stoffbezogen und stellen toxikologisch begründete Luftkonzentrationen dar, mit Schwellenwerten für Auswirkungen auf die menschliche Gesundheit. Die Konzentrationen werden für fünf verschiedene Expositionsdauern (10 min, 30 min, 1 h, 4 h und 8 h) angegeben und drei Schweregraden der Wirkung (zwischen wahrnehmbarer und lebensbedrohlicher Wirkung) abgeschätzt. Sie gelten für die gesamte Allgemeinbevölkerung inklusive empfindlicher Personengruppen bei Störfall-Expositionen.

Die einzelnen Stufen sind:
AEGL-1 (Schwelle zum spürbaren Unwohlsein) ist die luftgetragene Stoff-Konzentration (ausgedrückt in ppm oder mg/m^3), bei deren Überschreiten die allgemeine Bevölkerung ein spürbares Unwohlsein erleiden kann. Luftgetragene Stoff-Konzentrationen unterhalb des AEGL-1-Wertes bedeuten Expositionshöhen, die leichte Geruchs-, Geschmacks- oder andere sensorische Reizungen hervorrufen können. Betroffene Personen sind jedoch nicht in ihrer Fluchtmöglichkeit eingeschränkt und erleiden keine dauerhaften oder langwierigen Einschränkungen ihrer Gesundheit.

AEGL-2 (Schwelle zu schwerwiegenden, lang andauernden oder Flucht behindernden Wirkungen) ist die luftgetragene Stoff-Konzentration (ausgedrückt in ppm oder mg/m^3), bei deren Überschreiten die allgemeine Bevölkerung irreversible oder schwerwiegende, lang andauernde Gesundheitseffekte erleiden kann oder bei denen die Fähigkeit zur Flucht beeinträchtigt sein kann. Luftgetragene Stoff-Konzentrationen unterhalb des AEGL-2-Wertes aber oberhalb des AEGL-1-Wertes bedeuten Expositionshöhen, die spürbares Unwohlsein hervorrufen können.

AEGL-3 (Schwelle zur tödlichen Wirkung) ist die luftgetragene Stoff-Konzentration (ausgedrückt in ppm oder mg/m^3), bei deren Überschreiten die allgemeine Bevölkerung lebensbedrohliche oder tödliche Gesundheitseffekte erleiden kann. Luftgetragene Stoff-Konzentrationen unterhalb des AEGL-3-Wertes aber oberhalb des AEGL-2-Wertes bedeuten Expositionshöhen, die irreversible oder andere schwerwiegende, lang andauernde Gesundheitseffekte hervorrufen oder die Fähigkeit zur Flucht beeinträchtigen können.

4.2.2 Einsatztoleranzwert (ETW)

Die vfdb-Richtlinie 10-01 vom Juli 2022 ist als Bewertungs- und Entscheidungshilfe für Feuerwehreinsätze gedacht. Der ETW ist für eine zeitlich begrenzte Tätigkeit ohne Atemschutz (maximal vier Stunden) von Einsatzkräften vorgesehen. Sofern die Werte nicht überschritten werden, ist auch für die allgemeine Bevölkerung keine Gesundheitsgefährdung zu erwarten. Bei Konzentrationen oberhalb des ETW sind Einsatzmaßnahmen grundsätzlich unter Atemschutz durchzuführen. Für 44 Stoffe (Gase, Dämpfe und Aerosole) wurden bisher ETW festgelegt. Voraussetzung dafür ist:

- der Stoff ist einsatztaktisch relevant,
- er ist mit einfachen Mitteln nachweisbar und
- es liegt eine toxikologische und/oder sicherheitstechnische Bewertung vor.

Grundsätzlich können die AEGL-2-Werte als Einsatztoleranzwerte genutzt werden. Eine Übersicht der Grenzwerte für den Schadenfall findet man in der Stoff- und Toleranzwertliste nach vfdb-Richtline 10/01 auf der vfdb-Internetseite unter: https://www.vfdb.de/media/referate/referat10/doc/RL_10_01_Anlage1_ETW_Ref10_2022_73_.pdf)

4.3 Grenzwerte für den alltäglichen Gebrauch

Diese sehr umfangreichen Datensammlungen sind für den Feuerwehreinsatz mit Vorsicht zu betrachten, da die hier angegebenen Konzentrationen nur für bestimmte Personengruppen erhoben wurden (gesunde Arbeitnehmer) und von ganz anderen Expositionszeiten ausgegangen wurde.

4.3.1 Arbeitsplatzgrenzwert (AGW)

Arbeitsplatzgrenzwerte legt das Bundesministerium für Arbeit und Soziales fest. Sie wurden im Jahr 2005 mit der damaligen Neufassung der Gefahrstoffverordnung 2005 eingeführt. Die Werte selbst finden sich in der Technischen Regel für Gefahrstoffe (TRGS) 900. Der Arbeitsplatzgrenzwert ist die zeitlich gewichtete durchschnittliche Konzentration eines Stoffes in der Luft am Arbeitsplatz, bei der eine akute oder chronische Schädigung der Gesundheit der Beschäftigten nicht zu erwarten ist. Bei der Festlegung wird von einer in der Regel achtstündigen Exposition an fünf Tagen in der Woche während der Lebensarbeitszeit ausgegangen. Der Arbeitsplatzgrenzwert wird in mg/m^3 und ml/m^3 (ppm) angegeben. Die Definition des AGW folgt der des bisherigen MAK-Grenzwertes (Maximale Arbeitsplatzkonzentration). Bis die AGW aber in allen Technischen Regelwerken eingeführt sind, können MAK-Werte für die Beurteilung einer Gefährdung am Arbeitsplatz weiterhin benutzt werden. Wichtig bei der Anwendung dieser Grenzwerte ist der Tatbestand, dass hier nur ein einzelner Schadstoff betrachtet wird. Bei Stoffgemischen muss die TRGS 402 herangezogen werden. Falls der Stoff nicht in der TRGS 900 gefunden wird, kann ersatzweise der MAK-Wert der Deutschen Forschungsgemeinschaft, der Arbeitsplatzgrenzwert der EU oder der derived no-effect level (DNEL)-Wert aus der REACH-Verordnung Verwendung finden.

4.3.2 Krebserzeugende Arbeitsstoffe

Für gefährliche Stoffe, für die keine toxikologisch-arbeitsmedizinisch begründeten maximalen Arbeitsplatzkonzentrationen aufgestellt werden können, die aber krebserzeugend sind oder im Verdacht stehen, Krebs zu erzeugen, legte man früher Technische Richtkonzentrationen fest, die nach dem Stand der Technik erreichbar waren (TRGS 900). Dieser Ansatz ist mittlerweile durch die Expositions-Risiko-

Beziehung (ERB) ersetzt. Die Werte werden vom Ausschuss für Gefahrstoffe ermittelt und in der TRGS 910 veröffentlicht. Es wird dabei der Zusammenhang zwischen der Konzentration eines krebserzeugenden Stoffes, der durch Inhalation aufgenommen wurde und der statistischen Wahrscheinlichkeit des Auftretens einer Krebserkrankung während des gesamten Lebens betrachtet. Die TRGS 910 kennt eine Akzeptanz- und eine Toleranzkonzentration. Die beiden Werte unterscheiden sich in der Wahrscheinlichkeit eines Krebsrisikos.

4.4 Konzentrationsangaben

Zuweilen werden die Grenzwerte in verschiedenen Maßeinheiten angegeben. Mit den folgenden beiden Formeln können die Werte ineinander umgewandelt werden. Die Umrechnung von ppm (parts per million, ml/m^3) und der Massenkonzentration (mg/m^3) erfolgt mithilfe der molaren Masse (g/mol). Bei den nachfolgenden Formeln wurde das Molvolumen, unter physikalischen Normbedingungen 22,4 l, nach der idealen Gasgleichung auf 20 °C in 24,06 l umgerechnet.

Ideale Gasgleichung

$$V_m = \frac{n \times R \times T}{p}$$

mit

V_m Molvolumen (l)
R universelle Gaskonstante 8,314 J/mol K
T Temperatur (K)
p Druck (kPa)
n Stoffmenge (mol)

Umrechnung ppm in Massenkonzentration

$$m = \frac{M \times n\,ppm}{24{,}06}$$

mit

m Massenkonzentration (mg/m^3)
M molare Masse (g/mol)
24,06 Molvolumen auf 20 °C umgerechnet (l)
ppm Hilfsmaßeinheit

Umrechnung Massenkonzentration in ppm

$$n\ ppm = \frac{24{,}06 \times m}{M}$$

Praktisches Beispiel:

Ammoniak

molare Masse	17,03 g/mol
angenommene Massenkonzentration	54 mg/m³

gesucht wird die Konzentration in ppm

$$n\ ppm = \frac{24{,}06 \times 54}{17{,}03}$$

gesuchte Konzentration: 76,3 ppm

4.5 Umgang mit Richtwerten und Grenzwerten

Bei der Bewertung von Messergebnissen im Zusammenhang mit Grenzwerten sind eine ganze Reihe von Randbedingungen zu beachten, wenn man zu einer sinnvollen Bewertung kommen will. Das Ganze beginnt mit der Gewinnung eines Messwertes. Man muss sich immer darüber im Klaren sein, dass in einem vierdimensionalen System gearbeitet wird. Zum einen legt man über drei Raumkoordinaten den Messpunkt fest und zum anderen ist der Messzeitpunkt durch den Augenblick der Messung definiert. Die Problematik einer Schadstoffwolke liegt nun darin, dass es sich um ein zeitlich und räumlich dynamisches System handelt. Das bedeutet, bei konstantem Messpunkt können sich die Stoffkonzentrationen innerhalb kürzester Zeit um mehrere Größenordnungen verändern. Hier wäre die Lösung eine sogenannte Mittelung des Messwertes über einen größeren Zeitraum, was aber nur bei kontinuierlich arbeitenden Systemen möglich ist, die eine elektronische Mittelwertbildung zulassen.

Neben der großen zeitlichen Varianz der Stoffkonzentration gibt es auch eine genauso große räumliche Varianz, da sich Schadstoffwolken nicht als homogenes Gebilde ausbreiten, sondern vielmehr sehr heterogen in ihrer Zusammensetzung sind, was wiederum dazu führen kann, dass es in geringer Entfernung zum Messpunkt zu einer erheblichen Abweichung von der gemessenen Stoffkonzentration kommen kann. Insbesondere in konvektionsarmen Bereichen wie z. B. in Innenhöfen, Schächten, Gräben und im Windschatten von Gebäuden kann es zu Anreicherungen kommen. Neben den hier beschriebenen Problemen bezüglich der räumlichen und zeitlichen Varianz der Stoffkonzentration muss auch noch der jeweilige Fehler bedacht werden, der im Messverfahren selbst steckt. Insbesondere bei Prüfröhrchen ist die Streuung nicht zu vernachlässigen.

4.6 Toxikologische Randbedingungen

Zur Bewertung einer Gefährdung durch einen Stoff sind neben den messtechnischen Randbedingungen auch physiologisch bedingte Faktoren zu berücksichtigen. Dazu gehört z. B. der Aufnahmeweg einer Substanz in den Körper, die Bedeutung der Dosis bei der Frage nach der Wirkung, individuelle Effekte und synergistische Effekte beim gleichzeitigen Auftreten mehrerer Substanzen.

4.6.1 Aufnahmewege

Wesentlich für die Wirkung eines Stoffes ist der Weg, den die Substanz in den Körper nimmt. Als Aufnahmewege bieten sich verschiedene Möglichkeiten der Resorption beim Menschen an:

- die Oberfläche der ungeschützten Haut mit ca. 1,8 m^2 bis 2,2 m^2,
- das Lungengewebe, bei tiefer Einatmung mit einer Oberfläche von ca. 100 m^2,
- der Magen-Darm-Trakt mit ca. 100 m^2 bis 200 m^2.

Ein sehr eindrucksvolles Beispiel für die Bedeutung des Aufnahmeweges bei einer Vergiftung stellt das Quecksilber dar. Bei Aufnahme von dampfförmigem Quecksilber über die Atmung kommt es in den Alveolen zu einer 80-prozentigen Resorption. Bei einer Aufnahme über den Magen-Darm-Trakt hingegen nur zu einer Resorptionsquote kleiner 0,01 Prozent.

4.6.2 Atmung

Problematisch bei einer Aufnahme über die Atemwege und damit über die Lunge ist zum einen der kurze Weg über die Luftröhre. Zum anderen ist es die Tatsache, dass die Membran der Alveolen nur eine dünne Barriere darstellt, nach deren Überwindung eine Substanz in den Blutkreislauf und damit in den gesamten Organismus gelangen kann. Am kritischsten für die Aufnahme über die Lunge sind neben gasförmigen Stoffen und Dämpfen die Partikel mit einer Größe von unter 2,5 µm. Diese Partikel werden auch als lungengängig bezeichnet, da sie bis in die Alveolen gelangen können.

4.6.3 Verdauungstrakt

Nach dem Passieren der Speiseröhre findet eine mögliche Stoffresorption im Magen und anschließend im Bereich Zwölffingerdarm, Dünndarm, Dickdarm und Mastdarm statt. Durch die große Fläche und die gute Durchblutung der inneren Oberfläche dieser Organe kommt es auch hier zu einer vergleichsweise leichten Passage in den Blutkreislauf.

4.6.4 Haut

Die Haut stellt aufgrund ihrer vergleichsweise großen Dicken und ihrer Struktur üblicherweise eine gute Barriere dar. Die Durchdringung der Hautschicht bis zum Erreichen der Blutgefäße erfolgt daher nur langsam. Gesunde Haut nimmt etwa 1 µl/cm^2 wässrige Lösung auf. Der Weitertransport kann mit etwa 0,1 µl/cm^2 je Stunde grob abgeschätzt werden.

Problematisch sind gut fettlösliche Substanzen wie die meisten organischen Lösungsmittel, diese passieren recht leicht die Haut.

4.7 Konzentration und Dosis

Bei allen Messungen und Arbeiten mit Grenzwerten muss immer klar sein, dass man vor einem Bewertungsproblem steht, da Stoffkonzentrationen gemessen werden bzw. in den üblichen Ausbreitungsmodellen auch überwiegend mit Konzentrationen gearbeitet wird. Um eine toxikologische Bewertung vornehmen zu können, muss auch der Zeitfaktor berücksichtigt werden. Konzentration und Zeitdauer der Exposition bestimmen letztlich die biologische Wirkung. Das bedeutet, dass man die gefundene Konzentration, die ein Mensch letztendlich aufnimmt, in einen Zusammenhang mit der Einwirkungszeit bringen muss. Ein Ansatz, der ursprünglich für die Bewertung von Giftgasen entwickelt wurde, stammt von dem Chemiker Fritz Haber, der die nach ihm benannte Habersche-Regel definierte:

$$W = c \times t$$

mit

W Biologische Wirkung

c Konzentration

t Zeit

Bei genauerer Betrachtung muss aber noch die Atemrate berücksichtigt werden. Die Atemrate (A) berücksichtigt die Atemfrequenz und die Atemtiefe. Ein Beispiel für die Größenordnung der Atemrate gibt ▶ Tabelle 3. Zusätzlich kann noch eine Stoffkonstante (k) einbezogen werden, die das Maß der Resorption berücksichtigt. Dadurch ergibt sich die erweiterte Habersche Regel in der Form:

$$W = c \times t \times k \times A$$

mit

k Stoffkonstante

A Atemrate

Tabelle 3: ***Mittlere Atemraten des Menschen (Quelle: P. Bützer)***

Tätigkeit	Atemrate [l/h]
Liegen	300
Sitzen	400
Stehen	600
Leichte Arbeit	1 000
Mittlere Arbeit	1 600
Schwere Arbeit	3 000
Schwerste Arbeit	4 000

Das bedeutet: Die Wirkung eines luftgetragenen Schadstoffs ist im Wesentlichen abhängig von seiner Konzentration, der Einwirkungsdauer und der Atmungsintensität. Einige Beispiele für die Größenordnungen, in denen sich die gefährlichen Mengen von Giften bewegen können, zeigt ▶ Tabelle 4.

Tabelle 4: ***Vergleich der Toxizität verschiedener Stoffe (Quelle: P. Bützer)***

Verbindung	LD_{50} mg/kg
Natriumchlorid	3 200
DDT	150
Tetraethylblei	35
Kaliumcyanid	3
Bufotoxin (Krötengift)	0,4
Tetrodoxin (Jap. Kugelfisch)	0,008
Ricin (Toxin des Rizinus)	0,000 2
Diphtherietoxin	0,000 03
Botulinustoxin	0,000 000 03

Es wird die mittlere letale Dosis LD_{50} angegeben, die bei Versuchen an Ratten ermittelt wurden. Der LD_{50}-Wert gibt die Konzentration an, bei der 50 Prozent aller Versuchstiere starben. Die Angabe erfolgt in mg Wirkstoff pro kg Körpergewicht. Es handelt sich um einen statistischen Wert, so dass Abweichungen nach höheren und niedrigeren Werten möglich sind. Die in der Literatur angegebenen Werte stammen überwiegend von Tierversuchen. Eine direkte 1:1-Übertragung auf den Menschen ist aufgrund des unterschiedlichen Stoffwechsels nicht immer ohne weiteres möglich. Auch unter den Menschen ist die Wirkung eines Giftes keineswegs gleich, da es eine Vielzahl von Faktoren gibt, die für die Wirkung einer Substanz auf einen Menschen entscheidend sind:

- individuelle Unterschiede (körperliche Konstitution, Körpergewicht),
- Geschlecht und ethnische Herkunft (hormonell und stoffwechselbedingt),
- Gesundheitszustand,
- Tagesschwankung,
- unterschiedliche Ernährung,
- Umweltbedingungen (Temperatur),
- Verhalten (Ruhezustand, Aktivität),
- Gewöhnung (Wirkungsverlust bei Drogenabhängigen),
- Expositionsweg (Atmung, Nahrung usw.).

4.8 Synergistische Wirkung

Vollends problematisch wird es, wenn ein Gemisch mit mehreren giftigen Substanzen auf seine Wirkung hin beurteilt werden soll. So kann es zu einer Wirkungsverstärkung kommen. Das bekannteste Beispiel hierfür sind die im Brandrauch oftmals zusammen auftretenden Gase Blausäure und Kohlenstoffmonoxid. Hier erfolgt eine Potenzierung der Giftwirkung. Bei noch komplexeren Gasgemischen mit bis zu mehreren hundert nachweisbaren Substanzen, die übliche Situation bei Brandrauch, ist eine genaue Bewertung daher praktisch unmöglich.

Internet

EPA, Acute Exposure Guideline Levels for Airborne Chemicals, abrufbar unter: https://www.epa.gov/aegl, zuletzt aufgerufen am 21.12.2025.

Umweltbundesamt, AEGL – Störfallbeurteilungswerte, online abrufbar unter: https://www.umweltbundesamt.de/themen/wirtschaft-konsum/anlagensicherheit/aegl-stoerfallbeurteilungswerte, zuletzt aufgerufen am 21.12.2025.

Deutsche Gesetzliche Unfallversicherung e. V., Arbeitsplatzgrenzwerte (AGW), online abrufbar unter: https://www.dguv.de/ifa/fachinfos/arbeitsplatzgrenzwerte/index.jsp, zuletzt aufgerufen am 21.12.2025.

Bundesanstalt für Arbeitsschutz und Arbeitsmedizin, TRGS 900 Arbeitsplatzgrenzwerte, online abrufbar unter: https://www.baua.de/DE/Angebote/Rechtstexte-und-Technische-Regeln/Regelwerk/TRGS/TRGS-900.html, zuletzt aufgerufen am 21.12.2025.

Weiterführende Literatur zu Kapitel 4

Trepesch, D.: Probleme der Bewertung von Messergebnissen aus der Sicht der Feuerwehr, vfdb-Zeitschrift 4/1991, S. 187-189.

Uelpenich, G.: Grenzwerte und Richtwerte. Werte ohne Grenzen? BRANDSCHUTZ/Deutsche Feuerwehr-Zeitung 8/1993, S. 570-574.

Technisch-Wissenschaftlicher Beirat der Vereinigung zur Förderung des Deutschen Brandschutzes e. V. – Referat 10 (Hrsg.): vfdb-Richtlinie 10-01 Bewertung von Schadstoffkonzentrationen im Feuerwehreinsatz, mit Korrekturen vom 6. Juni 2008.

Loh, K., Elstner, P., Stephan, U.: Fachlexikon der Toxikologie, 4. Auflage, Springer Verlag, 2009.

Marquardt, H., Schäfer, S. G. (Hrsg.): Lehrbuch der Toxikologie, 2. Auflage, Wissenschaftliche Verlagsgesellschaft, 2004.

Bützer, P.: Sachkenntnis Gefährliche Stoffe und Zubereitungen, PH St. Gallen, Skript, November 2006.

Hahn, A., Michalak, H., Heinemeyer, G., Gundert-Remy, U.: Evaluierung des AEGL-Konzeptes durch Daten aus Störfallmeldungen nach § 16 e Abs. 2 ChemG. bgvv-Mitteilung, 2000.

Kaiser, W., Rogazewski, P.: Quantifizierung von Gefahren bei Störfällen. Technische Überwachung, Vol. 41, 2000, Nr. 10, S. 41-45.

5 Probenahme

Das Thema Probenahme im Bevölkerungsschutz, oftmals auch Notfallprobenahme genannt, unterscheidet sich erheblich von den standardisierten Probenahmeverfahren wie sie im Bereich der wissenschaftlichen Analytik wahrgenommen werden. Aufgrund der in diesem Fall hohen Dringlichkeit müssen hier an der Qualität mehrere Abstriche gemacht werden. Üblicherweise sind alle Bereiche der Umweltanalytik, was die Methodik angeht, durch Vorgaben, die sich aus Gesetzen, Verordnungen, Richtlinien und Empfehlungen ergeben, geregelt. Für die Probenahme im Bereich Feuerwehr und Katastrophenschutz sind diese Vorschriften im Einsatzfall nicht anwendbar, da Feuerwehren aufgrund der äußeren Umstände (Einsatzbedingungen) mit auf die Belange der Notfallprobenahme angepassten Verfahren arbeiten müssen. Die Stärke der Feuerwehr für die Aufgabe Probenahme liegt darin, dass sie in kürzester Zeit jeden Punkt ihres Ausrückebereiches erreichen kann und über geeignete Persönliche Schutzausrüstung verfügt, um eine Probenahme auch in einem kontaminierten Gebiet durchzuführen. Durch diesen Zeitvorteil ist es möglich, Proben zu gewinnen, die durch die klassischen Aufgabenträger unmöglich zu beschaffen sind.

Die beiden Vorgehensweisen unterscheiden sich unter anderem in der Art der verwendeten Probenahmeverfahren, den Aufbewahrungsgefäßen, den Aufbewahrungsbedingungen (Temperierung), der Vielzahl an genommenen Proben und nicht zuletzt in den Anforderungen an die Probenehmer. Im Jahr 2001 initiierte das BBK ein Forschungsprojekt zur Erstellung einer standardisierten Probenahmeausstattung. Ab 2005 wurden dann weiterentwickelte Probenahmesets bei verschiedenen Feuerwehren und anderen Dienststellen im Einsatz erprobt und auch bei internationalen Übungen zum Einsatz gebracht. Nach nun über zwanzig Jahren Erfahrung mit den vom BBK standardisierten Methoden lässt sich der Schluss ziehen, dass die standardisierten Verfahren den für diese Art von Proben nötigen Qualitätsansprüchen genügen. Die Verfahren selbst sind in einer Anleitung des BBK definiert, das dafür notwendige Probenahmematerial ist Bestandteil der Beladung des CBRN-ErkW des Bundes, wird aber mittlerweile auch an vielen anderen Stellen verwendet. In einem Lehrgang an der BABZ (ehemals AKNZ) wird die dazu notwendige Schulung durchgeführt. Nicht zuletzt finden sich auf YouTube Filme mit Kurzanleitungen zu den einzelnen Verfahren.

5.1 Maßnahmen vor dem Einsatz

Im Vorfeld einer Probenahme ist es wichtig zu wissen, welche Laboratorien im Einsatzfall zur Verfügung stehen, um die entnommenen Proben zu untersuchen. Dabei sind die Möglichkeiten und Grenzen der Laborkapazitäten ebenso abzufragen wie die zeitliche Erreichbarkeit. Die meisten Laboratorien haben sich auf die zu untersuchende Matrix (Umwelt, Lebensmittel, Biologische Proben, …) und/oder die Analyten (Schwermetalle, Asbest, Pestizide, …) spezialisiert. Im Anhang des Probenahmehandbuches [5.2] des BBK finden sich Listen der einzelnen Bundesländer mit geeigneten Laboratorien.

Es ist darauf zu achten, dass die Probenahmeausstattung kontaminationsfrei eingelagert wird, sie also z. B. vor den Abgasen in einer Fahrzeughalle geschützt wird. Die Ausrüstung sollte auch regelmäßig auf Vollständigkeit, Beschädigungen und Verunreinigung überprüft werden. Einige Artikel unterliegen einer Ablaufzeit, hier ist auf das Verfallsdatum zu achten. Sinnvollerweise werden abgelaufene Artikel, nachdem sie ersetzt wurden, im Rahmen von Übungen verbraucht.

5.2 Anforderungen an eine Probe

Bei der Entnahme von Proben sind die nachfolgend angeführten Faktoren zu beachten:

- Richtige Auswahl des Probenahmeortes und Probezeitpunkts: Die Probe muss für den Zustand des Probenortes zum Zeitpunkt der Entnahme repräsentativ sein. Das bedeutet, die Probe soll alle Substanzen in annähernd der Konzentration enthalten, die für den Ort und die Zeit galten, als die Probe genommen wurde.
- Einhaltung der Anleitungen zur Probenahme: Die Probe muss fachkundig entnommen werden, damit Fehler im Verlauf der eigentlichen Probenahme vermieden werden.
- Protokoll nach Anleitung vollständig und richtig ausfüllen: Es müssen alle wichtigen Parameter der Probenahme korrekt dokumentiert werden.
- Richtige Auswahl des Probenahmegefäßes und korrekte Lagerung der Probe: Die Probe darf im Nachhinein nicht verfälscht werden.

Die Zuverlässigkeit und Richtigkeit von Analysedaten ist im hohen Maße von der sachgerechten Probenahme abhängig, was der folgende Satz eines analytischen

Chemikers treffend umschreibt: »Unabhängig davon, ob es sich um eine Notfallprobenahme handelt oder um eine nach genormten Verfahren von Fachkräften genommene Probe, es ist immer davon auszugehen, dass bei der Probenahme die Fehler vor dem Komma verursacht werden, im Gegensatz zu den Fehlern, die im Rahmen der eigentlichen Analyse verursacht werden, diese spielen sich hinter dem Komma ab«. Wichtig ist die Erkenntnis, dass Fehler, die bei der Probenahme gemacht wurden, bei der apparativen Analyse nicht oder meist nur unzureichend kompensiert werden können.

5.3 Fehlermöglichkeiten bei der Probenahme

Grundsätzlich unterscheidet man bei der Betrachtung von Fehlern im Zusammenhang mit Messungen und der Entnahme von Proben zwischen dem systematischen und dem zufälligen Fehler.

Systematischer Fehler
Der systematische Fehler tritt möglicherweise bei der Wartung des Messgerätes auf, z. B. das Gerät ist falsch kalibriert. Das heißt: Der Messfehler ist immer zu groß oder zu klein, je nach Kalibrierfehler. Ein vielleicht offensichtlicherer Vergleich ist das typische Schussbild einer falsch eingestellten Waffe (▶ Bild 2). Die besondere Gefahr bei diesem Fehler ist die, dass er bei einer Messung oftmals nur schwer zu erkennen ist.

Zufälliger Fehler
Der zufällige Fehler entsteht zum Beispiel durch Streuung beim Ablesen einer Skala. Je nach persönlicher Abschätzung wird eine Strecke zwischen zwei Markierungen auf einem Maßstab unterschiedlich abgelesen. Das heißt: der Messwert ist manchmal zu groß und manchmal zu klein. Man spricht hier auch von der Fehlerstreuung. Bezogen auf unser Beispiel von oben mit der Zielscheibe haben wir es diesmal mit der zufälligen Streuung der Einschüsse um den Mittelpunkt der Zielscheibe zu tun (▶ Bild 3).

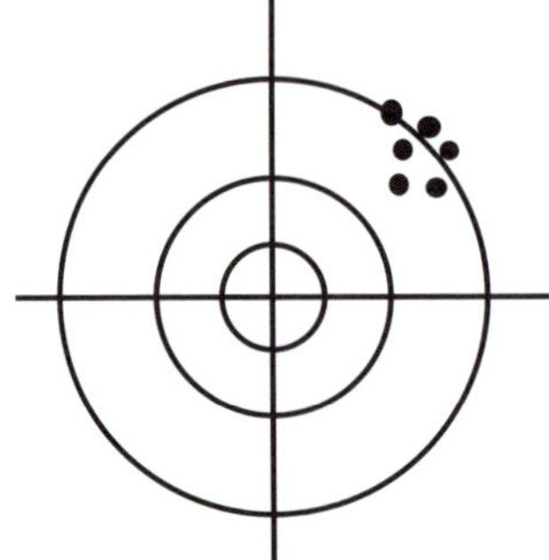

Bild 2: ***Zielscheibe mit einem Beschussbild als Folge eines systematischen Fehlers (Quelle: Mario König)***

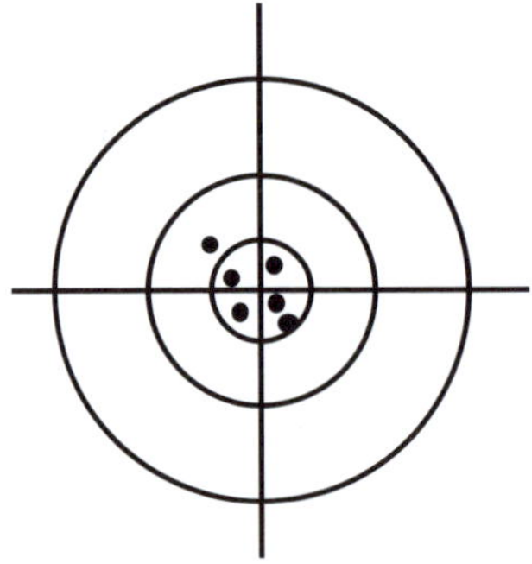

Bild 3: ***Zielscheibe mit einem Beschussbild als Folge eines zufälligen Fehlers (Quelle: Mario König)***

5.4 Probenahmeausrüstung

Bei der Auswahl der verwendeten Probenahmeausrüstung sind einige Punkte zu beachten. Denn je nach dem verwendeten Material der Probenahmegefäße kann dies durch verschiedene Wechselwirkungen zwischen Gefäßmaterial und Probe erhebliche Auswirkungen auf die Qualität der Analyse haben. So wird sich bei einer Wasserprobe, die einen Kohlenwasserstoff enthält und die in eine Kunststoffflasche gefüllt wird, der Kohlenwasserstoff zum Teil in den Flaschenkörper einlagern und damit der Analyse entziehen.

5.4.1 Eintragung von störenden Stoffen

Mangelhaft gereinigte Probenahmegefäße haben zur Folge, dass ursprünglich nicht in der Probe vorhandene Substanzen auf diesem Weg in die Probe eingetragen werden können. Am besten kann dieses Problem durch den Einsatz von Einwegmaterial vermieden werden. Ähnliches kann durch verunreinigte Probenahmehilfsmittel passieren, durch die Verunreinigungen von einer Probe zur nächsten übertragen werden können. Diesen Fall nennt man Kreuzkontamination. Probenahmehilfsmittel wie z. B. Spatel sind daher nach jedem Einsatz sorgfältig zu reinigen. Gegebenenfalls ist hier auch Einwegmaterial zu verwenden. Der Abrieb von Probenahmegeräten selbst wird am ehesten durch den Einsatz von Edelstahl und Glas oder Kunststoffen auf Flourkunststoffbasis (PTFE/PFA) vermieden.

Der Aufnahme von Verunreinigungen über die Luft, bei unsachgemäßem Transport und unsachgemäßer Lagerung, kann dadurch abgeholfen werden, dass alle Gefäße dicht verschlossen sind. Vor allem bei den Tenax®-Probenahmeröhrchen ist es wichtig, dass sie immer in einem luftdicht verschlossenen Behältnis aufbewahrt und nach der Probenahme wieder dicht verschlossen werden. Auch darf die Lagerungsverpackung (kunststoffbeschichtete Aluminiumfolie) nicht beschädigt sein.

5.4.2 Die Austragung flüchtiger Stoffe

Dieses Problem entsteht hauptsächlich bei der Probenahme oder dem Umfüllen von Flüssigkeiten. Die Gefäße sollten daher turbulenz- und luftblasenfrei, mit möglichst geringer Fallhöhe und langsam gefüllt werden. Auch ist jedes unnötige Umfüllen zu unterlassen. Eine Diffusion von Substanzen in oder durch das Probenahmegefäß oder durch den Verschluss kann ebenfalls zu Fehlern führen. Besonders problematisch sind Wasserproben in nicht vollständig gefüllten Flaschen. In der Luftphase über der Probe reichern sich flüchtige Substanzen an, die unmittelbar nach dem Öffnen des Gefäßes im Labor verloren gehen. Durch den Einsatz geeigneter Gefäße und einer fachgerechten Befüllung der Flaschen können diese Fehlerquellen vermieden werden. Insbesondere dieser Punkt ist mit dem analysierenden Labor im Vorfeld abzusprechen, da hier abweichende Anforderungen existieren.

5.4.3 Flaschen

Bei Flaschen sollte immer darauf geachtet werden, dass sie fabrikneu sind, um eine weitgehende Kontaminationsfreiheit sicherstellen zu können. Sinnvollerweise werden alle Flaschen mit einem Siegel gesichert, um beim Einsatz sicher sein zu können, dass sie im Innenbereich nicht verunreinigt wurden. Im professionellen Laboreinsatz werden auch neue Flaschen vor der ersten Verwendung nochmals gereinigt. Dieser Aufwand ist aber im Bereich der Notfallprobenahme nicht zu leisten und aufgrund der zu erwartenden Konzentrationen auch nicht zwingend notwendig. Grundsätzlich ist bei den Materialien zwischen Kunststoffflaschen (üblicherweise Polyethylen, PE) und Glasflaschen zu unterscheiden. Die Auswahl des Flaschenwerkstoffs richtet sich danach, welche Substanzen nachgewiesen werden sollen. Für Flüssigkeitsproben werden oft Enghalsflaschen, für Feststoffproben Weithalsflaschen verwendet. Bei Glasflaschen bieten Klarglasflaschen den Vorteil, dass sie eine Bewertung der Probenfarbe auch im eingefüllten Zustand zulassen. Der Lichtschutz wird hier dadurch gewährleistet, dass die Flaschen noch vor Ort in Aluminiumfolie eingepackt werden. Sofern finanziell machbar, bietet es sich an, mit Kunststoff ummantelte Flaschen anzuschaffen. Diese haben den Vorteil, dass sie auch bei einem Sturz nicht zerbrechen. Diese Flaschen besitzen auch die hochwertigsten Verschlüsse.

5.4.4 Adsorptionsröhrchen

Gasförmige oder leicht verdampfbare Stoffe können einfach, mit hoher Wiederauffindungsrate und hohem Anreicherungsfaktor an verschiedene Trägermaterialien (Adsorbenzien) gebunden werden. Die gasförmige Probe wird dazu über das Adsorptionsmittel gesaugt, das sich in einem Glasröhrchen befindet. Ein Adsorptionsmittel, das für die Probenahme von Luftschadstoffen eingesetzt wird, muss folgende Anforderungen erfüllen:

- Es muss die zu analysierende Substanz möglichst vollständig aufnehmen.
- Es muss die gesammelten Stoffe bis zur Durchführung der Analyse unverändert speichern.
- Es muss den zu messenden Gefahrstoff für die Analyse definiert abgeben (Reproduzierbarkeit).
- Es muss von hoher analytischer Reinheit sein, damit bei der Analyse keine Stoffe, die nicht aus dem analysierten Gasgemisch stammen, nachgewiesen werden.

Aktivkohle-Röhrchen

Aktivkohle wird durch das Verkohlen von organischem Material (meist Kokosnussschalen) hergestellt und ist vom Prinzip her der Aktivkohle in Filtern ähnlich. Die Aktivkohleröhrchen sind besonders für Lösungsmittel und flüchtige organische Verbindungen geeignet. Eine Desorption der zu analysierenden Substanzen ist nur auf chemischem Wege in einem stationären Labor möglich. Die Aktivkohleröhrchen befinden sich nicht mehr in der Probenahmeausstattung des Bundes, die Herstellerfirma hat sie aber weiterhin noch im Programm und bietet auch eine Analytik der Röhrchen an.

Silikagel-Röhrchen
Silikagel ist eine künstlich hergestellte, amorphe Kieselsäure, die speziell für polare organische Verbindungen ein geeignetes Adsorptionsmittel darstellt. Eine Desorption ist wie bei der Aktivkohle nur auf chemischem Wege möglich. Auch diese Röhrchen befinden sich nicht mehr in der Probenahmeausstattung des Bundes.

Tenax®-Röhrchen
Tenax® ist ein Polymermaterial, auf dessen Oberfläche sich eine sehr große Anzahl organischer Verbindungen anlagert. Im Gegensatz zu den beiden vorher genannten Materialien können die Substanzen, die sich auf dem Trägermaterial gebunden haben, durch einfaches Erhitzen wieder von dieser Oberfläche gelöst und mit einem Gasstrom in ein Messgerät, üblicherweise ein Gaschromatograph, transportiert werden. Diese Röhrchen kann man mehrmals verwenden, sofern sie in einem Stickstoffstrom ausreichend ausgeheizt und damit gereinigt werden. Das Bild 4 zeigt die Verpackungen eines Tenax®-Röhrchens.

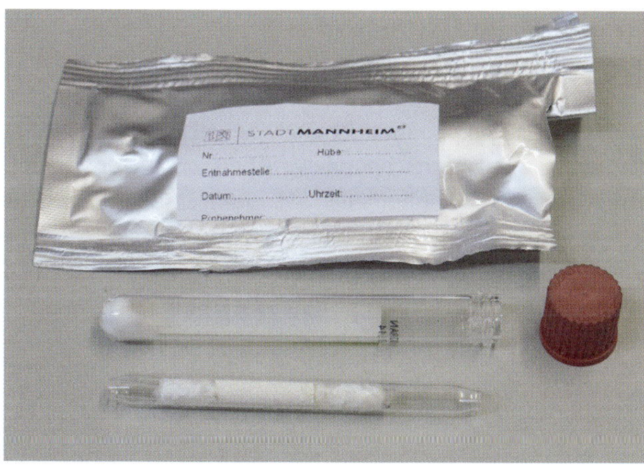

Bild 4: ***Verpackungen eines Adsorptionsröhrchens mit den Trägermaterialien Tenax®. Von oben: die gasdicht verschweißte Verbundfolie, das Glasröhrchen mit Schraubverschluss als innere Verpackung und das eigentliche Adsorptionsröhrchen (Quelle: Mario König)***

Die früher zur Gasprobenahme verwendeten Gasküvetten aus Glas, auch Gasmäuse genannt, sind sowohl aus praktischen als auch aus analytischen Gründen aus der Mode gekommen. Auch die im Bereich der professionellen Luftprobenahme eingesetzten Sammelbeutel, meist sogenannte Tedlar®-Bags sind im Bereich Feuerwehr und Katastrophenschutz praktisch nicht vorhanden, da sie mit den üblicherweise vorhandenen Gasspürpumpen nicht gefüllt werden können.

5.4.5 Sonstiges Material zur Probenahme

Nachfolgend beschriebene Ausrüstungsteile sind erfahrungsgemäß bei einer Probenahme sehr hilfreich:

- Klemmbrett mit Probenahmevordrucken, Klebeetiketten und einem Stift, der mit einer Schnur am Klemmbrett befestigt ist. Es ist auch hilfreich, wenn das Klemmbrett eine Schlaufe besitzt, um es um den Hals hängen zu können.
- Kühlbox mit 12-Volt-Stromversorgung zur Aufbewahrung der Proben.
- Digitalkamera oder Handy in einer geeigneten Hülle, die dekontaminiert werden kann, um Aufnahmen der Probenahmestelle machen zu können.

Zur Entsorgung von kontaminiertem Abfall eignen sich stabile und geeignet gekennzeichnete Kunststoffbeutel. Am besten durchsichtig, damit der Inhalt zu erkennen ist. Verstärktes Klebeband kann zum Verschluss von Proben oder Abfallbeuteln verwendet werden. Als alternatives Verschlussmittel für Beutel bieten sich auch Kabelbinder oder besser ein Folienschweißgerät an.

Als Thermometer empfiehlt sich eine elektrische Ausführung für den Temperaturbereich von -20 °C bis +50 °C. Die elektrischen Thermometer sind schneller und präziser in der Anzeige als Alkoholthermometer, bei Versagen der Batterie sollte aber eine Rückfallebene mit einem konventionellen Thermometer vorhanden sein. Sehr praktisch waren auch die Thermometer des alten Spürkasten 80, die in ihrer Messinghülle sehr gut vor mechanischer Beschädigung geschützt waren.

Für die weitere Ausstattung, insbesondere der Hilfsmittel zur Entnahme von Proben, kann man sich sehr gut an der Beladung der Probenahmerucksäcke (▶ Bild 6) des Bundes orientieren, deren Beladeplan auf der Homepage des BBK zur Verfügung steht.

In der Ausstattung zur Entnahme von Tiefenwasserproben bietet es sich an, im Vorfeld eines Einsatzes die Leine, die zum Halten der Vorrichtung dient, alle 50 cm mit einem Knoten zu versehen. Damit kann sehr leicht, durch das Zählen der Knoten, die Wassertiefe bestimmt werden, in der sich die Öffnung des Probenahmegefäßes befindet.

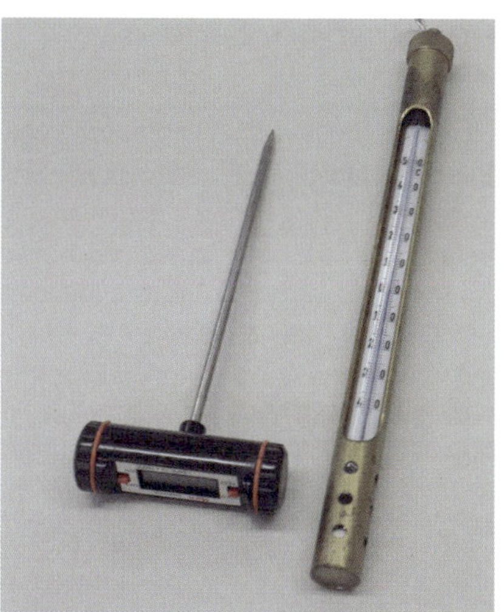

Bild 5: *Beispiel für ein elektrisches Thermometer und das Thermometer des Spürkastens 80 in seiner Messinghülle (Quelle: Mario König)*

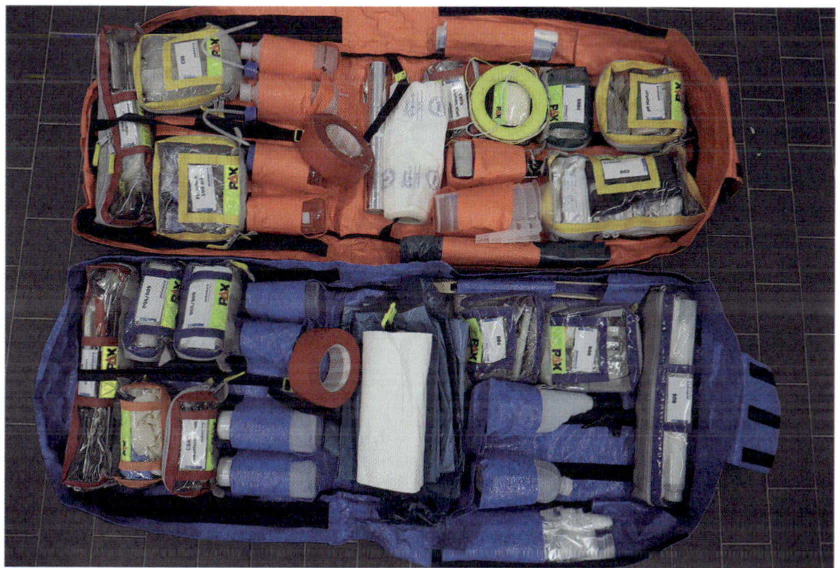

Bild 6: *Die Probenahmerucksäcke Biologie (blau) und Chemie/RN (orange) des BBK (Quelle: Mario König)*

5.5 Einsatztaktik bei einer Probenahme

Aufgrund der Vielzahl an Einsatzszenarien, die eine Probenahme notwendig machen, gibt es kein grundsätzliches Standardverfahren zum Abarbeiten einer Probenahme. Daher werden nachfolgend die Szenarien beschrieben, mit denen am häufigsten zu rechnen ist. In seltenen Ausnahmefällen hilft die Überlegung, welcher der beschriebenen Fälle am ähnlichsten ist, um sich für den realen Einsatz zumindest hilfsweise orientieren zu können.

Die grundsätzliche Überlegung muss immer die sein: Welche Informationen benötige ich als Einsatzleiter, um den Einsatz erfolgreich abzuarbeiten? Im Fall einer Individualvergiftung ist es notwendig, gezielt Quellen zu suchen, die zur Vergiftung geführt haben können. Im Fall einer großflächigen Stofffreisetzung müssen neben der Identifikation, sofern der Stoff unbekannt ist, die ausbreitungsrelevanten Pfade beprobt werden, um eine Abschätzung einer möglichen Gefährdung für Menschen und Umwelt zu ermöglichen.

Insbesondere bei komplexen Lagen wird, sofern es möglich ist, das Vorgehen am besten auch mit dem Labor besprochen, das die Proben anschließend auswerten soll.

Bei der Planung eines Probenahmeeinsatzes ist grundsätzlich immer zu überlegen, ob die vorgefundene Einsatzlage mit den verfügbaren Mitteln bewältigt werden kann. Kann die Aufgabe mit den zur Verfügung stehenden Trupps in der vorgegebenen Zeit bewältigt werden und ist genügend Probenahmematerial vorhanden, um die zu erwartende Anzahl an Proben nehmen zu können? Sobald die Fragen anhand des Probenahmeplans beantwortet werden können, sollte unbedingt die eventuell benötigte Unterstützung zeitnah angefordert werden. Von Vorteil sind hier die bundesweit gleich ausgestatteten CBRN-ErkW.

Die nachfolgend dargestellten Szenarien und Taktiken entstanden auf Grundlage einer Vielzahl an Probenahmeeinsätzen der Autoren oder anderer ATF-Einsätze. Zusätzlich lieferten Erkenntnisse aus Schulungen an der BABZ weitere Hinweise.

5.5.1 Stofffreisetzung in die Umwelt

Zu Beginn einer Probenahmeplanung sind zunächst folgende Fragen zu beantworten:

- Was ist genau passiert? Gibt es von Seiten der Polizei, der Aufsichtsbehörden oder dem Betreiber Erkenntnisse über das Schadenereignis oder liegen aus medizinischer Sicht bereits Patienten mit einer verwertbaren

Symptomatik vor. In der Anfangsphase sind alle Aussagen zuerst mit Vorsicht zu behandeln, solange sie nicht als gesichert zu betrachten sind. Insbesondere bei Laien sind die Aussagen oft nicht fachlich fundiert. Bei betroffenen Unternehmen, Fahrern u. Ä. ist auch immer zu berücksichtigen, dass die Aussagen oftmals unter dem Eindruck vermuteter strafrechtlicher Konsequenzen getroffen werden.

- Wann ist etwas passiert? Der zeitliche Ablauf ist wichtig, um eventuelle Rückschlüsse auf den Erreger, die Chemikalie oder das radioaktive Material ziehen zu können (Symptome, Inkubationszeit).
- Wo genau ist etwas passiert? Diese Frage ist wesentlich für die Abgrenzung des kontaminierten Bereichs. Hier ist auch mit der höchsten Konzentration an nachzuweisender Substanz zu rechnen. Kann es in der Zwischenzeit eine Kontaminationsverschleppung gegeben haben?
- Wie ist es passiert? Bei absichtlicher Ausbringung von z. B. biologischen Agenzien sind Informationen zum Umfang wie Explosion, Versprühen usw. wichtig. Bei einem Seuchengeschehen sind insbesondere Ausbreitungs- und Infektionswege zu klären. Dies ist aber Aufgabe der zuständigen Gesundheitsbehörden.
- Wie ist das Areal beschaffen? Handelt es sich um ein geschlossenes Gebäude (Lüftungstechnik?) oder um ein Szenario im Freien.
- Wie sind die Umweltbedingungen (Wetter, Geländeform, Bebauung usw.)? Sinnvollerweise wird die geplante Probenahme (soweit möglich) mit Mitarbeitern des auswertenden Labors besprochen.
- Leitsubstanzen (Substanzen, die leicht messbar sind und repräsentativ für das Stoffgemisch sind) bei Stoffgemischen festlegen.

5.5.2 Beprobung der Ausbreitungspfade

Anhand der Antworten auf die oben gestellten Fragen werden mit den verfügbaren Informationen zunächst die Ausbreitungspfade und damit verbunden die jeweilige Ausbreitungsrichtung bestimmt.

Der Dynamik entsprechend sind zuerst Luft, dann Wasser und zuletzt Bodenproben zu entnehmen. In dieser Reihenfolge nimmt auch in nahezu allen Fällen das mögliche Gefährdungspotential für Menschen ab. Denn das Medium Luft ist nicht nur dasjenige, das einen gesundheitsgefährdenden Stoff am schnellsten transportiert, sondern es besitzt auch, aufgrund der Aufnahme über die Lunge, das größte toxische Potential.

Zur Beplanung der Luftprobenahme ist es nun sinnvoll eine erste grobe Abschätzung über die mögliche Ausbreitung des Stoffes zu bekommen. Hier bietet sich das Modell für Effekte mit Toxischen Gasen (MET)-Modell, insbesondere in seiner Papierfassung, an. In kürzester Zeit kann über wenige Wetterparameter die Hauptausbreitungsrichtung und ein Ausbreitungswinkel bestimmt werden, mit dem das möglicherweise betroffene Gebiet abgeschätzt werden kann.

Im nächsten Schritt ist zu klären, an welchen Stellen diese Proben entnommen werden. Der Dringlichkeit nach sind zuerst Proben in Bereichen mit besonders gefährdeten Objekten zu entnehmen (Krankenhäuser, Kindergärten, Schulen, Pflegeheime usw.). Dabei sind zeitabhängige Besonderheiten zu beachten. So sind z. B. Schulen in den Nachtstunden nicht relevant. Als nächstes werden Wohngebiete beprobt und zuletzt Gewerbegebiete und Brachflächen. Hier empfiehlt es sich, im Vorfeld ein Messpunktekataster anzulegen. Als Anregung kann die hessische Katastrophenschutzdienstvorschrift KatS-DV 510 Hessen dienen.

Die Probenahme zur Untersuchung einer möglichen Oberflächenkontamination in Zugrichtung erfolgt mit folgender Überlegung: geeignete Flächen liegen im abgeschätzten Ausbreitungsbereich einer Wolke, unbeweglich, möglichst waagrecht, glatt und vor Sonne geschützt.

Eine Probe sollte in unmittelbarer Nähe der Schadenstelle sichergestellt werden, optimal ist auch eine Probe des Reinstoffes. Insbesondere wenn der freigesetzte Stoff unbekannt ist, kann dies der einzige Weg sein, ihn zu bestimmen. Bei Freisetzungen im Verlauf einer Produktion aus einem Reaktionsbehälter ist eine Probenahme unverzichtbar, da je nach Verlauf der Reaktion ein Gemisch vorliegen kann, das weder mit den Produkten noch mit den zu erwartenden Edukten identisch sein muss.

Bei der Beprobung von Gewässern müssen die Ablaufwege untersucht werden. Das kann sowohl das Kanalsystem als auch ein fließendes oder stehendes offenes Gewässer sein. Im Abwassersystem ist mit Unterstützung der Abwasserbetriebe zu klären, in welcher Richtung das Wasser abfließt und ob bzw. wo es gestoppt werden kann. Im Kanalsystem sind dann sowohl Wasserproben aber auch Proben der Luftphase im Kanal zu entnehmen. Grundsätzlich wird auch eine Probe aus dem Kanalwasser oberhalb der vermuteten Einleitungsstelle genommen. Somit kann der Nachweis geführt werden, wo die Einleitung stattgefunden hat.

Bei der Einleitung in Oberflächengewässer ist zu beobachten, ob sich die Substanz in Wasser löst bzw. ob sie unlöslich untersinkt bzw. auf der Oberfläche schwimmt. Je nach dem physikalischen Verhalten müssen die Proben an der Oberfläche, vom Grund oder aus der Mitte des Wasserkörpers entnommen werden. Durch Beobachtung bzw. durch Befragung von versierten Anliegern (z. B. Angler) ist der Ausbreitungspfad durch Strömung abzuschätzen und entsprechend die Beprobung zu planen. Auch hier ist die Entnahme einer Referenzprobe oberhalb der Einleitungsstelle bei einem Fließgewässer wichtig. Wesentlich ist auch die Beprobung von z. B. Gewässern, die der Fischzucht dienen und von einer Einleitung betroffen sein könnten, da sie mit dem betroffenen Wasserkörper in Verbindung stehen.

Sobald es zu einer Kontamination von nicht befestigten Oberflächen kommt, ist auch hier eine Probenahme unerlässlich. In Abhängigkeit von der Bodenart kann sich die Eindringgeschwindigkeit einer Flüssigkeit um mehrere Größenordnungen unterscheiden. Während ein trockener Sandboden extrem schnell alle Arten von Flüssigkeiten aufnimmt, ist die Diffusion in feuchten, bindigen Böden sehr langsam. Dennoch ist eine zeitnahe Beprobung immer sinnvoll, wenn es um die Entscheidung geht, ob und in welchem Ausmaß der Boden ausgekoffert werden soll. Insbesondere wenn es im Nachhinein um die Aufarbeitung von Schadensersatzansprüchen geht.

5.5.3 Besonderheiten in einem Brandfall

In einem Brandfall ist zu beachten, dass die Art und Menge der Stofffreisetzung von mehreren Parametern abhängen, die zeitlich sehr dynamisch sein können. So ist zu Beginn eines größeren Brandes immer mit einer starken thermischen Überhöhung zu rechnen (also mit einem Aufsteigen der Rauchwolke in höhere Schichten). Hier ist die Zugrichtung zu beobachten und der mögliche Aufpunkt der Rauchwolke auf dem Boden abzuschätzen. Je nach Brandintensität und Wetterlage können dies viele Kilometer sein. Hier wird sinnvollerweise der Kontakt zur Leitstelle der betroffenen Region hergestellt, damit sich die dortigen Einsatzkräfte einer möglichen Bewertung der Immissionssituation vor Ort annehmen.

Üblicherweise besteht der Brandrauch in der Anfangsphase meist aus Oxiden des Brandgutes wie CO, CO_2, NO_x oder SO_2. Ist eine GC-MS Auswertung möglich, können auch organische Moleküle nachgewiesen werden, wofür sich insbesondere Tenax®-Röhrchen anbieten. Die Auswertung solcher Proben ist sehr anspruchsvoll. Wichtig in diesem Zusammenhang sind immer Informationen über das Brandgut, da dadurch gezielter im Brandrauch nach spezifischen Stoffen gesucht werden kann. Die Luftprobenahme mit Tenax®-Röhrchen bei Bränden, insbesondere in der Nähe der Brandstelle, sollte möglichst im Bereich mit geringem Wasserdampfanteil durchgeführt werden.

Mit Nachlassen der Brandintensität fehlt dem Brandrauch die thermische Energie, um hoch aufzusteigen. Das bedeutet der Aufschlagspunkt ist mehr oder weniger nah an der Einsatzstelle. Aus meteorologischen Gründen wird sich dabei meist auch die Windrichtung ändern. Somit müssen neue Messpunkte festgelegt werden. In dieser

Phase des Brandes entstehen nun auch, aufgrund der geänderten chemischen Reaktionsbedingungen, kleine organische Moleküle wie Aldehyde, Ketone und Aromaten.

Neben der Beprobung des Luftweges ist insbesondere Wert auf eine Beprobung des Löschwassers zu legen, vor allem, wenn das Löschwasser nicht zurückgehalten werden kann. Aufgrund der immensen Menge und der Vielzahl an Schadstoffen, darunter fallen auch Löschmittel, ist eine Abwasseranalytik sehr anspruchsvoll. Je nach Brandgut wird nach Summenparametern wie dem Chemischen Sauerstoffbedarf (CSB) zu suchen sein (▶ Kapitel 21.3.3), bei Galvanikbetrieben nach Schwermetallen und bei Bränden in einem Chemikalienlager ist eine Sichtung der Lagerlisten unerlässlich, um ein Gefühl zu bekommen, nach welchen Analyten zu suchen ist. Sofern Löschwasser in unbefestigtem Boden versickert, sind unbedingt auch Bodenproben zu nehmen, um Aussagen über eine eventuell notwendige Auskofferung treffen zu können. Kommt es im Verlauf des Brandes zu einer größeren Freisetzung von Asbestpartikeln, beispielsweise bei Eternitdächern ist dies schon mehrfach passiert, so sind unbedingt Wischproben von geeigneten Oberflächen zu nehmen. Auch die Beprobung der Schutzkleidung der Einsatzkräfte sollte hier, je nach Lage, nicht vergessen werden.

5.5.4 Stofffreisetzung in einem geschlossenen Raum

Im Gegensatz zu einer Freisetzung in die Umwelt liegt hier der Schwerpunkt eher weniger in der Dringlichkeit als vielmehr in der Gründlichkeit, mit der die Einsatzstelle abgearbeitet werden muss. Der erste Schritt besteht in einer sorgfältigen Erkundung der Einsatzstelle. Der erkundende Trupp fertigt eine Skizze an, die mit einer ausführlichen Fotodokumentation kombiniert wird. Potenzielle Probenahmestellen werden am besten mit Schildern mit fortlaufenden Ziffern gekennzeichnet. Danach sind die gesammelten Erkenntnisse der für die Probenahme verantwortlichen Führungskraft vorzulegen, die dann die Reihenfolge und Art der zu nehmenden Proben festlegt.

Sollte es sich um eine Einsatzstelle handeln, die eventuell noch forensisch abgearbeitet werden muss, ist vor Beginn von Maßnahmen der Raum so zu dokumentieren, wie er beim Eintreffen vorgefunden wurde. In diesem Fall sind so wenige Dinge wie möglich zu bewegen bzw. zu verändern. Falls es sich nicht vermeiden lässt, Dinge zu bewegen, ist dies fotografisch zu dokumentieren. Auch darf in diesem Fall kein Material der Probenahme an der Einsatzstelle verbleiben. Der

Bereich sollte möglichst immer auf dem gleichen Weg betreten und verlassen werden. Das Vorgehen ist im Detail mit der Kriminaltechnik abzustimmen.

Sinnvollerweise werden zuerst Luftproben des Raumes genommen. Die Tür ist dabei ebenso wie Zu- und Abluftsysteme zu schließen. Es ist auch wenig zielführend einen Raum zu belüften und dann eine Luftprobe zu nehmen. Diese Bemerkung ist leider kein Scherz, sie stammt aus mehrjähriger Einsatzpraxis und wird immer wieder gerne praktiziert!

Sollte es sich bei dem Raum um ein Labor mit möglicherweise radioaktivem Material handeln oder ein anderweitiger Verdacht in diese Richtung bestehen, so sollte vor Betreten des Raumes eine Ortsdosisleistung (ggf. mit Teletector) gemessen werden und je nach Ergebnis die Strahlungsquelle lokalisiert und bewertet werden, bevor es zu weiteren Maßnahmen kommt.

5.5.5 Operative Probenahme

Nachdem geklärt ist, welche Proben in welcher Reihenfolge genommen werden, ist es für den an die Einsatzstelle vorgehenden Trupp hilfreich, insbesondere bei kurzen Wegen zur Probenahmestelle, wenn er alle Utensilien für ein bestimmtes Probenahmeverfahren bekommt und das Material zusammen mit der Dokumentationsausstattung mitnehmen kann. Am sinnvollsten wird dieser Punkt an der inneren Absperrung aufgebaut, wo auch die fertigen Proben dekontaminiert und ausgeschleust werden. Als Transportmaterial für das jeweiligen Kit bietet sich ein Beutel oder eine Tasche an, die man optimalerweise auch noch umhängen kann.

Alle Arbeiten werden grundsätzlich mit gut passenden Einweghandschuhen durchgeführt, die mehrlagig getragen werden, um sie im Kontaminationsfall wechseln zu können. Die zur Schutzausrüstung der Form 2 getragenen Butylhandschuhe, bzw. die dazu gehörenden textilen Unterhandschuhe, sind die Grundlage, auf die die zwei Lagen Einweghandschuhe aufgezogen werden.

Sobald der Verdacht besteht, dass die Handschuhe kontaminiert sind, werden sie gewechselt, um eine Kreuzkontamination zu vermeiden. Insbesondere bei Probenahmen im Zusammenhang mit offenen Strahlern kann mit Hilfe des Kontaminationsmonitors der Zustand der Handschuhe sehr gut überprüft werden.

Besonders wichtig ist das saubere Arbeiten beim Umgang mit den Tenax®-Röhrchen, da hier jegliche Kontamination der Außenhülle im GC-MS nachweisbar ist. Daher dürfen diese Röhrchen weder mit einem Klebetikett versehen noch mit einem Filzstift beschriftet werden.

Aus praktischen Gründen und wegen der erforderlichen Standardisierung der Probenahme sollten bei Luftproben pro Messpunkt grundsätzlich zwei Proben genommen werden. Zuerst eine Probe mit einem Hub und anschließend eine Probe, möglichst unter gleichen Bedingungen, mit zehn Hüben. Der Probenehmer stellt sich dabei mit seiner Handpumpe in Blickrichtung zum Wind. Von größeren Gebäuden in Windrichtung ist ein ausreichender Abstand zu halten (ca. fünffache Gebäudehöhe). Bei einer Probenahme im Freien wird diese üblicherweise in etwa 1,5 Meter über Grund genommen. Das dritte Röhrchen wird als Blindprobe beigelegt. Dieses Röhrchen wird als erstes ausgewertet und liefert eine Referenz darüber, wie weit die Röhrchen verschmutzt sind – ein bekanntes Problem, das aber bei der Auswertung berücksichtigt werden muss. Dann erfolgt die Auswertung des Röhrchens mit einem Hub. Bei einer hohen Stoffkonzentration ist die Auswertung abgeschlossen. War die Konzentration zu niedrig, wird das Röhrchen mit der zehnfachen Stoffkonzentration ausgewertet. Bei einer hohen Stoffkonzentration könnte dieses Röhrchen, wenn es zuerst ausgewertet wird, das Messgerät so stark kontaminieren, dass es anschließend erst gereinigt werden muss.

In abgeschlossenen Räumen ist in Abhängigkeit von der Dichte des Stoffes neben der üblichen Messhöhe von 1,5 Meter direkt über dem Boden oder unter der Decke zu beproben. Für den Fall, dass die zu beprobende Substanz mit einem kontinuierlich anzeigenden Messgerät wie dem Photoionisationsdetektor (PID, ▶ Kapitel 12) oder dem Ionenmobilitätsspektrometer (IMS, ▶ Kapitel 14) erfasst werden kann, sollte man diese Möglichkeit nutzen, um Stellen erhöhter Konzentration zu detektieren.

5.5.6 Besonderheiten bei der Entnahme von biologischen Proben

Im Bereich der biologischen Probenahme gilt es einige Besonderheiten zu beachten. So besitzen Krankheitserreger, je nachdem um welchen Organismus es sich handelt, die Möglichkeit der Vermehrung und Ausbreitung. Das Untersuchungsmaterial ist aber auch zum Teil erheblich empfindlicher als im Fall der chemischen oder radiologischen Probenahme. Bei der Entnahme von Proben zur mikrobiologischen Untersuchung kommen für den Einsatzbereich der Notfallprobenahme nur Umweltproben in Frage. Zu den Umweltproben gehören:

- Feststoffproben/Wischproben von Oberflächen,
- Flüssigkeitsproben von Oberflächen,
- Wasserproben von der Wasseroberfläche,
- Bodenproben,
- Bewuchsproben.

Bei der Entnahme von Proben, die möglicherweise Krankheitserreger enthalten, müssen zusätzliche Sicherheitsmaßnahmen eingehalten werden. Insbesondere ist die Vermeidung aller Möglichkeiten einer Kontaminationsverschleppung essenziell.

Bei der Entnahme von Oberflächenproben werden bevorzugt vor der Sonne geschützte Stellen ausgewählt, da hier die Austrocknungsgefahr und der Einfluss der UV-Strahlung geringer sind. Um die Unversehrtheit der Proben sicherzustellen, sind folgende Vorgehensweisen zu beachten:

- Bei der Probenahme werden Pinzetten, Spatel, Zange usw. so eingesetzt, dass es nicht zu einer Kreuzkontamination kommt. Nach jeder Einzelprobe müssen die eingesetzten Instrumente geeignet desinfiziert werden, Einmalartikel sind wegzuwerfen.
- Beim Wechsel einer Probenahmestelle werden auch die Einweghandschuhe gewechselt, die als Kontaminationsschutz über den eigentlichen Schutzhandschuhen getragen werden.
- Die Proben werden möglichst so in die Dekontaminationsverpackung eingeführt, dass die Außenwand nicht berührt wird. Bei einer Tauchdekontamination sollte auch möglichst viel Luft aus dem Beutel gestrichen werden bevor er verschlossen wird, um einen unnötigen Auftrieb zu vermeiden. Zum Abschluss ist der Klebeverschluss sorgfältig luft- und wasserdicht zu schließen.
- Mit Tauch- oder Wischdesinfektion wird die Oberfläche dekontaminiert.

Sollte die Probe große Mengen Flüssigkeit enthalten, wird idealerweise so viel Bindemittel in die Transportverpackung gefüllt, dass das Probenvolumen bei einer Leckage vollständig aufgenommen werden kann. Die Proben sollten in gekühltem Zustand, am besten bei Temperaturen zwischen + 4 °C und + 10 °C schnellstmöglich ins Labor gebracht werden.

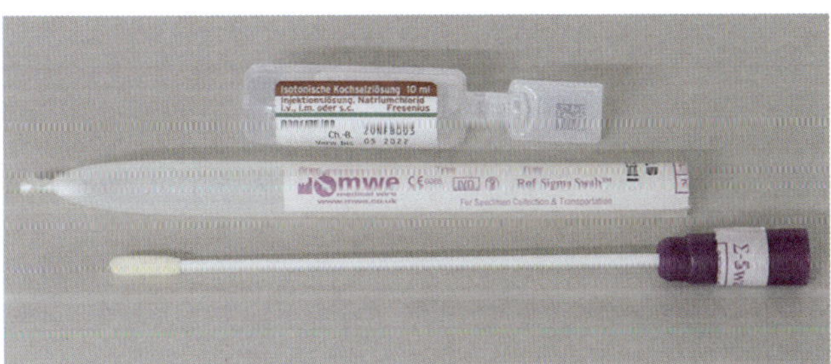

Bild 7: ***Wischtest für die biologische Probenahme, bestehend aus dem Wischstäbchen und physiologischer Kochsalzlösung (Quelle: Mario König)***

5.6 Dokumentation einer Probenahme

Durch eine korrekte und umfassende Dokumentation wird das untersuchende Labor in die Lage versetzt, die erhaltenen Messergebnisse zusammen mit den während der korrekten Probenahme vorhandenen Randbedingungen in eine einwandfreie Bewertung der Analysenergebnisse umzusetzen.

5.6.1 Beschriftung des Probenahmegefäßes

Die Beschriftung des Probenahmegefäßes dient der eindeutigen Zuordnung der Probe zu einem Protokoll und muss folgende Informationen enthalten:

1. Probennummer,
2. Entnahmestelle,
3. Datum und Uhrzeit der Probenahme,
4. Name des Probenehmers.

Das Etikett zur Beschriftung des Probenahmegefäßes wird erst dann aufgeklebt, wenn die Probe eingefüllt und die Außenfläche des Gefäßes gereinigt worden ist. Die Adsorptionsröhrchen werden selbstverständlich nicht mit einem Etikett beklebt. Dazu dient das Glasröhrchen, in dem das Adsorptionsröhrchen gelagert wird. Die Nummer der Probe sollte sowohl direkt auf dem Probenahmegefäß als auch auf der Transportverpackung stehen, um diese nicht öffnen zu müssen, wenn sie nicht durchsichtig ist. Es ist hilfreich, die Etiketten vorzudrucken. Dabei ist darauf zu achten, dass ein Laserdrucker verwendet wird, sonst könnte es leicht zu einem Verwischen des Drucks kommen. Optimal sind hier wasserfeste Etiketten. Bei längerer Lagerung der Etikettenbögen sollte auch regelmäßig die Klebekraft der Etiketten überprüft werden.

5.6.2 Ausfüllen des Probenahmeprotokolls

Nachfolgend werden die verschiedenen Punkte besprochen, die üblicherweise in Probenahmeprotokollen enthalten sind. Je nach Art der vorgesehenen Probenahme kann das Protokoll auch kürzer gefasst werden bzw. es werden nicht alle Felder ausgefüllt. Als Hilfe beim Ausfüllen des Protokolls können Hinweise auf der Probenahmeanleitung des Bundes dienen, die einen Teil der zu dokumentierenden Informationen enthält.

Probennummer

Die Probennummer muss unbedingt mit der Nummer auf dem Etikett des Probenahmegefäßes identisch sein. Zur Vergabe der Probennummer gibt es verschiedene Möglichkeiten. Sofern es nur einen Probenahmetrupp gibt, kann die Nummer aufsteigend vergeben werden. Sind mehrere Trupps im Einsatz, müssen Kürzel je Trupp vorgegeben werden. Am sinnvollsten ist es, das KFZ-Kennzeichen des Probenahmetrupps und anschließend eine fortlaufende Nummer (z. B. MA 2853-01) zu verwenden.

Datum der Probenahme

Die Angabe erfolgt üblicherweise nach der deutschen Datumsangabe TT.MM.JJJJ.

Uhrzeit von Beginn und Ende

Vor allem bei Luftproben mit großen Luftvolumina ist die Zeitspanne zu notieren, innerhalb der die Probenahme stattfand, da sich diese über einen längeren Zeitraum hinziehen kann. Die Angabe erfolgt hier sinnvollerweise nach dem Schema: hh:mm – hh:mm.

Einsatzort

Die Einsatzstelle gibt den Ort an, der im Einsatzbericht als Schadenstelle dokumentiert ist.

Entnahmestelle

Eine möglichst genaue Beschreibung der Entnahmestelle ist wichtig (üblicherweise durch Straße und Hausnummer). Alternativ können bei Verwendung eines GPS-Systems auch die UTM-Koordinaten angegeben werden. Gegebenenfalls ist auch eine Lageskizze auf der Rückseite des Protokolls hilfreich. Bei Flüssen ist die Angabe der Uferseite (Himmelsrichtung) und des Flusskilometers möglich.

Probeanweisung

Hier ist zu notieren, ob nach einem standardisierten Probenahmeverfahren vorgegangen worden ist. Dadurch erübrigt sich eine genauere Beschreibung bzw. die Anleitung, nach der gearbeitet wurde und das Dokument kann dem Protokoll beigelegt werden.

Zahl der Pumpenhübe/Probevolumen bei Luftproben

Bei Luftproben wird das Volumen angegeben, das durch das Probenahmeröhrchen gezogen worden ist. Falls die Luftprobe mithilfe einer Spürpumpe genommen wurde, muss die Zahl der Hübe mit 0,1 multipliziert werden, um das Probenvolumen in Liter zu erhalten.

Beschreibung der Probe

Bei der Beschreibung sind alle Fakten zu erfassen, die die Auswertung einer Analyse erleichtern können und die sich durch eine Lagerung verändern könnten. Hier wird angegeben, aus welchem Medium die Probe gezogen wurde. Dabei wird meistens zwischen Luft, Boden, Reinstoff, Wasser, Abwasser oder z. B. Schnee unterschieden. Proben, die sich in keine dieser Rubriken einordnen lassen, z. B. Kadaver, werden mit einer kurzen Beschreibung eingeordnet.

Bei wässrigen Proben ist oft auch der Hinweis auf ein Mehrphasengemisch hilfreich.

Falls Informationen über Inhaltsstoffe vorhanden sind, sollten diese notiert werden, da solche Informationen für das analysierende Labor eine wesentliche Hilfe darstellen. Gegebenenfalls ist die Quelle zu vermerken, aus der die Information stammt, eventuell kann die Kopie von Frachtpapieren usw. beigefügt werden.

Bei der Beschreibung der Probe können auch Geruchsrichtungen angegeben werden, die aber immer nur eine beschränkte Auswahl darstellen. Nicht definierte Gerüche können möglichst genau beschrieben werden. Da die Geruchsempfindung sehr subjektiv ist, sollten hier zwei Probenehmer ein Urteil fällen. Die Intensität gibt die Stärke eines Geruchs an. Es sollten hier die Abstufungen kein, gering, stark, sehr stark verwendet werden. Auch hier spielt die Subjektivität des Probenehmers eine erhebliche Rolle.

Messungen vor Ort

Der pH-Wert sollte bei jeder Probe mindestens mit pH-Papier gemessen werden. Dies gilt auch für Luftproben, falls es hier Hinweise auf saure oder alkalische Gase gibt, genauso wie für Feststoffproben.

Sollte es zu Messungen mit einem Photoionisationsdetektor oder einem Ionenmobilitätsspektrometer gekommen sein, sollten die Messwerte ebenfalls dokumentiert werden.

Meteorologische Parameter

Bei der Probenahme ist darauf zu achten, dass nicht bei jeder Probenart alle Wetterparameter gemessen werden müssen. Bei Luftproben und Wischproben sind Windstärke, Windrichtung, Lufttemperatur, Luftfeuchtigkeit bzw. Informationen zum Niederschlag anzuführen. Bei Wasserproben wird die Angabe der Wassertemperatur benötigt und bei Bodenproben erfolgt die Angabe der Bodentemperatur.

Windstärke

Die Windstärke ist in m/s anzugeben, ein Messgerät dazu ist das Handanemometer. Werte von entfernten stationären Wetterstationen sollten nicht genommen werden, da hier bereits im kleinräumigen Bereich erhebliche Differenzen auftreten können. Falls kein Anemometer verfügbar ist, kann je nach Art der Topografie, auch die Beaufortskala als Ersatz verwendet werden.

Windrichtung

Es wird die Richtung angegeben, aus der der Wind weht. Die Angabe erfolgt entweder in Grad oder durch Angabe der Himmelsrichtung. Die Informationen dazu werden üblicherweise mithilfe einer Windfahne in Kombination mit einem Kompass oder einer Landkarte erhalten. Die Windrichtung ändert sich mit der Höhe über Grund. Daher sollten keine Abgasfahnen hoher Kamine zur Richtungsbestimmung herangezogen werden.

Bewölkung

Bei der Angabe des Bewölkungsgrades werden nur die dichten Wolken in der unteren Atmosphärenschicht berücksichtigt. Die Abschätzung des Bewölkungsgrades erfolgt auf den gesamten Himmel bezogen in 1/8-Schritten. Dabei bedeutet 0/8 wolkenloser Himmel und 8/8 komplette Bedeckung.

Luftfeuchtigkeit

Es ist hierfür nicht immer ein Messgerät vorhanden. Der CBRN-ErkW des Bundes verfügt über ein Kombigerät aus Thermometer und Hygrometer. Ansonsten sind hier auch nur beschreibende Angaben möglich wie z. B. Regen, Nebel.

Lufttemperatur

Die Lufttemperatur wird in °C angegeben. Die Messung wird im Schatten mit einem trockenen Thermometer etwa ein bis zwei Meter über dem Boden durchgeführt. Beim Ablesen ist darauf zu achten, dass die Temperatur konstant bleibt. Je nach Thermometertyp ist das erst nach mehreren Minuten der Fall. Elektronische Thermometer sind hier weniger träge als die herkömmlichen Quecksilber-/Alkoholthermometer.

Wassertemperatur

Die Wassertemperatur wird in °C angegeben und sofort in einer frisch gezogenen Wasserprobe gemessen. Aus Gründen einer möglichen Kontaminationsverschleppung, wird nicht in der Probe gemessen, die zur Analytik verwendet wird.

Lageskizze

Eine Lageskizze soll der möglichst genauen Angabe des Probenahmeortes dienen. Dabei wird der ungefähre Maßstab notiert, in dem die Skizze gezeichnet wurde. Als Ersatz kann auch eine definierte Strecke in die Skizze eingezeichnet werden. In Ergänzung mit einer Fotodokumentation ist damit eine gute Rekonstruktion der Probenahmestelle möglich.

Bemerkungen

An dieser Stelle des Protokolls sind alle Wahrnehmungen zu notieren, die sonst im Protokoll nicht dokumentiert wurden. Dazu gehören außergewöhnliche Geruchswahrnehmung am Ort der Probenahme, jedoch nicht der Geruch der Probe selbst! Beobachtungen aus dem Umfeld des Probenahmeortes wie verendete Tiere, Rauch, auffällige Merkmale wie Ölfilme, Schaumbildung, ungewöhnliche Färbung des Wassers oder Bodens, Algenmassenentwicklung oder Ähnliches. Handelt es sich um eine Löschwasserprobe, sollten hier Informationen über das Brandgut und den Einsatz von Schaumlöschmitteln, Löschpulver usw. festgehalten werden.

Dekontamination

Wenn die Probe einer Dekontamination unterzogen worden ist, ist die Art der Dekontamination (Tauch, Scheuer/Wisch) und der verwendete Wirkstoff mit der verwendeten Konzentration und der Einwirkzeit zu dokumentieren.

Protokollführer/Probenahmeteam/Einheit

Hier sollten in einer Unterschriftenleiste der Protokollführer und Probenehmer durch Unterschrift dokumentiert werden. Sinnvollerweise werden an dieser Stelle auch die Einheit, der die Probenehmer angehören, und das Probenahmeteam eindeutig (in Klarschrift) dokumentiert.

Zudem sollte auch die Erreichbarkeit der Feuerwehr angegeben werden, die die Proben entnommen hat, um dem Analysenlabor die Möglichkeit einer Rückfrage zu geben. Eine Fassung des Protokolls begleitet die Probe, eine zweite Fassung verbleibt beim Probenahmeteam zur Dokumentation und um dem Labor Fragen leichter beantworten zu können.

5.7 Lagerung

Vom Augenblick der Probenahme an bis zum Zeitpunkt der Analyse befindet sich die Probe in einer permanenten Veränderung, was ihre Zusammensetzung angeht. Folgende Ursachen können für die Veränderung der Zusammensetzung einer Probe verantwortlich sein:

- Eintrag von störenden Stoffen in die Probe,
- Austragung von Stoffen aus der Probe,
- Veränderung der Probe durch chemische oder biochemische Reaktionen.

Chemischen und biochemischen Veränderungen kann durch gezielte Konservierungsmaßnahmen entgegengewirkt werden. Chemische Konservierungsverfahren scheiden jedoch für die hier beschriebenen Probenahmeverfahren aus praktischen Gründen aus. Zu den physikalischen Methoden der Konservierung gehört das Kühlen bei 2 bis 5 °C (Kühlschrank) und das Aufbewahren der Proben im Dunkeln.

5.8 Probenverpackung und Transport

Für den sicheren Transport ist es unerlässlich, alle Proben korrekt zu verpacken. Es wird zwischen einer Primärverpackung, einer Dekontaminationsverpackung und einer Sekundärverpackung unterschieden.

Primärverpackung
Die Primärverpackung besteht aus dem eigentlichen Probenahmegefäß. Dieses kann z. B. eine Flasche oder ein Beutel sein. Da die Probe im kontaminierten Bereich in die Primärverpackung gefüllt wird, ist damit zu rechnen, dass ihre äußere Oberfläche kontaminiert ist.

Dekontaminationsverpackung
Die Primärverpackung, welche die Probe enthält, wird in eine Dekontaminationsverpackung gegeben, die aus einem durchsichtigen Polyethylenbeutel besteht, der versiegelt wird. Dies erfolgt entweder direkt am Ort der Probenahme (biologische Probenahme) oder an der Grenze des kontaminierten Bereiches (A-/C-Lagen). Bei A-Lagen ist die Außenfläche der Dekontaminationsverpackung beim Ausschleusen auf Kontaminationsfreiheit zu prüfen. Die Kontaminationsfreiheit ist auf dem Beutel zu dokumentieren; ebenso die an der Oberfläche des Beutels messbare Ortsdosis-

leistung. Die biologischen Proben werden beim Ausschleusen mit einem geeigneten Desinfektionsmittel dekontaminiert.

Sekundärverpackung

Zum Versand in ein Labor wird bei biologischen Proben die Dekontaminationsverpackung nach der Dekontamination auf der reinen Seite in eine Sekundärverpackung gegeben. Sinnvollerweise wird an dieser Stelle das Probenahmeprotokoll dazu gelegt. Die Sekundärverpackung ist eine formstabile, von der Bundesanstalt für Materialprüfung (BAM)-geprüfte Verpackung, die definierten Prüfansprüchen genügen muss und die als zusätzlicher Schutz für den Transport dient. Die Sekundärverpackung wird entweder selbst mit den notwendigen Gefahrgutkennzeichen versehen oder in einen entsprechend deklarierten Pappkarton verpackt.

Für die A- und C-Proben sind geeignete Transportbehälter zu verwenden. Da die Proben im Labor möglichst unter einem Abzug aus dem Transportbehälter entnommen werden, ist die Größe zu beachten. Es wurden schon Briefumschläge in 200 l Fässern angeliefert!

Beförderung

Da es sich bei den Proben in den meisten Fällen um gefährliche Güter handelt, gelten grundsätzlich gefahrgutrechtliche Vorschriften. Sofern der Transport der Proben der »Notfallbeförderung zur Rettung menschlichen Lebens oder zum Schutz der Umwelt« dient (ADR Teil 1: 1.1.3.1 e, Freistellung in Zusammenhang mit der Art der Beförderungsdurchführung), kann von den Vorschriften abgewichen werden, sofern alle Maßnahmen zur völlig sicheren Durchführung der Beförderung getroffen werden.

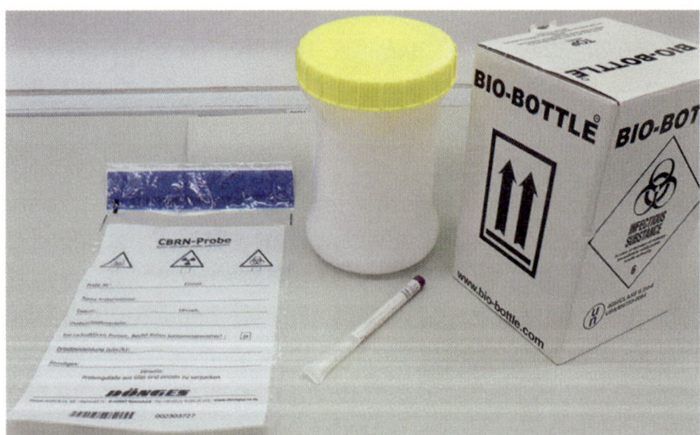

Bild 8: ***Verpackung einer Probe mit Verdacht auf eine biologische Kontamination, bestehend aus dem Wischtest (Primärverpackung), der Dekontaminationsverpackung (Beutel) und der Sekundärverpackung (Kunststoffdose mit Pappschachtel) (Quelle: Mario König)***

Literatur

[5.1] König, M.: Das CBRN-Probenahmekonzept des Bundes, BRANDSCHUTZ/Deutsche Feuerwehr-Zeitung, 04/2014, S. 299-301.

[5.2] Bundesamt für Bevölkerungsschutz und Katastrophenhilfe (Hrsg.): Empfehlung zur Probenahme von chemischen, biologischen und radioaktiven Materialien zur Gefahrenabwehr im Bevölkerungsschutz, Bonn, 2. Auflage 2016.

Auf dieser Seite befinden sich die Hinweise zum Handbuch, den Kurzanleitungen und den Schulungsvideos:

Bundesamt für Bevölkerungsschutz und Katastrophenhilfe, CBRN Probenahme, online abrufbar unter: https://www.bbk.bund.de/DE/Themen/CBRN-Schutz/CBRN-Faehigkeiten/CBRN-Probenahme/cbrn-probenahme_node.html, zuletzt aufgerufen am 21.12.2025.

Hessische Landesfeuerwehrschule, Katastrophenschutz (Kats-DV 510), online abrufbar unter: https://hlfs.hessen.de/katastrophenschutz, zuletzt aufgerufen am 21.12.2025.

Weiterführende Literatur zu Kapitel 5

Niederwöhrmeier, B., Derakshani, N., Uelpenich, G., Finke, E. J., König, M.: Probenahme und initiale Bewertung bei biologischen Lagen, In: Biologische Gefahren I, Handbuch zum Bevölkerungsschutz, Hrsg.: Bundesamt für Bevölkerungsschutz und Katastrophenhilfe, Bonn, S. 131–148, 2007.

6 Dokumentation

Auf die Dokumentation ist beim Gefahrstoffnachweis an Feuerwehr-Einsatzstellen ganz besonderen Wert zu legen. Neben der Dokumentation von Maßnahmen und Ergebnissen eines Gefahrstoffnachweises hat der Gesundheitsschutz der Einsatzkräfte einen viel größeren Stellenwert bei der Dokumentation bekommen.
In der im Januar 2022 veröffentlichten FwDV 500 wird der Aspekt des Gesundheitsschutzes bei CBRN-Einsätzen eher zurückhaltend erwähnt.

Auszug aus Kapitel 1.5.3.7 der FwDV 500

(...)

Bedarfsweise Überwachung der Einsatzkräfte

Hautkontaminierte Einsatzkräfte oder Einsatzkräfte, bei denen eine Dosisüberschreitung im A-Einsatz vorliegt oder der Verdacht auf Inkorporation besteht, sind nach einer Dekontamination einem geeigneten Arzt vorzustellen. Die Notwendigkeit eines Bio-Monitorings ist dabei zu prüfen.

(...)

Alle ABC-Einsätze sind zu dokumentieren und dies entsprechend den gesetzlichen Vorgaben von der Feuerwehr aufzubewahren.
In der Dokumentation sind insbesondere besondere Vorkommnisse, Angaben zum ABC-Gefahrstoff, der durchgeführte Gefahrstoffnachweis als auch vor allem Angaben zu eingesetzten Trupps (PSA) und möglichen Kontaminations- bzw. Dekontaminationsmaßnahmen aufzuführen.
Dies gilt insbesondere für Verletzungen sowie die Einwirkung von ABC-Gefahrstoffen auf die Einsatzkräfte durch Inkorporation, Kontamination oder gefährliche Einwirkung von außen.
Die Dokumentation im ABC-Einsatz ist mindestens 40 Jahre aufzubewahren, Sonderregelungen im Abschnitt A- Gefahren.

6.1 Gesundheitsschutz

Da es bei der Dokumentation von Messergebnissen insbesondere um den Gesundheitsschutz der beteiligten Einsatzkräfte geht, muss auf diesen Punkt in jeder Feuerwehr ganz besonderen Wert gelegt werden. Die Pflicht zur Dokumentation von Gefahrstoffexpositionen ist bereits seit dem Jahr 2005 in der Gefahrstoffverordnung geregelt. Die Regelungen beziehen sich auf die Exposition mit krebserzeugenden und keimzellmutagenen Stoffen; also auch auf Brandeinsätze [6.6]!

Am Ende einer ehrenamtlichen oder hauptberuflichen Feuerwehrlaufbahn sollte immer noch nachvollziehbar sein, an welchen CBRN-Einsätzen eine Einsatzkraft, in welcher Funktion und unter welchen Rahmenbedingungen (Schutzkleidung, Art und Konzentration der freigesetzten Gefahrstoffe) beteiligt war.

Oftmals ergeben sich Rückfragen zu Gefahrstoffeinsätzen erst mit großem zeitlichen Abstand zu den Einsätzen.

Unter diesem Aspekt ist daher auch besonders wichtig zu dokumentieren, wenn keine Messungen durchgeführt wurden. Die Gründe für diese einsatztaktische Entscheidung sollten auch Jahre später noch nachvollziehbar sein.

Die Aufbewahrungsfrist für die Dokumentation wurde in der überarbeiteten FwDV 500 von 30 auf 40 Jahre erhöht.

Es bietet sich an, die Dokumentation von Gefahrstoff-Einsätzen an die feuerwehrinterne Dokumentation von Atemschutzeinsätzen organisatorisch zu koppeln.

6.1.1 Bio-Monitoring

Erstmalig ist der Begriff »Bio-Monitoring« in die FwDV 500 aufgenommen worden. In der Fachliteratur wird zwischen dem präventiven und dem ereignisbezogenen Bio-Monitoring unterschieden [6.7].

Im Ereignisfall ist zu klären, ob die Ergebnisse des Gefahrstoffnachweises in Verbindung mit anderen Erkenntnissen den Verdacht begründen, dass Einsatzkräfte einer Gefährdung durch Gefahrstoffe ausgesetzt waren. Ob ein Bio-Monitoring im Ereignisfall sinnvoll ist, sollte zwischen ärztlichem Fachpersonal und spezialisierten Laboratorien geklärt werden.

Der Verband der chemischen Industrie bietet über das Transport-Unfall-Informations- und Hilfeleistungssystem (TUIS) entsprechende Dienstleistungen an.

6.1.2 Zentrale Expositionsdatei (ZED)

Träger des Brandschutzes unterliegen einer Dokumentationspflicht auf der Basis der DGUV Vorschrift 1 § 2 der Deutschen Gesetzlichen Unfallversicherung und § 14 Absatz 3 der Gefahrstoffverordnung für ehrenamtlich Tätige, die im Rahmen der Tätigkeiten Gefährdungen durch krebserzeugende oder keimzellmutagene Gefahrstoffe ausgesetzt sein können.

Für diese Verpflichtung bietet die DGUV die kostenfreie Nutzung einer zentralen Expositionsdatenbank (ZED) an, in der alle notwendigen Informationen zentral erfasst und für den notwendigen Zeitraum von 40 Jahren verfügbar sind [6.8].

6.1.3 Strahlenschutzregisternummer (SSR)

Im Rahmen der Strahlenschutzüberwachung dient eine Strahlenschutzregisternummer der eindeutigen Identifizierung der Personen. Eine SSR wird aus der Sozialversicherungsnummer und weiteren personenbezogenen Daten generiert.

Auf der Homepage des Bundesamtes für Strahlenschutz sind die folgenden Hinweise für die Anwendbarkeit bei Einsatzkräften zu finden:

Notfalleinsatzkräfte benötigen erst nach einem Einsatz, bei dem sie einer Strahlenexposition über den in § 150 Abs. 5 Strahlenschutzverordnung angegebenen Schwellen (1 mSv effektive Dosis, 15 mSv Augenlinsendosis, 50 mSv lokale Hautdosis) ausgesetzt waren, eine SSR-Nummer.

Zwar sind Notfalleinsatzkräfte keine beruflich exponierten Personen im Sinne des Strahlenschutzgesetzes (§ 5 Abs. 7 Satz 3 Strahlenschutzgesetz), aber dennoch gelten die Expositionen von Einsatzkräften als berufliche Expositionen (§ 2 Abs. 7 Nr. 5 Strahlenschutzgesetz). Dabei unterscheidet der Gesetzgeber nicht zwischen ehrenamtlichen und hauptberuflichen Einsatzkräften (§ 5 Abs. 13 Strahlenschutzgesetz).

Da berufliche Expositionen im Strahlenschutzregister zu erfassen sind (§ 170 Abs. 1 Strahlenschutzgesetz), müssen auch die während eines Notfalls erhaltenen Expositionen bei Überschreitung der o. g. Schwellen entsprechend im Strahlenschutzregister erfasst werden. Daher benötigen also auch Notfalleinsatzkräfte (auch ehrenamtliche), wenn es zu einer Exposition gekommen ist, eine SSR-Nummer, die sie lebenslang behalten.

6.2 Messprotokolle

In der vfdb-Richtlinie 10/05 [1.3] sind Aussagen unter Ziffer 4.12 über die Dokumentation der Messergebnisse zu finden.

Mindestangaben, die in jedem Protokoll enthalten sein müssen:

- Name der Feuerwehr,
- Datum des Einsatzes,
- Uhrzeit des Einsatzes,

- Nummer des Einsatzes,
- Ort des Einsatzes,
- Name und Unterschrift des Protokollführers,
- Nummer des Protokolls und Seitenzahl,
- Einheitsbezeichnung des Messtrupps.

Einzelangaben, die in Protokollen zu finden sein sollten:

- laufende Nummer (Probe oder Geräteeinsatz),
- Ort der Probe oder des Geräteeinsatzes,
- Art des verwendeten Gerätes einschließlich Zubehör,
- Winddaten, Niederschlag,
- Probentemperatur, Außentemperatur,
- Uhrzeit der Probennahme oder Geräteanwendung,
- Art und Menge der Probe (fest, flüssig, gasförmig),
- Ergebnis (z. B. Farbumschlag, Messwert),
- Bezeichnung des Anwenders (Messtrupp 1, Angriffstrupp oder Namen im Klartext),
- Dateiname (bei gespeicherten Dateien).

In Anlage 8 der vfdb-Richtlinie 10/05 [1.3] ist ein Muster für die Dokumentation von Gefahrstoffnachweisen zu finden.

Nur wenige Bundesländer verfügen über landeseinheitliche Formulare für die Dokumentation.

Beispielhaft werden hier die Länder Hessen und Nordrhein-Westfalen erwähnt, in denen es einheitliche Formulare gibt. In Hessen sind die Vorlagen in der KatSDV 510 HE [3.4] und in Nordrhein-Westfalen im Teil 5 des ABC-Schutz-Konzeptes (Messzug NRW) [3.1] zu finden.

Die Beschreibung eines bundeseinheitlichen Ansatzes bei Probenahmeprotokollen findet man in ▶ Kapitel 5.6.2 [5.2].

Praxis-Tipp:

Probenahme- und Messprotokolle werden häufig im Freien direkt vor Ort ausgefüllt. Hier lohnt es sich, die Formulare mit einem Laserdrucker auf wasserfestem Papier zu drucken, die sich auch bei Nässe handschriftlich sehr gut ausfüllen lassen.

6.3 Umweltinformationsgesetze

Zur Umsetzung einer EU-Richtlinie aus dem Jahr 2003 existieren auf Bundes- und Landesebene Gesetze, die den rechtlichen Rahmen für den freien Zugang zu Umweltinformationen bei informationspflichtigen Stellen schaffen [6.1, 6.2, 6.3].

Obwohl ein Teil dieser Gesetze schon seit mehreren Jahren galten, rückten deren Auswirkungen auf die Feuerwehren erst in die Diskussion in Feuerwehr-Fachkreisen [6.4], als im Jahr 2008 die Stadt Köln erstmals im Zusammenhang mit einem medienwirksamen Großbrand in einem Chemiebetrieb Anfragen auf der Grundlage der Umweltinformationsgesetzgebung bearbeiten musste [6.5].

Die Feuerwehren (öffentlich und nicht öffentlich) gelten als informationspflichtige Stellen. Die Werkfeuerwehren sind unter Umständen auch informationspflichtig, da sie im Zusammenhang mit der Umwelt öffentliche Aufgaben wahrnehmen und dabei der Kontrolle der Behörden unterliegen (siehe § 2, Abs. 1 Ziffer 2 HUIG) [6.2].

Es ist sinnvoll, wenn sich alle informationspflichtigen Stellen der Behörden und Unternehmen sowie die Verantwortlichen für die Presse- und Öffentlichkeit vorab über eine standardisierte Verfahrensweise abstimmen. Dabei sind insbesondere die Form der Beantragung, die Fristen und die Kosten zu regeln und allgemein bekannt zu geben.

Generell besteht für den Antragsteller kein Anspruch auf eine ungeprüfte Herausgabe von Rohdaten.

Die Umweltinformationsgesetze zwingen die Feuerwehren noch mehr zu einer sehr guten, nachvollziehbaren und lückenlosen Dokumentation des Einsatzablaufes und der Messergebnisse.

Die Vereinigung zur Förderung des Deutschen Brandschutzes veröffentlichte im März 2023 eine Empfehlung zum Umgang mit Umweltinformationsgesetzen [6.9].

Internet

Bundesamt für Strahlenschutz: Ionisierende Strahlung, online abrufbar unter: https://www.bfs.de/DE/themen/ion/ion_node.html, zuletzt aufgerufen am: 21.12.2025.

DGUV: Zentrale Expositionsdatenbank, online abrufbar unter: https://www.dguv.de/ifa/gestis/zentrale-expositionsdatenbank-zed/index.jsp, zuletzt aufgerufen am: 21.12.2025.

Verband der chemischen Industrie e. V.: Gezieltes Human-Biomonitoring im Rahmen von TUIS, online abrufbar unter: https://www.vci.de/themen/logistik-verkehr/tuis/gefahrstoffe-am-einsatzort-human-biomonitoring.jsp, zuletzt aufgerufen am 21.12.2025.

Literatur

[6.1] Umweltinformationsgesetz (UIG) vom 22. Dezember 2004 (BGBl. I S. 3704); neugefasst durch Bekanntmachung vom 27. Oktober 2014 (BGBl. I S. 1643); zuletzt geändert Art. 2 Gesetz vom 25. Februar 2021 (BGBl. I S. 306).

[6.2] Hessisches Umweltinformationsgesetz (HUIG) vom 14. Dezember 2006 (GVBl. I S. 659.)

[6.3] Umweltinformationsgesetz Nordrhein-Westfalen (UIG NRW) vom 29. März 2007 (GV. NRW. S. 142, 658).

[6.4] Fischer, R.: Weitgehend unbekannt: Das Umweltinformationsgesetz; in: Der Feuerwehrmann 10/2008, S. 273 f.

[6.5] Neuhoff, S., Feyrer, J.: Gravierender Störfall in einem Chemiebetrieb in Köln, BRANDSCHUTZ/Deutsche Feuerwehr-Zeitung 8/2008, S.603 und S. 605.

[6.6] Pietrowski, L., Bussmann, t.: Ablaufschema zur Dokumentation bei Gefahrstoffexpositionen im Einsatz, BRANDSCHUTZ/Deutsche Feuerwehr-Zeitung 7/2022, S. 564 f.

[6.7] Wiegmann, P., Leng, Gabriele: Human-Biomonitoring für Feuerwehr-Einsatzkräfte in der chemischen Industrie, BRANDSCHUTZ/Deutsche Feuerwehr-Zeitung 12/2022, S. 1014 f.

[6.8] ZED – zentrale Expositionsdatenbank – Ein hilfreiches Angebot. FUKNews Ausgabe 1, April 2019.

[6.9] Empfehlung für den Feuerwehreinsatz zum Umgang mit Umweltinformationsgesetzen. Technisch-Wissenschaftlicher Beirat der Vereinigung zur Förderung des Deutschen Brandschutzes e. V. (vfdb), März 2023.

7 Fahrzeugkonzepte und Ausrüstung

Die messtechnische Ausrüstung, die bei Feuerwehren zum Einsatz kommt, ist so vielfältig wie die Zahl der unterschiedlichen Löschfahrzeuge. Das liegt zum einen an den individuellen Anforderungen, die sich aus der lokalen und überregionalen Gefährdungsanalyse, den Bedarfs- und Entwicklungsplänen und den örtlichen Erfahrungen ergeben. Zum anderen hält der Markt ein breites Angebot an Produkten bereit, das im Zuge der fortschreitenden innovativen Weiterentwicklung durch neue Geräte ergänzt wird. Die unterschiedlichen angewendeten Mess- und Nachweistechniken haben sich in den letzten Jahren jedoch nicht wirklich verändert, jedoch wurden Geräte und besonders die Bedienungsfreundlichkeit optimiert. Dabei wurden Nachweisgrenzen und die Querempfindlichkeit gesenkt und die Sicherheit des Auswerteergebnisses verbessert.

So vielfältig die Geräte sind, so vielfältig sind auch die Fundstellen z. B. in Normen und Dienstvorschriften (▶ Kapitel 1). So gibt es in den verschiedenen Fahrzeugnormen Messgerätesätze wie beispielsweise beim HLF 20, beim GW-G oder der Zusatzbeladung Gefahrgut für einen GW-L. Fahrzeugnormen für Messfahrzeuge als Landesvorschriften (Technische Richtlinie) gibt es in Thüringen (2014) [7.7] und Rheinland-Pfalz (2015) [7.8]. Einzig der Bund hat mit dem CBRN-Erkundungswagen (CBRN-ErkW) einen Maßstab für ein Messfahrzeug gesetzt, dessen Ausrüstung sich aber zuständigkeitsbedingt an der zivilen Verteidigung und dem erweiterten Katastrophenschutz ausrichtet, aber auch in der täglichen Gefahrenabwehr seine Fähigkeiten unter Beweis stellt.

2022 hat eine Bund-Länder Arbeitsgruppe der Innenministerien zusammen mit dem BBK für eine Erfassung der Fähigkeiten zur Bewältigung von CBRN-Gefahrenlagen in der Fläche eine Kategorisierung erarbeitet, um die verschiedenen Fähigkeiten in Stufen erfassen zu können. Sie orientiert sich dabei an den verschiedenen Normen und an den Fähigkeiten der Bundes- und Landesfahrzeuge. Die Fähigkeitsstufen 1 bis 3 werden nur erreicht, wenn jeweils die kompletten Ausstattungssätze vorhanden sind.

Ausstattungsstufen gem. Bund-Länder Arbeitsgruppe CBRN

Fähigkeitsstufe 1 – Grundausstattung Messen
(angelehnt an die GW-G Norm DIN 14555-12 (2023) Mindestanforderung)

- Probenahmesatz gem. DIN 14555-12 [7.12] oder gem. BBK-Empfehlungen für die Probenahme zur Gefahrenabwehr [7.11]
- Prüfröhrchensatz gem. DIN 14555-12

- Ex/Ox-Messgerät (auch in Kombination mit Mehrgasmessgeräten)
- Mehrgasmessgerät für CO_2, NH_3 und H_2S (auch Einzelmessgeräte zulässig)
- Dosisleistungsmessgerät
- Dosisleistungswarngerät (oder zusätzliches Dosisleistungsmessgerät)
- Kontaminationsmessgerät
- Amtliche Dosimeter
- Dosiswarngeräte/elektronische Personendosimeter

Fähigkeitsstufe 2 – Erweiterte Grundausstattung Messen
(angelehnt an die GW-G Norm DIN 14555-12 (2023) inkl. optionaler Ausrüstung)

Zusätzlich zur Grundausstattung:
- Photoionisationsdetektor PID mit 10,6 eV Lampe
- Mehrgas-Messgerät mit zusätzlichen Sensoren über Grundausstattung
- Dosisleistungs-Teleskopsonde
- Fernthermometer

Fähigkeitsstufe 3 – Erkundungsfahrzeuge
(angelehnt an den CBRN-Erk des Bundes)
- Navigationssystem und Positionserfassung
- Software mit Verknüpfung Messwerte und Positionsdaten sowie Darstellung
- Fähigkeit zur Messung während der Fahrt
- Photoionisationsdetektor PID mit 10,6 eV Lampe
- Ionenmobilitätsspektrometer IMS
- BBK Probenahmeausrüstung
- Szintillationssonde zur Bestimmung der Ortsdosisleistung
- Dosisleistungsmessgerät
- Kontaminationsmessgerät
- Amtliche Dosimeter
- Dosiswarngeräte/elektronische Personendosimeter

Besondere Messgeräte (Einzelfähigkeit)
- Infrarotspektrometer mobil
- Ramanspektrometer mobil
- Gaschromatograph mit Massenspektrometer mobil oder stationär
- Flammenspektrometer mobil
- Röntgenfluoreszenzspektrometer mobil
- Nuklididentifizierendes Messgerät mobil
- Neutronenmessgerät
- PCR-Gerät mobil, Angabe der identifizierbaren Erreger
- Immunologische Schnelltests, Angabe der identifizierbaren Erreger

7.1 Ausstattungssatz GW-G und Zusatzbeladung Gefahrgut für einen GW-L

Die DIN 14555-12 (2023) für den GW-G gibt eine Messgeräteausstattung vor, wenn diese nicht durch ein anderes Fahrzeug (ELW, Messfahrzeug) mitgeführt wird und an der Einsatzstelle zur Verfügung steht. Der Messgerätesatz, der für die Zusatzbeladung Gefahrgut für einen GW-L nach DIN 14800-19 (2025) gefordert wird, ist etwas kleiner. Auch hierbei gilt der Hinweis auf die Mitführung auf anderen Fahrzeugen. Der Umfang der messtechnischen Ausstattung anderer Fahrzeuge ist so gering, dass er an dieser Stelle nicht weiter berücksichtigt wird. ▶ Tabelle 5 gibt einen Überblick über die messtechnische Ausstattung des GW-G (DIN 14555-12, 2023) und der Zusatzbeladung Gefahrgut für den GW-L (DIN 14800-19, 2025). ▶ Bild 9 zeigt die messtechnische Ausrüstung des GW-G der Hessischen Landesfeuerwehrschule.

Tabelle 5: ***Messtechnische Ausstattung des GW-G (DIN 14555-12, 2023) [7.12] und der Zusatzbeladung Gefahrgut für den GW-L (DIN 14800-19, 2025) [7.13]***

Gegenstand	GW-G	Zusatzbeladung Gefahrgut GW-L
Probenahmesatz BBK (▶ Kapitel 7.2.3)	x	x[1]
Öltestpapier, Wassernachweispaste	x	
Filterpapier für Wischproben	x	
Prüfröhrchenpumpe, Prüfröhrchen je nach Gefährdungsanalyse	x	Optional
Tragbarer Ex-geschützter PID, 10,6 eV Lampe	x	
Tragbares Ex/Ox-Messgerät mit Zubehör, auch in Kombination mit PID	x	x
Tragbares Messgerät für CO_2, NH_3 und H_2S	x	x, Gase nicht festgeschrieben
Dosisleistungsmessgeräte, Warnschwelle 25 µSv/h	x	x
Dosisleitungswarner 25 µSv/h	x	x
Dosisleistungs-Teleskopsonde für den Hochdosisbereich	x	x

Tabelle 5: ***Messtechnische Ausstattung des GW-G (DIN 14555-12, 2023) [7.12] und der Zusatzbeladung Gefahrgut für den GW-L (DIN 14800-19, 2025) [7.13] – Fortsetzung***

Gegenstand	GW-G	Zusatzbeladung Gefahrgut GW-L
Kontaminationsmessgerät für α-, β- und γ-Strahlung	x	x
6 amtliche Personendosimeter zzgl. Referenzdosimeter	x	x[2]
Dosiswarngeräte mit den Schwellwerten 1 mSv, 20 mSv, 100 mSv und 250 mSv	x	x
Fernthermometer	x	
Ex-geschützte Wärmebildkamera -20 bis 500 °C	optional	
Windrichtungs- und Windstärkemesser kontinuierlich	x	

[1] Alternativer Satz möglich
[2] Ausführung der Personendosimetrie veraltet, Hinweis auf Referenzdosimeter fehlt, ▶ Kapitel 24

Bild 9: ***Messtechnische Beladung des GW-G der hessischen Landesfeuerwehrschule HLFS. Der Umfang ist der vollständige Satz nach der DIN 14555-12 (2023) (Quelle: Sascha Sonnborn)***

7.2 CBRN-Erkundungswagen (CBRN-ErkW) BUND

7.2.1 Die historische Entwicklung

Die Entwicklung des CBRN-Erkundungswagen 2001 [7.2] des Bundesamtes für Bevölkerungsschutz und Katastrophenhilfe beginnt Ende der achtziger Jahre, noch als ABC-Erkundungskraftwagen des Bundesamtes für Zivilschutz. Während die Bundeswehr Ende der achtziger Jahre mit dem Spürpanzer Fuchs von Rheinmetall Defence, Düsseldorf, ausgestattet wurde und damit eine Möglichkeit hatte, Gefahr- und Kampfstoffe aus einem vollständig vor den CBRN-Gefahren geschützten und gepanzerten Fahrzeug heraus zu erkunden, fehlte eine vergleichbare Ausrüstung im Bereich des Zivilschutzes. Die Vorläufer im Bereich des Zivilschutzes waren Erkundungskraftwagen wie VW 181 mit Stoffdach, VW Busse und Ford Transit, mit deren Ausstattung einfache Messungen von radioaktiver Strahlung und Kampfstoffen vorgenommen werden konnten.

Im Zivilschutz sollte diese Lücke mit einem Fahrzeug geschlossen werden, um atomare und chemische Gefahren mobil erkunden und messen zu können, sowie biologische Kontaminationen erkennen zu können. Ebenso sollten Boden-, Wasser- und Luftproben genommen, Wetterdaten ermittelt und die ermittelten Daten an eine Messzentrale übermittelt werden können. Die Beschaffung einer entsprechenden Anzahl von Fahrzeugen wurde Ende der neunziger Jahre begonnen. Durch die Ereignisse des 11. September 2001 und die damit geänderte Bewertung der Gefahr von terroristischen Anschlägen mit Gefahr- und Kampfstoffen, wurde die Priorität heraufgesetzt. Noch in 2001 wurden die ersten Fahrzeuge nach und nach in Dienst gestellt. Im Jahr 2023 waren noch 323 von ursprünglich 371 Fahrzeuge im Dienst. Die Anzahl der beschafften Fahrzeuge reichte jedoch nicht aus, um alle Landkreise und kreisfreien Städte in der Bundesrepublik mit je einem Fahrzeug auszustatten. Die Ausstattungsquote der Bundesländer ist dabei sehr unterschiedlich.

Das Fahrzeug erfuhr eine erste Aufwertung der technischen Ausstattung zwischen 2009 und 2010. Die Ausstattung wurde 2017 bis 2019 erneut verbessert und die Messtechnik auf den heutigen Stand angepasst, während eine mobile Datenübertragung nicht mehr realisiert wurde. Sie wird auch erst mit der nächsten Fahrzeuggeneration eingeführt werden (▶ Kapitel 7.2.2.)

Die Ausschreibung des Fahrgestells führte zur Beschaffung eines Fiat Ducato Maxi L2B 2.8 TC mit einem zugelieferten Allradantrieb mit Untersetzung und Differentialsperre. Das Fahrzeug ist damit geländefähig (DIN 1846). Die zulässige Gesamtmasse mit 3,5 Tonnen war bereits mit der Auslieferung angesichts der Ausrüstung (Messtechnik, Probenahme und PSA) und der Besetzung von 1/3/4 sehr knapp bemessen. Die Ergänzung durch kommunale Messtechnik war auf Grund der mangelnden Gewichtsreserve, trotz einer inzwischen erfolgten Auflastung schwierig.

Die Zahl der Fahrzeuge, die auf Grund technischer Probleme nicht mehr einsatzfähig und bei denen eine Reparatur nicht mehr möglich oder nicht wirtschaftlich ist, steigt. Daher werden seit 2024 bis zu 42 stillgelegte Fahrzeuge übergangsweise auf einen Iveco Daily mit einem geländegängigen Fahrgestell umgerüstet.

7.2.2 Der neue CBRN-Erkundungswagen und die Messleitkomponente

Die alten CBRN-ErkW des Bundes haben ihr Lebensende erreicht und müssen planmäßig ersetzt werden. Die Entwicklung eines Nachfolgers begann 2019 und fand einen ersten großen Meilenstein mit der Vorstellung eines Prototypen und Erprobungsfahrzeuges auf der Interschutz 2022. Dort wurde ein funktionsfähiges Musterfahrzeug der Öffentlichkeit gezeigt, das auch Grundlage für die Ausschreibung war. Das Fahrzeug ist dabei keine revolutionäre Neuentwicklung, sondern eine konsequente Weiterentwicklung des Vorgängerfahrzeugs mit vielen Detailverbesserungen. Das Fahrzeug soll im Gegensatz zum Vorgänger nicht mehr nur geländefähig, sondern geländegängig sein (DIN 1846). Die Außenmaße bleiben nahezu unverändert, wie ▶ Bild 10 an der BABZ in Ahrweiler zeigt.

Bild 10: ***Erprobungsfahrzeug des Bundes an der BABZ in Ahrweiler (links) und CBRN-Erkundungswagen alt (rechts) (Quelle: Bernhard Kuczewski)***

Im Inneren entfällt der Messcontainer und wird durch feste Einbauten ersetzt. Der auf Grund des Allradfahrgestells etwas kleinere Innenraum führt dazu, dass es keinen

Durchgang im hinteren Geräteraum mehr gibt, sondern lange Auszüge den hinteren Geräteraum ausfüllen. Die Messsoftware, die auch Einsatzaufträge der Messleitung erhalten kann wird nun auf zwei getrennten Rechnern laufen. Einer steht dem Messtrupp hinten im Fahrzeug zur Verfügung, ein weiterer Rechner dem Einheitsführer auf dem Beifahrerplatz. Alle vier Sitzplätze werden mit in den Sitz integrierten umluftunabhängigen Atemschutzgeräten ausgestattet, so dass auch ein Eintauchen und Durchfahren kontaminierter Gebiete möglich wird. Die Messsoftware wird durch eine Lösung der Firma technisch-mathematische studiengesellschaft Bonn realisiert, die auch die Software der Messleitkomponente entwickelt hat.

Die Ausschreibung führte zu einem Mercedes Sprinter 519 CDI, vergleichbar dem auf der Interschutz vorgestellten Fahrzeug. Er wird von WAS ausgebaut. In einer ersten Auslieferung werden 395 Fahrzeuge beschafft. In der Summe sind 518 dieser Fahrzeuge für das gesamte Bundesgebiet vorgesehen. Damit können neben allen Landkreisen und kreisfreien Städten auch besondere Gefahrenschwerpunkte und die ATF-Standorte zusätzlich mit Fahrzeugen ausgestattet werden. Die Auslieferung begann im Frühjahr 2025.

Bild 11a: ***CBRN-Erkundungswagen Bund stationiert in Nauheim – Außenansicht (Quelle: Bernhard Kuczewski)***

Bild 11b: ***Innenraum CBRN-Erkundungswagen Bund (Quelle: Bernhard Kuczewski)***

Messleitkomponente (MLK)
Die MLK ist eine mobile Führungseinheit mit einer Besetzung von 1/4/5. Das Fahrzeug führt einen Einsatzabschnitt Messen mit fünf unterstellten CRBN-ErkW. Nachdem das Fahrzeug fast 20 Jahre in Entwicklung war, ist es zwischenzeitlich vergeben und wird von Freytag Karosseriebau auf einem MAN TGL mit Staffelkabine aufgebaut. Die Software wurde von der Firma technisch-mathematische studiengesellschaft Bonn entwickelt und kann neben der Führung der Messfahrzeuge, der Visualisierung der Messergebnisse auch Ausbreitungsberechnungen durchführen. Die Kommunikation zwischen den Messfahrzeugen und der MLK läuft über spezielle Server des Bundes. Insgesamt sind 111 Fahrzeuge für das Bundesgebiet vorgesehen.

7.2.3 Messtechnische Beladung

Wie beim Fahrzeug ist auch die messtechnische Beladung des neuen Erkunders eine Weiterentwicklung des Vorgängers. Das Fahrzeug verfügt über einen rechnergestützten Arbeitsplatz mit einer Messsoftware, die eine Messung während der Fahrt zulässt. Die Positionierung erfolgt über die Satellitenantenne iNAT-M200 von iMar mit einer Genauigkeit von weniger als fünf Metern. Gasförmige Schadstoffe und Kampfstoffe können über eine Außenansaugung mit einem Ionenmobilitätsspektrometer, einem Photoionisationsdetektor und einem Mehrgasmessgerät im Fahrzeug nachgewiesen werden. In der ersten Version des alten Erkunders war anfangs noch ein Messen aus dem geöffneten Fahrzeugfenster vorgesehen, das nach Vorschlägen und Tests verschiedener Anwender zu der heute üblichen Außenansaugung geführt hat. Der zeitliche Versatz liegt im Bereich von etwa einer halben Minute. Bei der Schlauchauswahl müssen besonders inerte Kunststoffe wie PTFE und PFA verwendet werden, um keine Memoryeffekte und damit schwerwiegende Verfälschungen der Messergebnisse herbeizuführen. Für A-Lagen kann zusätzlich die Dosisleitung über zwei Szintilationsdetektoren ermittelt werden.

Bei den Messgeräten für den chemischen Bereich, die währed der Fahrt messen können, handelt es sich um ein Ionenmobiltätsspektrometer RAID-M NR von Bruker (▶ Kapitel 14), ein Photoionisationsdetektor Tiger XT von ISM ION Science Messtechnik (▶ Kapitel 12) und zusätzlich um ein Mehrgasmessgerät der Firma Dräger vom Typ XAM 8000 (EX (IR), O_2, CO, CO_2, H_2S und PH_3). Alle Geräte können auch entnommen und für abgesetzte Messungen verwendet werden. Für die Messung der Dosisleistung wurden zwei NBR-Sonden FHT 1376 FMG mit je 5 Litern Detektorvolumen von Thermo Fisher Scientific Messtechnik rechts und links im Fahrzeug verbaut (▶ Kapitel 24). Dies lässt eine Schätzung über die Lage der Quelle im Umfeld des Fahrzeugs zu.

Das Fahrzeug verfügt weiterhin über ein Kontaminationsmessgerät vom Typ Como 170 ZS 2 von Nuvia, Dülmen, ein Dosisleitungsmessgerät RadEye PRD ER 4 von Thermo Fisher Scientific, einen Prüfröhchensatz mit 28 verschiedenen Prüfröhrchen mit Handpumpe von Dräger, sowie amtliche Dosimeter. Neu in der Ausstattung ist auch eine ausfahrbare Wetterstation.

Als Persönliche Schutzausrüstung sind neben dem PSA-Satz (▶ Kapitel 7.2.5.) umluftunabhängige Atemschutzgeräte (9 l CFK Flaschen, MSA Auer oder Dräger) in jedem der vier Sitze eingebaut, weiterhin ist der Probenahmesatz des BBK verlastet.

7.2.4 Probenahmeausstattung BBK

Die Prinzipien der Probenahme wurden bereits in ▶ Kapitel 5 beschrieben.

Der ursprüngliche Probenahmekoffer, der auf dem CBRN-ErkW verlastet war, wurde 2010 durch ein dreiteiliges Set aus zwei Rucksäcken und einer Kiste mit Ersatzmaterial ersetzt [7.5]. Gleichzeitig wurde ein Handbuch »Empfehlungen für die Probenahme zur Gefahrenabwehr im Bevölkerungsschutz« sowie Video-Anleitungen zur Probenahme auf einem YouTube-Kanal veröffentlicht [7.10] (▶ Kapitel 5).

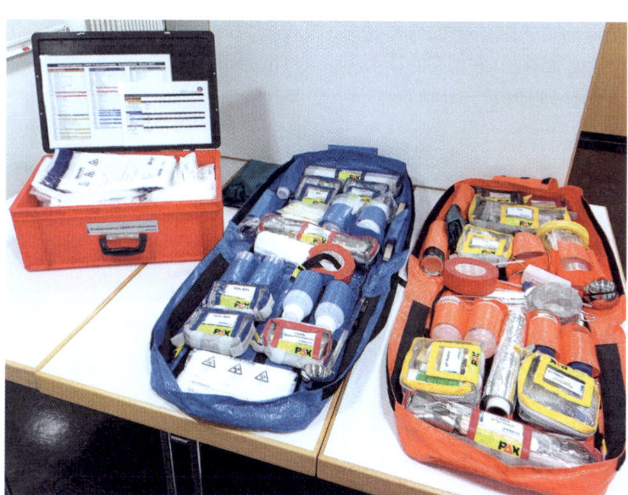

Bild 12: ***Probenahmeausstattung nach BBK-Konzept (Quelle: Bernhard Kuczewski)***

▶ Bild 12 zeigt eine Probenahmeausstattung nach BBK Konzept. Der orange Rucksack ist konzeptionell für die chemische, radiologische sowie nukleare Probenahme ausgerichtet, der blaue Rucksack für die biologische. In der Kiste Ersatzmaterialien befinden sich Reserven, um nach einer Probenahme die Rucksäcke unterwegs wieder auffüllen zu können. Zusätzlich ist noch ein Träger für sechs Probenflaschen aus Glas Teil des Probenahmesatzes.

Mit dem Inhalt der Rucksäcke rüstet sich ein Probenahmetrupp aus. Enthalten sind Hilfsmittel wie Schöpfkellen, Pinzetten und Trichter, um Probematerial in geeignete Probengefäße, die ebenfalls enthalten sind, kontaminationsfrei zu verpacken. Auch die Hilfsmittel für eine Dekontamination der Außenseite der Verpackungen und die Beschriftung/Kennzeichnung der Probe sowie Müllbeutel zur Aufnahme von kontaminierten Überhandschuhen oder Ausrüstungsgegenständen sind vorhanden.

Der CRN-Rucksack enthält auch die notwendige Ausrüstung, um Gasproben zu nehmen. Ursprünglich konnte mit der Handpumpe Phosgen, Organophosphatverbindungen und Kohlenmonoxid bestimmt und Proben auf Silicagel- und Tenax®-Röhrchen genommen werden. Allerdings entfallen nun diese Vorrichtungen durch die zusätzlichen Gasprüfröhrchen und die Pumpe von Dräger beim neuen Erkunder. Auch pH-Wert und Temperatur können ermittelt werden. Ebenso ist Spurpapier zum Nachweis von Kampfstoffen vorhanden.

Im B-Rucksack sind Abstrichbestecke für Viren bzw. Bakterien und Kochsalzlösung zur Befeuchtung vorhanden. Die detaillierten Inhaltslisten sind dem frei verfügbaren Handbuch zu entnehmen [7.11].

7.2.5 Persönliche Schutzausrüstung

Für die Einheiten, die vom Bund mit Fahrzeugen des Zivilschutzes und erweiterten Katastrophenschutzes ausgestattet sind, wie den CBRN-ErkW, hat der Bund einen einheitlichen Satz an Persönlicher Schutzausrüstung vorgesehen.

Diese besteht aus folgenden einzelnen Komponenten [7.1]:

1. Flüssigkeitsdichter Schutzoverall
Der Overall (impermeabler Schutzanzug) von Tesimax Altinger, Neuhausen-Steinegg, ist flüssigkeitsdicht, schützt vor einer Vielzahl von flüssigen Chemikalien, vor radioaktiven Kontaminationen und biologischen Gefahren und vor den Kampfstoffen Schwefel-Lost, VX, Sarin und Soman für mindestens zwei Stunden. Er ist jedoch nicht gasdicht. Er entspricht der DIN EN 14605 Typ 3B, DIN EN 1073 und der DIN EN 14136.

2. Overgarment
Dieser einteilige permeable Schutzanzug entfaltet seine Wirkung durch eine eingearbeitete Aktivkohleschicht, die Dämpfe chemischer Kampfstoffe binden kann. Er ist weder flüssigkeits- noch gasdicht und darf nur zum Schutz gegen die Dämpfe chemischer Kampfstoffe eingesetzt werden. Der Vorteil gegenüber dem flüssigkeitsdichten Schutzoverall liegt im Tragekomfort. Er kann über mehrere Stunden getragen werden, je nach Kampfstoffbelastung. Er wird von der Firma Blücher, Erkrath hergestellt.

3. Atemschutzmaske
Die Grundmaske M2000 von Dräger Safety, Lübeck, ist für den Einsatz zum Schutz gegen chemische Kampfstoffe geprüft.

4. Kombinationsfilter
Die zugehörigen Filter zur Atemschutzmaske stammen ebenfalls von Dräger Safety, Lübeck. Es sind Filter des Typs A2B2E2K2 P3 R D/NBC nach DIN EN 14387 und TL 4240-0065 (2006) § 2.5.9.1.1. Sie schützen gegen:

- Organische Gase und Dämpfe (Siedepunkt > 65°C),
- Anorganische Gase und Dämpfe (darunter Cl_2 Chlor, H_2S Schwefelwasserstoff und HCN Blausäure),
- Saure Dämpfe und Gase (vorrangig Schwefeldioxid),
- Ammoniak und organische Ammoniak-Verbindungen,
- Partikel vergleichbar einer FFP-3 Maske und wiederverwendbar (nach Aerosol- und Staubexposition).

Außerdem sind sie geprüft gegen nukleare, biologische und chemische Gefahren (TL 4240-0065 (2006) § 2.5.9.1.1.).

5. Tasche

Für den Transport von Maske und Filtern gibt es eine Tasche von Batex Technische Textilien, Bretnik.

6. Schutzhandschuhe und Unterziehhandschuhe

Die Schutzhandschuhe Jugitec® B05 aus Butylkautschuk von Jung Gummitechnik, Einhausen, entsprechen DIN EN ISO 374-1 und sind gegen Haut- und Nervenkampfstoffe für mind. zwei Stunden beständig. Eine Beständigkeitsliste wird mitgeliefert. Dazu gehören Baumwollunterziehhandschuhe desselben Herstellers.

7. Sicherheitsstiefel mit Socken

Die Firma GM, München liefert Sicherheitsstiefel Hazmax nach DIN EN 20 345 Teil 2 S5 des Herstellers Respirex, die gegen Haut- und Nervenkampfstoffe (Sarin, VX und Schwefel-Lost) für mind. zwei Stunden beständig sind. Sie werden ergänzt durch Funktionssocken des Herstellers Wistatex Textilvertrieb, Sonthofen.

Der PSA-Satz soll bei den Fahrzeugen verfügbar sein und damit jederzeit für die Besatzung nutzbar sein.

7.3 Landeslösungen

Drei Länder haben in größerem Umfang Messfahrzeuge beschafft und in der Fläche stationiert bzw. die Beschaffung einheitlicher Fahrzeuge bezuschusst.

In Hessen wurden von 2017 bis 2019 zentral 27 Fahrzeuge (GW GABC Erk) auf einem Mercedes Sprinter 4x2 mit langem Radstand beschafft (▶ Bild 13a und ▶ Bild 13b) und in jedem Landkreis und jeder kreisfreien Stadt sowie der Landesfeuerwehrschule zusätzlich zu den Bundesfahrzeugen stationiert und damit die alten

Gerätewagen Strahlenspürtrupp (GW-StSpTr) ersetzt. Der Ausbau erfolgte bei der Firma Visser, Leeuwarden (NED). Die Besetzung ist 1/3/4. Die Messtechnik und Ausrüstung ist mit der des Bundesfahrzeugs von 2001 (Updatestand von 2019) vergleichbar. Eine fast fertige Eigenentwicklung einer bundeskompatiblen Messsoftware wird wohl einer Übernahme der Software der Bundesfahrzeuge weichen. Der Beladeplan des Fahrzeugs kann auf der Internetseite des Hessischen Ministeriums des Innern, für Sicherheit und Heimatschutz heruntergeladen werden [7.6].

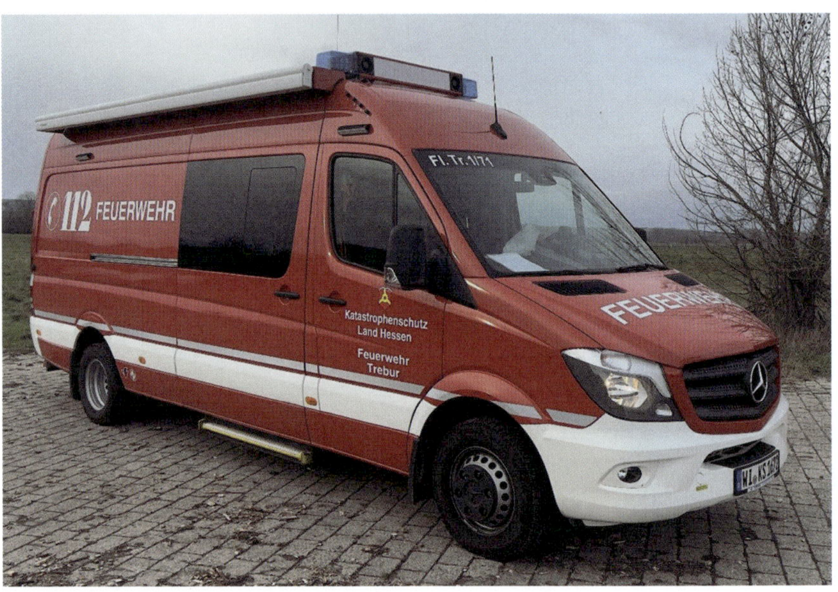

Bild 13a: ***GW-GABC Erk Hessen – Außenansicht (Quelle: Wenzel Becker, Feuerwehr Trebur)***

Nordrhein-Westfalen hat zwischen 2011 und 2014 mit seiner Landesbeschaffung von 25 Fahrzeugen (ABC-ErkKW) planerisch für jeden Kreis und jede kreisfreie Stadt zwei ABC-ErkKW vorgesehen. Die Ausstattungslücken des Bundes verhindern weiterhin, dass dieses Ziel erreicht wird. Zudem wurde ein Fahrzeug am Institut der Feuerwehr IDF in Münster zu Ausbildungs- und Forschungszwecken stationiert. Es handelt sich auch um einen Mercedes Sprinter 4x4 mit langem Radstand (▶ Bild 14a und ▶ Bild 14b). Der Ausbau erfolgte bei den Firmen Göttinger Sonderfahrzeugbau und Rheinmetall Military Vehicles. Die Besetzung ist 1/3/4. Die Ausstattung und die Messtechnik entspricht weitgehend der des CBRN-ErkW des Bundes. Zusätzlich zur Bundesausstattung verfügt das Fahrzeug über eine Teleskop-

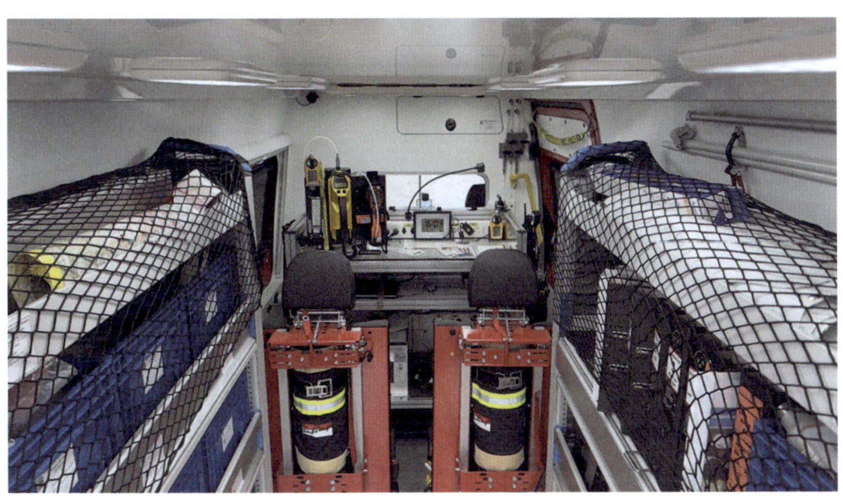

Bild 13b: ***GW-GABC Erk Hessen – Innenansicht (Quelle: Wenzel Becker, Feuerwehr Trebur)***

sonde FH 40 TG, die mit dem Messgerät FH 40 GL 10 betrieben wird, über einen identyFINDER 2 als Dosisleistungsmessgerät mit Isotopenidentifizierung, über ein PID Messgerät vom Typ MiniRae 3000 sowie über ein Mehrgasmessgerät Dräger X-am 7000. Eine Anpassung der Softwareausstattung wird derzeit geprüft.

Schleswig-Holstein hat Anfang der zweitausendzehner Jahre die kommunale Beschaffung von Reaktorerkundern der dritten Generation bezuschusst, die speziell auf Unfälle in Kernkraftwerken ausgelegt waren. Schleswig-Holstein lag im Verhältnis zu der Bevölkerungszahl im Einwirkungsbereich besonders vieler Kernkraftwerke. Auch bei diesem Fahrzeug handelt es sich um einen Mercedes Sprinter mit langem Radstand. Der Ausbau wurde von Makoben Karosserie- und Fahrzeugbau, Höhndorf durchgeführt. Die Besatzung ist 1/3/4.

Bild 14a: ***ABC-ErkKW Nordrhein-Westfalen – Außenansicht (Quelle: Institut der Feuerwehr NRW)***

Bild 14b: ***ABC-ErkKW Nordrhein-Westfalen – Innenansicht (Quelle: Institut der Feuerwehr NRW)***

Die Ausstattung unterscheidet sich dabei deutlicher als die Fahrzeuge aus Nordrhein-Westfalen und Hessen vom CBRN-ErkW des Bundes. Die Positionierung und Verknüpfung der Messdaten erfolgen durch ein System von Thermo Scientfic, das MDS 1376 Basic. Als Messgerät kommt das FH40G und die NBR-Sonde FHZ 672-2 (Szintillationssonde mit 2 Liter Volumen). Eine Telesonde und ein RadEye PRD von Fisher Scientific, das Como 170 von Nuvia und Dosimeter (amtlich und elektronisch) vervollständigen die radiologische Messausstattung. Zusätzlich ist noch ein Schwebstoffprobensammler von Radeco verlastet, um Luft- bzw. Schwebstoffproben zu nehmen.

Das Fahrzeug wurde zwischenzeitlich um das PID Phocheck Tiger ergänzt, um auch chemische Gefahrstoffe bestimmen zu können.

7.4 Kommunale Lösungen

Hier sind vielfältige Lösungen bei den Feuerwehren zu finden. So gibt es bspw. Varianten mit Messkoffern oder einfachen Gerätesätzen, aber auch Fahrzeuge, vergleichbar mit den Bundeserkundern auf Transporterbasis. Zusätzlich sind Lösungen mit RTW-Aufbauten oder Lkw-Fahrgestelle mit Kofferaufbauten zu finden. Bei Berufsfeuerwehren finden sich auch Abrollbehälter mit besonderem Gefährdungspotential, in denen laborähnliche Ausstattungen eine weitergehende vor-Ort-Analytik ermöglichen. Der Trend geht hin zu speziell zugeschnittenen Lösungen mit Kofferaufbauten, die oft von Herstellern von Rettungswagen angeboten werden. Zwei Fahrzeuge zeigen diesen Trend exemplarisch.

Der Kreis Groß-Gerau hat 2021 einen GW-Mess in den Dienst gestellt (▶ Bild 15a und ▶ Bild 15b). Das Fahrzeug wurde von WAS Wietmarscher Ambulanz- und Sonderfahrzeug GmbH, Emsbürren aufgebaut. Die Besetzung ist 1/3/4. Die Ausstattung orientiert sich an dem CBRN-ErkW Bund und dem GW-GABC Erk Hessen. Es verfügt zusätzlich über ein Videoübertragungssystem und eine Wetterstation, sowie einige weitere Messgeräte. Ein Probenfach, das von außen zugänglich und zum Innenraum hermetisch abgedichtet ist und eine Kühlbox zur Lagerung von kühlpflichtigen Prüfröhrchen und Proben ergänzen die Ausstattung. Der Aufbau verfügt über einen Auswerteraum und einen getrennten Geräteraum. Auch dieses Fahrzeug kann während der Fahrt Messungen durchführen und ist kompatibel zum Landeskonzept in Hessen. Das Fahrzeug ist eine Weiterentwicklung des GW-Mess der BF Worms, das als Blaupause diente und an die Messfahrzeuge von Bund und den hessischen Landeserkunder angeglichen wurde.

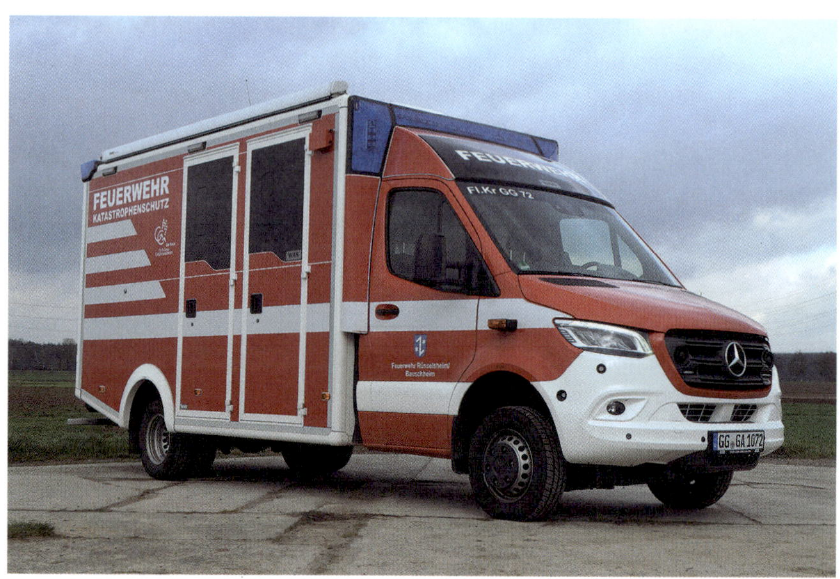

Bild 15a: ***GW-Mess des Kreises Groß-Gerau stationiert bei der Feuerwehr Rüsselsheim (Quelle: Peter Kunert, Feuerwehr Rüsselsheim-Bauschheim)***

Bild 15b: ***Auswerteraum (Quelle: Peter Kunert, Feuerwehr Rüsselsheim-Bauschheim)***

Die Feuerwehr der Stadt Wiesbaden hat ihr altes Messfahrzeug im Jahr 2022 durch ein neues Fahrzeug auf Basis eines adaptierten RTW-Aufbaus ersetzt (▶ Bild 16). Dieses Fahrzeug soll vorrangig an einer Schadensstelle die Messtechnik zur Verfügung stellen und der Abschnittsleitung Messen als Führungsmittel zur Verfügung stehen. Die Besetzung ist 1/1/2. Daher ist es auch mit einem Bildschirm an der Außenseite des Fahrzeugs versehen, um Bilder und Karten für Lagebesprechungen einer größeren Personenzahl zeigen und damit die Lage besser beurteilen oder Messaufträge z. B. für die beiden Erkunder (Bund, Land) schnell an Karten oder Luftbildern besprechen zu können.

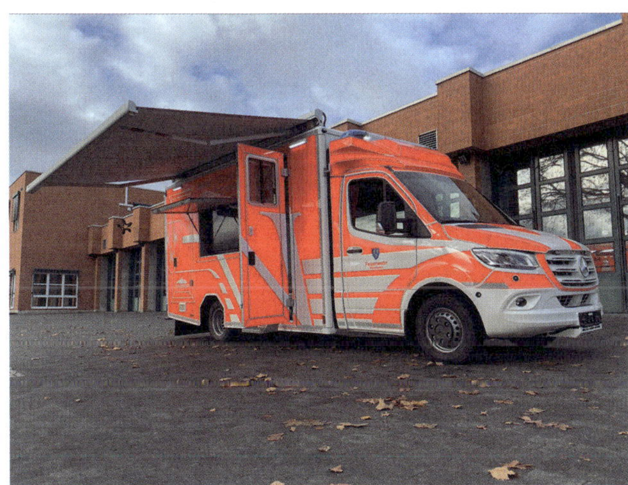

Bild 16: ***GW-Mess der Stadt Wiesbaden (Quelle: Feuerwehr Wiesbaden)***

7.5 ATF-Sonderfahrzeuge

Die sieben ATF-Standorte (Analytical Task Force) mit CRN bzw. CBRN-Fähigkeiten in Deutschland wurden vom BBK mit je drei Fahrzeugen ausgestattet, hinzu kommt ein kommunales Messfahrzeug bzw. ein Abrollbehälter mit einem Labor. ▶ Bild 17 zeigt die ATF Mannheim. Die Ausstattung des achten ATF-Standortes Essen unterscheidet sich davon, da er speziell für Bio-Lagen ausgestattet ist (▶ Kapitel 25).

ELW ATF

Der Einsatzleitwagen der ATF wurde von Baumeister und Trabant, Korschenbroich auf einem Mercedes Sprinter mit Allradfahrgestell aufgebaut. Neben der Technik als ELW ist auch ein SIGIS2 Fernerkundungssystem verbaut (▶ Kapitel 17). Im Aufbau befinden sich zwei PC-Arbeitsplätze, an denen neben der Einsatzleitung auch die

Auswertung des Fernerkundungssystems zusammen mit einer Ausbreitungsrechnung mit der Software DISMA des TÜV Rheinland, Köln erfolgen kann.

Bild 17: ***ATF Mannheim von links: CBRN-ErkW, ELW-ATF, GW-Mess Mannheim, GW-ATF (Quelle: Feuerwehr Mannheim)***

Bild 18a: ***Das im Kofferbau des GW-Mess der Berufsfeuerwehr Mannheim luftverlastbar eingebaute GC-MS und der Arbeitsplatz mit der Glovebox (Quelle: Mario König)***

CBRN-ErkW

Jedem Standort wurde ein bereits zuvor in diesem Kapitel beschriebener CBRN-ErkW zugewiesen.

GW-ATF

Für den Transport von Ausrüstung und Material steht den Standorten ein MAN TGM mit einem 13 t bzw. 14 t Fahrgestell, Allradantrieb, Staffelkabine und einem Kofferaufbau mit Ladebordwand und einem seitlichen Zugang über Treppe und Tür zur Verfügung. In diesem kann wettergeschützt bei Bedarf eine Probensammelstelle oder eine Gerätewerkstatt aufgebaut werden.

Die Standorte mit Bio-Fähigkeiten verfügen zusätzlich über einen weiteren Gerätewagen, der nicht nur die Bio-Messtechnik transportiert, sondern auch den Probentransport übernehmen soll.

GW-Mess/AB-Labor

Neben der Bundesausstattung wird ein kommunales Fahrzeug genutzt, dass als Herzstück der ATF-Einheit ein mobiles Labor ist. Hamburg und Dortmund haben eine

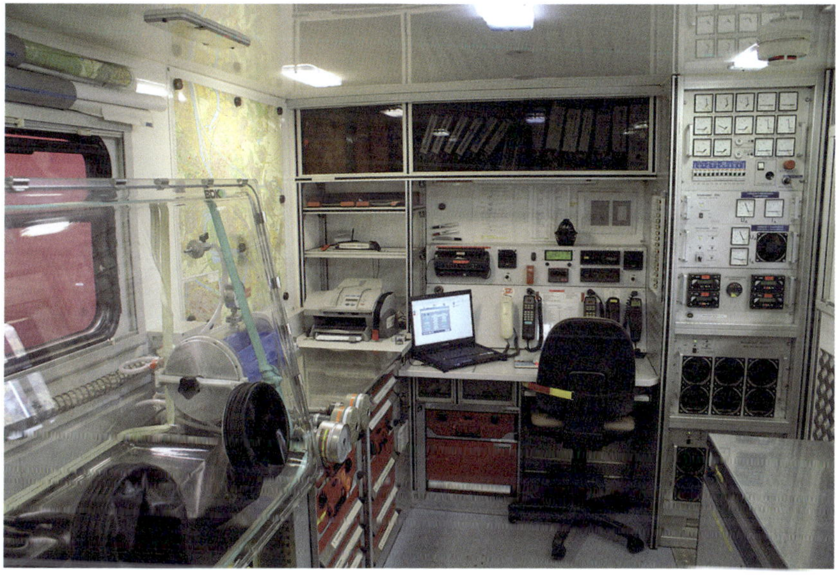

Bild 18b: ***Führungsarbeitsplatz und Laborarbeitsplatz im GW-Mess der Berufsfeuerwehr Mannheim (Quelle: Mario König)***

mobile Laborlösung mit Abrollbehältern realisiert, Mannheim nutzt ein LKW-Fahrgestell und einen Kofferaufbau. Hier können Proben in sicherer Laborumgebung (Abzug, Handschuhbox) geöffnet, vorbereitet und mit den verschiedenen Messtechniken, die der ATF zur Verfügung stehen, untersucht werden. ▶ Bild 18a und ▶ Bild 18b zeigen den Innenaufbau des GW-Mess des ATF Standortes BF Mannheim.

7.6 Anregungen für Fahrzeugbeschaffungen

Die Grundlage für eine Beschaffung stellen immer die örtlichen Gegebenheiten und die Gefahrenanalyse dar. Nachfolgend einige Anregungen für den Beschaffungsprozess:

1. Welche Messtechnik wird auf Grund von Gefahrenanalyse und Erfahrung benötigt?
   - Verkehrswege, Betriebe mit Umgang mit Gefahrstoffen, Art des Umgangs, Forschungseinrichtungen mit Gefahrstoffen? Chemische, biologische, radiologische oder nukleare Gefahren?
2. Welche Mobilität wird benötigt? Allrad?
   - Fahrzeughöhen und -breiten? Gewicht und Zuladungsreserve?
3. Wird das Fahrzeug nur an der Schadenstelle eingesetzt oder muss es auch für die Erkundung mobil einsetzbar sein?
4. Welche Zeiträume müssen autark abgedeckt werden?
   - Größe der Akkureserve, Stromerzeuger (Störung von Messungen durch Abgase!)
5. Welche Witterungsbedingen werden erwartet?
   - Klimatisierung, Standheizung, Wetterschutz zum Anlegen von PSA und Lagebesprechungen?
6. Notwendige PSA
7. Positionierung via Satellitennavigation?
8. Wetterstation?
9. Datenübertragung? Internetanschluss?
10. Probentransport und Lagerung?
    - Kühlung, Trennung vom Innenraum?
11. Kartenmaterial, Nachschlagewerke?
12. Hygienestation?
13. Sichere Rückführung von gebrauchter PSA zur Wache?

In der Summe sind Lösungen mit ausgebauten Kastenwagen und RTW-Koffern am verbreitetsten. Die Orientierung am aktuellen CBRN-ErkW des Bundes mit Allradantrieb, Messtechnik, Energieautarkie, Datenübertragung und Erkundungsfähigkeit (Messung in Fahrbetrieb möglich) ist dabei erstrebenswert. Eine Anpassung der Messtechnik an die örtlichen Erfordernisse wird die Beschaffung erleichtern. In der Summe sollten bei einer Beschaffung auch die Folgekosten beispielsweise für die Wartung der Messetechnik mit berücksichtigt werden, da sie oft erheblich sind.

Literatur:

[7.1] Bundesamt für Bevölkerungsschutz und Katastrophenhilfe: Flüssigkeitsdichte Schutzkleidung, online abrufbar unter: https://www.bbk.bund.de/DE/Themen/CBRN-Schutz/CBRN-Faehigkeiten/Schutzausstattung/_documents/fluessigkeitsdichte-schutzkleidung.html?nn=23316, zuletzt aufgerufen am: 21.12.2025.

[7.2] Der ABC-Erkundungskraftwagen – Eine technische Kurzbeschreibung. Stand März 2000, Bundesamt für den Zivilschutz.

[7.3] Ausstattungssatz, Beladeplan und Typenblatt für ABC-Erkundungskraftwagen, Bundesverwaltungsamt – Zentralstelle für Zivilschutz, 2003.

[7.4] Bundesamt für Bevölkerungsschutz und Katastrophenhilfe: Messtechnik CBRN Erkunder, online abrufbar unter: https://www.bbk.bund.de/DE/Themen/CBRN-Schutz/CBRN-Faehigkeiten/Mess-Nachweistechnik/mess-nachweistechnik_node.html, zuletzt aufgerufen am: 21.12.2025.

[7.5] Bundesamt für Bevölkerungsschutz und Katastrophenhilfe: CBRN Probenahme, online abrufbar unter: https://www.bbk.bund.de/DE/Themen/CBRN-Schutz/CBRN-Faehigkeiten/CBRN-Probenahme/cbrn-probenahme_node.html, zuletzt aufgerufen am: 21.12.2025.

[7.6] Hessisches Ministerium des Innern, für Sicherheit und Heimatschutz: Ausstattungssatz, Beladeplan und Typenblatt für Gerätewagen ABC-Erkunder (GW-ABC-Erk), online abrufbar unter: https://innen.hessen.de/sites/innen.hessen.de/files/2021-09/begleitheft_gw_abc-erk_2018_land_0.pdf, zuletzt aufgerufen am: 21.12.2025.

[7.7] Bürgerservice Thüringen – Thüringer Ministerium für Inneres, Kommunales und Landesentwicklung | Verwaltungsvorschrift (Thüringen) | Technische Richtlinie Gerätewagen Messtechnik, i. d. F. v. 23.07.2020, gültig ab 18.08.2020.

[7.8] Ministerium des Innern und für Sport Rheinland-Pfalz: Technische Richtlinie Nr. 7, Gerätewagen-Messtechnik GW-Mess (RP), online abrufbar unter: https://bks-portal.rlp.de/sites/default/files/og-group/7835/42/dokumente/TR07-GW-Mess-Stand-Juli-2015.pdf, zuletzt aufgerufen am 21.12.2025.

[7.9] Bundesamt für Bevölkerungsschutz und Katastrophenhilfe: Analytische Task Force, online abrufbar unter: https://www.bbk.bund.de/DE/Themen/CBRN-Schutz/CBRN-Faehigkeiten/Analytische-Task-Force/analytische-task-force_node.html#vt-sprg-4, zuletzt aufgerufen am 21.12.2025.

[7.10] Bundesamt für Bevölkerungsschutz und Katastrophenhilfe: YouTube Kanal, online abrufbar unter: https://www.youtube.com/@BBKBund/videos, zuletzt aufgerufen am 21.12.2025.

[7.11] Bundesamt für Bevölkerungsschutz und Katastrophenhilfe: Empfehlungen für die Probenahme zur Gefahrenabwehr im Bevölkerungsschutz, online abrufbar unter: https://www.bbk.bund.de/SharedDocs/Downloads/DE/Mediathek/Publikationen/FiB/FiB-05-probenahme-zur-gefahrenabwehr-im-bevs.pdf?__blob=publicationFileamp;v=11, zuletzt aufgerufen am 21.12.2025.

[7.12] DIN 14555-12:2023-03, Rüstwagen und Gerätewagen – Teil 12: Gerätewagen Gefahrgut GW-G, DIN Media GmbH, Berlin, 2023.

[7.13] DIN 14800-19:2025-03, Feuerwehrtechnische Ausrüstung für Feuerwehrfahrzeuge – Teil 19: Gerätesatz Gefahrgut, DIN Media GmbH, Berlin, 2025.

8 Qualitätssicherung

Damit Messgeräte richtige Werte anzeigen können, ist es notwendig, dass sie korrekt kalibriert und regelmäßig überprüft werden. Diese Prüfungen sind nicht nur regelmäßig durchzuführen, sondern auch zu dokumentieren. In bestimmten Fällen ist eine Prüfung durch eine externe Behörde, das Eichamt, notwendig. Nur dann spricht man auch von einer Eichung.

Die Notwendigkeit ergibt sich aus gesetzlichen und untergesetzlichen Anforderungen, aber auch aus dem Anspruch, dass die eigenen Messwerte korrekt sind, damit die Einsatzleitung angemessene Entscheidungen treffen kann.

8.1 Rechtliche Notwendigkeit

Die rechtliche Erforderlichkeit, die Messgeräte zu prüfen, ergibt sich aus der Betriebssicherheitsverordnung. Demnach ist der Arbeitgeber nach § 14 zur Prüfung der Arbeitsmittel verpflichtet. Dies trifft auch auf Freiwillige Feuerwehren zu, auch wenn hier kein klassisches Arbeitsverhältnis zwischen freiwilligen Feuerwehrleuten und der Stadt-/Gemeindeverwaltung besteht. Diese Pflicht wird oft an die Einheiten oder die Gerätewarte delegiert, sofern dies möglich und die notwendige Qualifikation dort vorhanden ist. Ansonsten kann eine Prüfung auch extern durch Dienstleister, zum Beispiel den Hersteller oder Lieferanten, erfolgen. Die Details und Prüffristen für die unterschiedlichen Geräte sind nicht im Detail in der Verordnung geregelt. Je nach Gerät gelten hier weitere Vorschriften (▶ Kapitel 1.3, ▶ Tabelle 1).

Für die Gasmessgeräte sind die Details in den DGUV Informationen 213-056 Gaswarneinrichtungen und -geräte für toxische Gase/Dämpfe und Sauerstoff [1.8] und 213-057 Gaswarneinrichtungen und -geräte für den Explosionsschutz [1.9] maßgeblich. Hier sei darauf hingewiesen, dass alle Gasmessgeräte auf dauerhaft besetzten Wachen (Werkfeuerwehr, Berufsfeuerwehr und hauptamtliche Wachabteilungen) arbeitstäglich geprüft werden müssen. Die Ausnahmen gelten nur noch für nicht ständig besetzte Wachen der Freiwilligen Feuerwehren.

Im Falle der Strahlenschutzmessgeräte ist dies in der Strahlenschutzverordnung in § 90 (5) geregelt. Auch hier sind keine Details zu Fristen vorgegeben. Es wird lediglich vorgeschrieben, dass die Prüfung und Wartung regelmäßig erfolgen müssen.

Die Regelungen sind für die Feuerwehren meist erleichtert, darauf verzichtet werden kann aber nicht und sollte auch nicht, damit sich die Einsatzleitung und die Führung der Einheiten auf die ermittelten Ergebnisse verlassen können.

Die Pflicht, Geräte nicht bei einem Dienstleister, sondern beim Eichamt prüfen, also eichen zu lassen, besteht nur in wenigen Ausnahmefällen. Gerade für den Bereich der Strahlenschutzmessgeräte ergibt sich aus § 1 der Mess- und Eichverordnung, dass sie nur dann geeicht werden müssen, wenn sie für Messungen nach Strahlenschutzgesetz, und -verordnung eingesetzt werden. Dies trifft nur in Ausnahmefällen auf die Messgeräte der Feuerwehr zu und sind den betroffenen Feuerwehren bekannt, zum Beispiel als Inhaber einer Umgangsgenehmigung für radioaktive Stoffe. Es kann auch durch Auflagen in der Betriebsgenehmigung nach dem Bundesimmissionsgesetz und den dazu gehörenden Verordnungen vorgegeben sein (betrifft speziell Betriebs- oder Werkfeuerwehren).

Weiterhin kann es durch den Eigentümer der Messgeräte Vorgaben geben, in welcher Form und welchem Umfang die Messgeräte zu prüfen und zu warten sind. Dies trifft zum Beispiel auf die CBRN-ErkW des Bundes (BBK) zu, bei denen für die Messgeräte PID Tiger (▶ Kapitel 12) und IMS Raid-M100 (▶ Kapitel 14) Vorgaben zu Betrieb und Prüfung des BBK bestehen. Diese sind von Stationierungsstandorten umzusetzen. Vergleichbare Vorgaben wird es auch für Messgeräte im Landesbesitz geben, die bei kommunalen Feuerwehren stationiert sind.

Die Ergebnisse sind aufzubewahren, um die ordnungsgemäße Prüfung nachweisen zu können. Die Dokumentation kann sowohl bei Unfällen mit großen Sach- und Personenschäden wie auch bei der Anzweiflung der Rechtmäßigkeit von angeordneten Maßnahmen in rechtlichen Auseinandersetzungen benötigt werden. Diese Aufzeichnungen sind für die Entlastung der Führungs- und Einsatzkräfte, aber auch der mit der Prüfung beauftragten Personen, von enormer Wichtigkeit.

8.2 Prüfung und Kalibrierung

Die Prüfung der Messgeräte umfasst eine Sichtprüfung auf äußerliche Beschädigungen, auf die Prüfung der Stromversorgung (Ladezustand Batterien oder Akkus) und es wird minimal ein einfacher Funktionstest durch Einschalten und Inbetriebnahme des Gerätes inkl. einer Nulleffektmessung durchgeführt.

In einem weiteren Schritt der Prüfung wird das Messgerät gegen einen bekannten Standard geprüft und bei Bedarf neu kalibriert. Das Prinzip einer Vergleichsmessung ist sehr alt. Bereits im Mittelalter wurden auf den Märkten Gewichte oder Längenmaße der Händler gegen das städtische Muster geprüft, damit ein Betrug ausgeschlossen werden konnte.

Das Verfahren von Vergleichsmessungen wird bis heute sowohl bei den radiologischen Messgeräten als auch bei den Gasmessgeräten angewendet.

Für Gasmessgeräte gibt es Prüfgase mit definierten Gehalten an brennbaren oder toxischen Substanzen wie beispielsweise Kohlenmonoxid, Methan oder Schwefelwasserstoff. Wenn das Messgerät bei der Prüfung den angegebenen oder zertifizierten Wert mit einem akzeptierten Fehler erreicht, sind keine weiteren Maßnahmen nötig. Ansonsten ist das Gerät neu zu kalibrieren. Gelingt dies nicht, muss ein Service beim Hersteller oder einer Fachwerkstatt durchgeführt werden.

Kalibrierung bedeutet, dass die Anzeige des Messgerätes neu auf den bestimmten Wert des Prüfgases abgestimmt wird. Viele Geräte benötigen für die Kalibrierung ein bestimmtes Prüfgas mit einem vorgegebenen Gehalt, mit dem die Kalibrierung automatisch durchgeführt wird.

Bis zum Ablauf des Haltbarkeitsdatums kann sicher davon ausgegangen werden, dass der Gehalt des Prüfgases den Angaben entspricht. Danach kann es zu Test- und Ausbildungszwecken verbraucht werden.

Das Prüfgas wird über einen Schlauch in den Eingang des Messgerätes geleitet. Ein Einsaugen von Fremd- oder Umgebungsluft würde zu einer Verdünnung und damit Verminderung der Konzentration führen und muss daher vermieden werden. Die Hinweise des Messgeräteherstellers sind dabei maßgeblich.

Bei Strahlenschutzmessgeräten wird ein Prüfstrahler mit einem oder mehreren Radionukliden mit bekannter Aktivität zu einem bestimmten Bezugsdatum erworben. Ohne Umgangsgenehmigung können nur Prüfstrahler bis zur Freigrenze oder Prüfstrahler mit Bauartzulassung erworben werden, diese reichen aber für die Kalibrierung und Überprüfung der üblichen Strahlenschutzmessausrüstung aus.

Bei Strahlern sind dabei drei Dinge zu beachten:

Je nach Halbwertszeit des Prüfstrahlers muss eine Halbwertszeitkorrektur zwischen Bezugsdatum und Datum der Messung durchgeführt werden. Die Korrektur erfolgt mit nachfolgender Gleichung:

$$A = A_0 \times e^{\frac{-\ln 2 \times t}{t_{1/2}}}$$

mit

A Aktivität

A_0 Aktivität zum Bezugszeitpunkt

t Zeit zwischen Bezugszeitpunkt und Prüfzeitpunkt

$t_{1/2}$ Halbwertszeit

Beispiel:

Ein Cs-137 Prüfstrahler hatte am 1.7.1993 eine Aktivität von 333 kBq. Die Halbwertszeit von Cs-137 beträgt 30 Jahre. Welche Aktivität hat der Strahler am 1. Januar 2024?

$$A = A_0 \times e^{\frac{-\ln 2 \times t}{t_{1/2}}} = 333\,kBq \times e^{\frac{-\ln 2 \times 30{,}5\ \text{Jahre}}{30\ \text{Jahre}}} = 333\,kBq \times e^{-0{,}7047} = 164{,}59\,kBq$$

Die Dosisleistung ist stark vom Abstand abhängig, da dieser sich in quadratischer Form auf die messbare Dosisleistung auswirkt. Es ist sehr wichtig, dass Messungen immer in der gleichen Weise und mit dem gleichen Abstand erfolgen, um die Messungen vergleichen zu können.

Die Berechnung der theoretisch zu bestimmenden Dosisleistung erfolgt mit folgender Gleichung:

$$\dot{H} - A \times \frac{\Gamma}{r^2}$$

mit

$\dot{H}$ Dosisleistung

A Aktivität

Γ Dosisleistungskoeffizient

r Abstand Strahlenquelle zur Messzelle

Beispiel:

Ein Cs-137 Prüfstrahler hat eine Aktivität von 165 kBq. Die Dosisleistungskonstante von Cs-137 beträgt $0{,}092\,\frac{mSv/h}{GBq/m^2}$. Welche Dosisleistung herrscht in 25 cm Abstand zum Strahler?

$$\dot{H} = A \times \frac{\Gamma}{r^2} = 165\,kBq \times \frac{0{,}092\,\frac{mSv/h}{GBq/m^2}}{(0{,}25\,m)^2} = 165\,kBq \times \frac{0{,}092\,\frac{mSv/h}{GBq/m^2}}{0{,}0625\,m^2} = 0{,}243\,mSv/h$$

Dabei empfiehlt sich der Einsatz einer Halterung, um eine immer gleiche Ausrichtung und einen gleichen Abstand von Strahler zur Messzelle sicherzustellen.

Bei Kontaminationsnachweisgeräten wird in der Regel mit einem Flächenpräparat gearbeitet. Dabei wird das Messgerät direkt auf den Strahler aufgesetzt. Optimalerweise ist die Fläche des radioaktiven Präparates entweder kleiner als die aktive Messfläche oder sie überdeckt diese vollständig. Sind Fläche des radioaktiven Präparates und die Messfläche nicht zur Deckung zu bringen, sollte ebenfalls eine Halterung genutzt werden, um Fehler durch die Geometrie sicher auszuschließen.

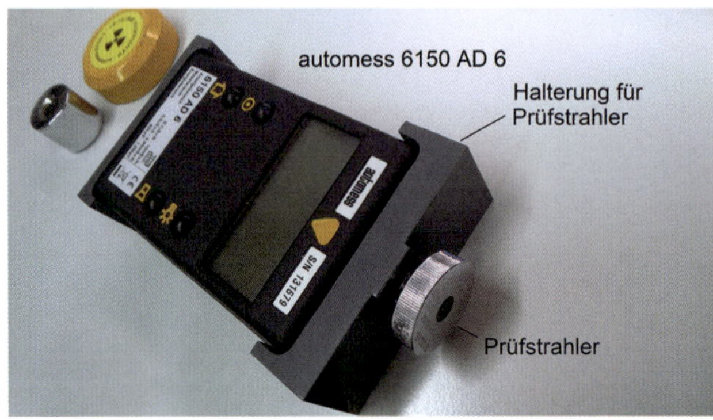

Bild 19: ***Cs-137 Prüfstrahler in einer Halterung zur Prüfung der Dosisleistung bei einem automess 6150 AD 6 (Quelle: Bernhard Kuczewski)***

Im optimalen Fall erfolgt bei den Gasmessgeräten eine Kalibration mit mehreren Konzentrationen, während aus physikalischen Gründen bei Strahlenschutzmessgeräten eine Ein-Punkt-Kalibrierung ausreicht. Viele Messgerätehersteller von Gasmessgeräten verzichten aber auch auf die Mehr-Punkt-Kalibrierung zu Gunsten einer Zwei-Punkt-Kalibrierung (Nulleffekt und eine bekannte Konzentration), um die Kalibrierung zu beschleunigen, wobei die resultierende Ungenauigkeit gegenüber dem möglichen Fehler bei der Probenahme nicht erheblich ist.

8.3 Qualitätssicherung

Qualitätssicherung beschreibt die Maßnahmen, mit denen sichergestellt wird, dass Messgeräte richtige Werte erzeugen. Der Begriff umfasst die Vorschriften über den Ablauf, den Umfang und die Bedingungen der Routineprüfungen der Messgeräte. In der Regel sind die internen Vorschriften so zu wählen, dass sie strenger sind als die gesetzlichen Vorgaben, um diese sicher zu erfüllen.

Ein Teil einer guten Qualitätssicherung ist die Dokumentation der Messergebnisse. Diese sind nicht nur zu dokumentieren, sondern auch vor Manipulationen im Nachgang zu schützen, was auch einer ordnungsgemäßen Aktenführung entspricht.

Zur Qualitätssicherung gehört ebenso die kritische Beobachtung der erzielten Ergebnisse der Routinemessungen. Dazu empfiehlt sich das Anlegen einer Regelkarte nach Shewhart (▶ Bild 20). Das Prinzip wurde vor annähernd einhundert Jahren vom amerikanischen Physiker Shewhart zur Qualitätssicherung in Produktionsprozessen entwickelt. Dieses relativ einfache Verfahren trägt die erhaltenen Ergebnisse der Routinemessung auf der y-Achse eines Graphen am Zeitpunkt der Messung (x-Achse) ein. Dazu können gängige Tabellenkalkulationsprogramme verwendet werden. Dem

Verfahren liegt die Annahme einer Normalverteilung zu Grunde, mit der statistisch beschrieben wird, wie sich zufällige Messwerte des gleichen Standards um den Mittelwert verteilen. Der Mittelwert wird aus den vorhandenen Messwerten berechnet. Aus diesen Messwerten wird auch die Standardabweichung berechnet. Der Warnbereich entspricht dem Mittelwert plus bzw. minus der zweifachen Standardabweichung. Theoretisch liegen 95,5 % aller Messwerte innerhalb dieser Grenzen, 4,5 % außerhalb. Die Eingreif- oder Kontrollgrenze entspricht dem Mittelwert plus bzw. minus der dreifachen Standardabweichung. 99,7 % aller Messwerte liegen innerhalb des Bereichs. Zu erwarten ist, dass nur 3 von 1 000 diese Grenze über- bzw. unterschreiten.

Aufgetragen werden üblicherweise die erhaltenen Messergebnisse eines Messgerätes, bei Gasmessgeräten z. B. in ppm oder mg/m^3. Bei Strahlenschutzmessgeräten kann neben der Dosisleistung oder der Impulsrate auch die Effektivität (Efficiency), also der Faktor zwischen erzieltem Messergebnis und dem Sollwert (z. B. aus der Aktivität des Strahlers und dem Abstand berechnet), aufgetragen werden. Auch Nulleffektmessungen sollten als Regelkarte dargestellt werden, wobei hier ggf. auf die unteren Warn- und Eingreif- oder Kontrollwerte verzichtet werden muss.

Nach einer Reparatur oder dem Tausch der eigentlichen Nachweiseinrichtung (Detektor, …) muss eine neue Regelkarte angelegt werden.

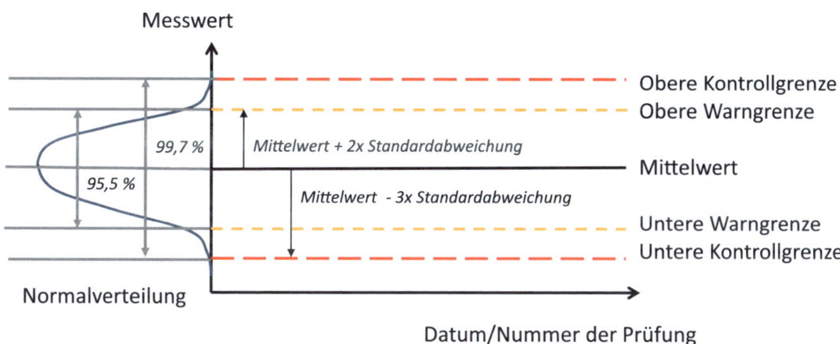

Bild 20: ***Aufbau einer Regelkarte nach Shewhart: Innerhalb der Warngrenzen liegen 95,5 % aller Messwerte des gleichen Standards, innerhalb der Eingreif- oder Kontrollgrenze liegen 99,7 % (Quelle: Bernhard Kuczewski)***

Klassische Hinweise auf Störungen, sogenannte Außer-Kontroll-Situationen, sind:

- ein Wert außerhalb der oberen oder unteren Eingriff- oder Kontrollgrenze,
- zwei von drei Werten liegen oberhalb oder unterhalb des Warnbereichs,

- sieben Werte steigen in Folge an oder sinken ab oder
- sieben aufeinanderfolgende Werte liegen auf einer Seite des Mittelwertes.

Es können weitere Situationen definiert werden, die Hinweise auf eine Unregelmäßigkeit geben. Treten diese Effekte auf und sind nicht anderweitig (z. B. unsachgemäße Lagerung von Prüfsubstanzen, fehlende Halbwertszeitkorrektur ...) zu erklären, ist es notwendig, ein Messgerät auch außerhalb der Routineprüfung beim Hersteller oder einem autorisierten Servicepartner prüfen zu lassen.

Über den zeitlichen Verlauf können dabei weitere Effekte festgestellt werden. Man erkennt ganz leicht, wenn die erzielten Messwerte eine kontinuierliche Abnahme aufweisen. Das ist ein Hinweis entweder auf einen abnehmenden Standard oder eine nachlassende Empfindlichkeit des Messgeräts. Auch starke Streuungen oder Jahreszeiteffekte können so leicht identifiziert werden, ebenso andere Effekte wie Temperatureffekte oder Bedienereffekte.

▶ Bild 21 zeigt beispielhaft die Regelkarte einer Nulleffektmessung für Alphastrahlung in einem Strahlenschutzlabor in der Routineprüfung eines Kontaminationsmessgerätes.

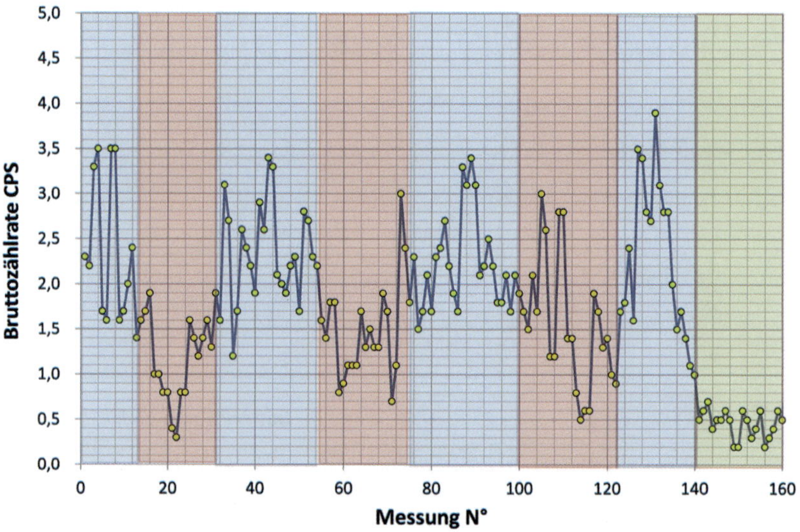

Bild 21: ***Beispielhafte Regelkarte Nulleffektmessung von Alphastrahlern eines Kontaminationsmonitors: blau: Messwerte im Winterhalbjahr, rot: im Sommerhalbjahr, grün: nach organisatorischen Maßnahmen (Quelle: Bernhard Kuczewski)***

Der jahreszeitliche Gang der Nulleffektmessungen wurde durch den Radongehalt im Messgerätelager und das Lüftungsverhalten der Mitarbeiter verursacht. Im Winterhalbjahr stieg der Radongehalt (Alphastrahler) in der Raumluft kontinuierlich an, da weniger gelüftet wurde, während im Sommerhalbjahr durch verstärktes Lüften der Radongehalt sank. Dies führte besonders bei den Nulleffektmessungen zu erhöhten Werten im Winterhalbjahr. Im Messgerätelager wurden neben den Messgeräten auch Demoobjekte mit hohem Gehalt an Natururan gelagert, die in der Zerfallskette Radon in die Raumluft abgeben. Abhilfe schuf eine bessere Verpackung der Demoobjekte mit der Anweisung, den Raum auch im Winter regelmäßig zu lüften.

Es gibt weitere Verfahren in der Fachliteratur, die Regelkarte nach Shewhart ist jedoch leicht umzusetzen und reicht für den Anwendungsbereich der Feuerwehren aus.

Literatur:

[8.1] Betriebssicherheitsverordnung vom 3. Februar 2015 (BGBl. I S. 49), zuletzt geändert durch Artikel 7 des Gesetzes vom 27. Juli 2021 (BGBl. I S. 3146)

[8.2] Strahlenschutzverordnung vom 29. November 2018 (BGBl. I S. 2034, 2036; 2021 I S. 5261), zuletzt geändert durch Artikel 10 des Gesetzes vom 23. Oktober 2024 (BGBl. 2024 I Nr. 324)

[8.3] Mess- und Eichverordnung vom 11. Dezember 2014 (BGBl. I S. 2010, 2011), zuletzt geändert durch Artikel 13 der Verordnung vom 11. Dezember 2024 (BGBl. 2024 I Nr. 411)

[8.4] DGUV Informationen 213-056, Gaswarneinrichtungen und -geräte für toxische Gase/Dämpfe und Sauerstoff (Merkblatt T 021)

[8.5] DGUV Informationen 213-057, Gaswarneinrichtungen und -geräte für den Explosionsschutz (Merkblatt T 023)

Weiterführende Literatur:

Funk, W., Dammann, V., Donnevert, G.: Qualitätssicherung in der Analytischen Chemie, 2. Auflage, Wiley-VCH Verlag, 2005.

Miller, J. N.; Miller, J. C.: Statistis and Chemometrics for Analytical Chemistry, 5. Auflage, Pearson Education Limited, 2005.

Wenclawiak, B. W.; Koch, M.; Hadjicostas (Eds.): Quality Assurance in Analytical Chemistry, Springer Verlag, 2004.

9 Prüfröhrchen

Prüfröhrchen sind nach wie vor immer noch ein wichtiges und bei den Feuerwehren weit verbreitetes Hilfsmittel bei der Gefahrenbeurteilung. In vielen Einsatzsituationen sind sie das einzige verfügbare Nachweisverfahren, um überhaupt Aussagen über eine gefährliche Gaskonzentration in der Umgebungsluft oder über unbekannte Inhaltsstoffe in Gebinden machen zu können. Grundsätzlich könnten Prüfröhrchen mittlerweile auch durch andere Nachweisverfahren ersetzt werden. Hohe Anschaffungs- und Folgekosten (Wartung) führen aber bei kleinen Feuerwehren dazu, weiterhin Prüfröhrchen zu verwenden, um diese Kosten zu vermeiden.

Ein Prüfröhrchen kann ohne aufwändige Vorbereitung sofort eingesetzt werden und liefert schon nach relativ kurzer Zeit quantitative, halbquantitative oder nur qualitative Informationen. Bei falscher Handhabung sind die erzielten Ergebnisse jedoch mit sehr großen Fehlern behaftet und dadurch oft unbrauchbar. Der Umgang mit Prüfröhrchen erfordert viel Erfahrung, gute Kenntnisse des verwendeten Systems und chemisches Grundlagenwissen, um die Prüfröhrchenanzeigen nach einer Messung richtig zu interpretieren.

Das Messprinzip beruht darauf, dass sich Chemikalien in den Füllschichten innerhalb eines Glasröhrchens charakteristisch verfärben, wenn sie mit dem in der Umgebungsluft nachzuweisenden Gas oder Dampf in Berührung kommen. Die Auswertung erfolgt entweder nur qualitativ oder quantitativ mit Hilfe aufgedruckter Markierungen und Skalenteilen. Die Auswertung muss sofort erfolgen, da sich die Verfärbung im Laufe der Zeit wieder verändert.

9.1 Geschichtliche Entwicklung

Das erste Prüfröhrchen wurde für den Bergbau entwickelt. 1919 erhielten zwei Amerikaner das erste Patent für ein Prüfröhrchen, mit dem der qualitative Nachweis von Kohlenstoffmonoxid möglich wurde [9.1].

Die Entwicklung geeigneter Prüfröhrchen war auch für militärische Anwendungen interessant, da man dadurch Kampfstoffe in der Luft und in Feststoffproben nachweisen konnte (AUER Gasspürgerät von 1938) [9.5]. Nach dem zweiten Weltkrieg begann man mit der Neuentwicklung von Pumpen und Röhrchen sowie der Neuerschließung vieler verschiedener ziviler Anwendungsgebiete.

AUER brachte 1955 den »AUER-Gas-Meßanzeiger« auf den Markt, der zum ersten Mal eine universelle Anwendung einer Gasfördereinrichtung in Kombination mit verschiedenen Prüfröhrchen ermöglichte. Die Entwicklung des »Dräger-Schröter-Gasspürgerätes«, welches 1950 zu dem »Dräger-Gasspürgerät« weiterentwickelt wurde, endete mit der »Gasspürpumpe Modell 31«, die 1954 auf den Markt kam [9.6].

Auffallend ist, dass sich die Pumpentechnik über Jahre hinweg kaum verändert hat. Die in den fünfziger und sechziger Jahren des 20. Jahrhunderts entwickelten Handpumpen mit Balg- oder Saugball-Technik sind neben den Ende der achtziger Jahre entwickelten neuen Modellen noch heute vielerorts im Gebrauch.

Schwerpunkt der Prüfröhrchenanwendung ist nach wie vor die Schadstoffmessung in der Umgebungsluft an Arbeitsplätzen zur Kontrolle der durch die Arbeitsschutzrichtlinien vorgegebenen Grenzwerte (Arbeitsplatzgrenzwert, AGW). Die einfache Handhabung der Pumpentechnik und die schnell vorliegenden Messergebnisse machten die Prüfröhrchen-Messtechnik auch für Feuerwehren interessant, für die mittlerweile Prüfröhrchentypen entwickelt wurden, die speziell auf deren Bedürfnisse zur Gefahrenerkennung zugeschnitten sind (z. B. Dräger-Simultantest, GASTEC-Polytec-System, KITAGAWA-Multitest).

9.2 Pumpen

Prüfröhrchen und Pumpe bilden zusammen die Messeinrichtung. Die Pumpe hat dabei die Aufgabe, eine definierte Probenmenge durch das Prüfröhrchen zu fördern. Fördervolumen, Förderzeit und Fördercharakteristik sind wichtige Pumpeneigenschaften.

Normalerweise sollen beide Komponenten der Messeinrichtung von einem Hersteller eingesetzt werden, da die Kalibrierung der Röhrchen mit den herstellerspezifischen Pumpentypen durchgeführt wurde. Die Frage der Austauschbarkeit stellt sich für die Anwendung bei der Feuerwehr aber eigentlich nicht, da normalerweise keine Komponenten verschiedener Hersteller beschafft werden. Im Einsatzfall ist eine Kombination unterschiedlicher Produkte (für den gleichen Röhrchendurchmesser) standortübergreifend auf jeden Fall tolerierbar, wenn dies die einzige Möglichkeit ist, überhaupt Messungen zu machen.

Für die Messungen mit Kurzzeit-Prüfröhrchen können Handpumpen oder automatische Pumpen zum Einsatz kommen. Nach Abschluss einer Messung spült man die verwendete Pumpe mit mehreren Hüben in sauberer Umgebungsluft.

9.2.1 Handpumpen

Alle auf dem Markt befindlichen Pumpentypen besitzen ein Fördervolumen zwischen 50 und 100 ml pro Hub. Zum Öffnen der Röhrchen ist an allen Pumpen eine besondere Abbrechvorrichtung angebracht.

Dräger-Gasspürpumpen
Die Dräger Balgpumpe »accuro« ist eine Weiterentwicklung der Gasspürpumpe »Modell 21/31«. Beide Pumpentypen müssen mit einer Hand zusammengedrückt werden. Nach der Freigabe des Balges läuft der Pumpvorgang selbständig ab. Beim Modell 21/31 wird das Ende des Hubs durch eine Kette angezeigt, die vollständig gespannt sein muss, bevor der nächste Hub begonnen werden kann. Beim accuro-Modell wird das Hubende durch einen fest eingebauten Hubzähler angezeigt. Als weitere Verbesserung wurde ein Scherenmechanismus eingebaut, der ein paralleles Zusammendrücken des Balges gewährleistet.

Kolbenhubpumpen
GASTEC, KITAGAWA und RAE SYSTEMS verwenden Kolbenpumpen, deren Aufbau und Anwendung bei allen drei Anbietern weitestgehend gleich ist. Je Hub lassen sich entweder 50 ml oder 100 ml Volumen ansaugen. Im Normalbetrieb muss eine Kolbenpumpe mit zwei Händen bedient werden. Je nach Hersteller wird zusätzlich noch ein »Einhand-Ventil« angeboten, das auf die Pumpe aufgeschraubt werden kann. Die Pumpe wird vor der Probenahme mit beiden Händen »vorgespannt«. Der Saugvorgang kann an der Einsatzstelle dann mit einer Hand per Knopfdruck ausgelöst werden.

Bild 22: ***GASTEC Pumpe GV-100S (Quelle: Leopold Siegrist GmbH – Werkfoto)***

9.2.2 Automatische Pumpen

Für Prüfröhrchen, die hohe Hubzahlen erforderlich machen, sind automatische Pumpen einsetzbar. Der Einsatz kommt für Feuerwehren – insbesondere bei Messungen im Freien – nur begrenzt in Frage. Vor der Messung ist sicherzustellen, dass die Akkukapazität für hohe Hubzahlen ausreicht. Auch ist zu beachten, dass das verwendete Gerät eine Explosionsschutzzulassung hat.

9.3 Prüfröhrchen

9.3.1 Aufbau

Prüfröhrchen bestehen allgemein aus einem Glasrohr und einer Füllung aus Chemikalien, die in verschiedenen Schichten angeordnet sind. Das Glasrohr dient als Träger für die Beschriftung (Skala, Röhrchentyp, Hubzahl, Masseeinheit, Beschriftungsfeld und Richtungspfeil). Es schützt den Röhrcheninhalt in ungeöffnetem Zustand vor dem Kontakt mit der Umgebungsluft. Die auf dem Markt angebotenen Prüfröhrchen haben je nach Hersteller unterschiedliche Durchmesser.

Die Reagenzien, die die Messkomponente aus dem Prüfgasstrom herausfiltern und durch Farbumschlag sichtbar machen, werden in meist geringen Konzentrationen auf ein Trägermaterial aufgebracht, das an der chemischen Reaktion selbst nicht teilnimmt. Auch Eigenschaften des Trägermaterials bestimmen das Anzeigeverhalten des Prüfröhrchens. Die Korngröße beeinflusst den Strömungswiderstand und damit die Dauer eines Pumpenhubs. Je kleiner die Korngröße, desto größer wird die erreichbare Packungsdichte. Die Kontaktzeit des Messgases mit dem Füllpräparat erhöht sich mit dem Vorteil, dass der Ablauf der chemischen Reaktion verbessert und die Qualität der Anzeige erhöht wird. Als Nachteil wirkt sich dann der durch den Strömungswiderstand verursachte Zeitbedarf für einen Hub aus. Die chemische Reaktion, die ablaufen muss, damit eine Verfärbung eintritt, erfordert bei vielen Röhrchen zusätzliche Hilfsschichten, die durch Hilfsbausteine (Fritten, Abstandhalter, Halteelemente, zusätzliche Glasampullen) voneinander getrennt werden und die Gesamtanordnung der Füllpräparate vor mechanischer Belastung schützen (Rüttelfestigkeit). Aber nicht immer können alle für die Farbreaktion benötigten Substanzen in einem Röhrchen untergebracht werden; dann muss für die Messung ein zweites Röhrchen als Vorsatzröhrchen mit dem Anzeigeröhrchen mit Hilfe eines kurzen Gummischlauches verbunden werden.

Aufgrund ihres Aufbaus werden Prüfröhrchen in verschiedene Gruppen eingeteilt:

Einschicht-Prüfröhrchen:
Die Füllung des Röhrchens besteht nur aus der Anzeigeschicht.

Mehrschicht-Prüfröhrchen:
Das Röhrchen ist mit mehreren Schichten gefüllt, die je nach der erforderlichen chemischen Reaktion unterschiedliche Aufgaben haben.

Ampullen-Prüfröhrchen:
Die geringe Haltbarkeit mancher Reaktionspartner führt dazu, dass neben den Füllschichten auch noch Glasampullen mit festen, flüssigen oder dampfförmigen Reagenzien in dem Glaskörper des Prüfröhrchens untergebracht sind. Für die Messung wird dann die Reagenzampulle durch Knicken des Röhrchens geöffnet. Ein aufgeschrumpfter Schlauch ermöglicht das Knicken des Röhrchens, hält die Bruchstücke zusammen und schützt den Anwender vor Verletzungen. Die sichere Handhabung bedarf aber einiger Übung. Bei bestimmten Prüfröhrchen werden die Röhrchen erst geöffnet, nachdem bereits Luft durch das Röhrchen verteilt wurde.

Zweier-Prüfröhrchen:
Dieser Röhrchentyp besteht aus einer festen Kombination von Anzeige- und Vorröhrchen und wird durch eine Verbindungshülse und einen Schrumpfschlauch zusammengehalten.

Prüfröhrchen mit Vorröhrchen:
Im Gegensatz zu den Zweierröhrchen besteht diese Röhrchen-Kombination aus zwei getrennten einzelnen Röhrchen, die für die Messung nach dem Öffnen mit einem kurzen Schlauchstück verbunden werden müssen. Das Zusatzröhrchen muss entweder vor oder hinter dem Anzeigeröhrchen angebracht werden.

Prüfröhrchen für Simultanmessungen:
In verschiedenen Testsets sind jeweils verschiedene Röhrchen zusammengefasst, die gleichzeitig beprobt werden.

9.3.2 Kennzeichnung

Durch die Beschriftung erhält der Anwender Informationen, die für die korrekte Anwendung des Röhrchens wichtig sind. Die Besonderheiten, etwa die Veränderung des Messbereiches durch Variation der Pumpenhübe, müssen der Gebrauchsanleitung entnommen werden.

9.4 Anwendung in der Praxis

9.4.1 Fehlerquellen

Messungen mit Prüfröhrchen sind relativ leicht durchführbar und bieten die Möglichkeit zu Messungen bis in den ppm-Bereich. Das Verfahren bietet aber leider auch die Möglichkeit zu vielen Fehlern, die den Feuerwehreinsatzleiter dazu verpflichten, alle mit Prüfröhrchen erzielten Messwerte mit gebotener Vorsicht zu bewerten. Die Wahrscheinlichkeit für große Messfehler ist gerade dann besonders hoch, wenn an einer Einsatzstelle ein Trupp einen Messauftrag bekommt, der keine Übung und praktische Einsatzerfahrung mit Prüfröhrchen hat. Die Schwierigkeiten beginnen mit der Auswahl der geeigneten Röhrchen, wenn kaum Informationen vorliegen, sie setzen sich mit dem Entziffern und Verstehen der Gebrauchsanleitung fort und hören mit der korrekten Vorbereitung der Messeinrichtung leider noch lange nicht auf.

Ein Teil der denkbaren Fehler kann durch eine gute Einsatzvorbereitung, regelmäßige Ausbildung und Übungen und eine vorausschauende Unterweisung der an der Einsatzstelle eingesetzten Trupps vermieden werden. Mögliche Fehlerquellen sind:

1. falsches Röhrchen,
2. undichte oder defekte Handpumpe,
3. Röhrchen nicht oder unvollständig geöffnet,
4. Richtungspfeil nicht beachtet,
5. falsche Messhöhe,
6. falsche Hubzahl,
7. das Röhrchen wird während der Messung nicht beobachtet,
8. falsch ausgeführte Pumpenhübe,
9. Ablesefehler,
10. Gebrauchsanleitung nicht beachtet,
11. falsche Umgebungsbedingungen,
12. Querempfindlichkeit,
13. Röhrchen mehrfach benutzt,
14. Haltbarkeitsdatum abgelaufen

9.4.2 Einsatzvorbereitung

Welche Prüfröhrchen sollen beschafft werden? Die Beantwortung dieser Frage liefert die FwDV 500, in der unter Ziffer 4.3.3 eine Prüfröhrchenausstattung mindestens nach vfdb-Richtlinie 10/01 als Sonderausrüstung für eine Gruppe gefordert wird. Neben den Standartsätzen lohnt sich gegebenenfalls auch die Beschaffung von Röhrchen für lokale Gegebenheiten, z. B. speziell für lokale Gefahrstoffe verarbeitende Betriebe.

Die Gebrauchsanleitungen der Röhrchen sind für die Anwendung im Feuerwehreinsatz ungeeignet, da sie sehr klein gedruckt sind und sich die für die sofortige Benutzung wichtigen Informationen nicht von anderen Informationen unterscheiden lassen. Vergrößerte Kopien der Gebrauchsanleitungen, in denen die Informationen farblich markiert sind, beschleunigen die Anwendung an der Einsatzstelle erheblich.

Prüfröhrchen-Handbücher sind an der Einsatzstelle auch nicht hilfreich, da durch die Vielzahl der angeführten Röhrchentypen mit unterschiedlichen Messbereichen schnell Verwechslungen entstehen können. Je nach Anbieter stehen Prüfröhrchen-Handbücher nicht mehr als Print-Ausgabe zur Verfügung.

Eine Möglichkeit, sich zielführend zu behelfen, besteht darin, für die vorgehaltene Prüfröhrchenauswahl eine übersichtliche, einlaminierte Kurzanweisung in Tabellenform zu schreiben, in der nur die absolut wichtigen Hinweise aufgeführt sind.

9.4.3 Entsorgung

Bei der Entsorgung verwendeter oder abgelaufener Prüfröhrchen sind die Herstellerangaben zu beachten. Nur in Ausnahmefällen können die Prüfröhrchen aufgrund unbedenklicher Inhaltsstoffe über den Reststoffabfall als Glasbruch entsorgt werden. In der Mehrheit handelt es sich aber um gefährlichen Abfall (Sonderabfall).

9.5 Prüfröhrchensysteme

Seit 2014 gibt es vier Anbieter für Prüfröhrchen auf dem deutschen Markt, in den sehr viel Bewegung gekommen ist. Der Vergleich von Genauigkeit, Hubzahl, Haltbarkeit, Temperaturbereich und Einkaufspreis führte bei verschiedenen Feuerwehren zu einem Wechsel des Prüfröhrchensystems.

Einige Hersteller bieten Strategievorschläge für Feuerwehreinsätze an, bei denen unbekannte Stoffe durch die Anwendung von speziellen Röhrchen (Einzelröhrchen in

Parallelschaltung oder Einzelröhrchen mit mehreren Anzeigeschichten) in Verbindung mit anderen Nachweisverfahren (z. B. Photoionisationsdetektor, Explosionsgrenzenwarngerät) identifiziert werden sollen.

9.5.1 Dräger Safety

Die von Dräger Safety angebotenen Simultantest-Sets sind eine Entwicklung für die Feuerwehren und ermöglichen es den Einsatzkräften an der Einsatzstelle, mit jeweils einer Messung fünf verschiedene Röhrchen zu beproben. Die Röhrchen werden mit Hilfe eines speziellen Zubehörteils geöffnet und über einen Adapter mit der Pumpe verbunden und mit einem Liter Umgebungsluft (zehn Hübe) beprobt. Eine oder zwei Markierungen erlauben eine halbquantitative Aussage über die Schadstoffkonzentration.

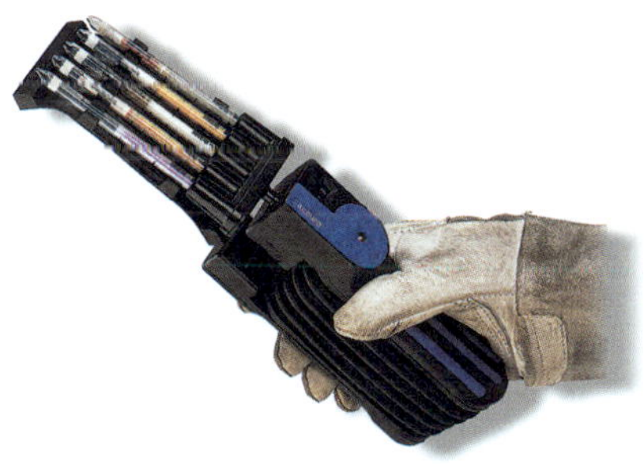

Bild 23: ***Dräger-Simultantest in Verbindung mit einer Handgasspürpumpe (Quelle: Dräger Safety AG & Co. KGaA – Werkfoto)***

9.5.2 GASTEC

Seit 2002 bietet die Firma Siegrist aus Karlsruhe Prüfröhrchen des japanischen Herstellers GASTEC in Deutschland an.

Für Feuerwehreinsätze sind die Polytec-Röhrchen interessant. Mit Hilfe eines Entscheidungsbaumes kann bei unbekannten Substanzen die Stoffgruppe mit wenigen Pumpenhüben in Kombination mit Einzelröhrchen und einem Photoionisationsdetektor eingegrenzt werden.

Da die GASTEC-Röhrchen einen geringeren Durchmesser als die bei Feuerwehren verwendeten Probenahmeröhrchen (Tenax®, Silikagel) haben, steht für die Kolbenpumpe ein Adapter zur Verfügung.

Zusätzlich zu dem englischsprachigen Prüfröhrchenhandbuch wird deutschsprachiges Material für die Ausbildung und als Einsatzhilfsmittel in Dateiform zur Verfügung gestellt.

9.5.3 KITAGAWA

Das KITAGAWA Prüfröhrchensystem wird von der Firma Compur Monitors seit 1987 auf dem deutschen Markt angeboten. Für über 140 verschiedene Stoffe sind Kurzzeitröhrchen mit unterschiedlichen Messbereichen erhältlich. Für Feuerwehren interessant sind die sogenannten Multitest-Röhrchen für anorganische und organische Gase.

9.5.4 RAE SYSTEMS

Die Prüfröhrchen des amerikanischen Unternehmens RAE SYSTEMS, das 1991 gegründet wurde, sind bei den deutschen Feuerwehren noch am wenigsten bekannt. Die in China produzierten Prüfröhrchen sind seit 1993 auf dem Markt und für 32 Stoffe mit unterschiedlichen Messbereichen verfügbar.

Literatur

[9.1] Drägerwerk AG (Hrsg.): Dräger-Prüfröhrchen Handbuch: Boden-, Wasser- und Luftuntersuchungen sowie technische Gasanalyse. 20. Auflage, Lübeck, 2021, online abrufbar unter: https://www.draeger.com/Library/Content/rhb-ca-9092084-de.pdf, zuletzt aufgerufen am 21.12.2025.

[9.2] Deutsches Institut für Normung: DIN 33881-1:2009-02, Messen mit Prüfröhrchen – Teil 1: Einteilung, DIN Media GmbH, Berlin, 2009.

[9.3] Deutsches Institut für Normung: DIN 33881-2:2017-09, Messen mit Prüfröhrchen – Teil 2: Begriffe, DIN Media GmbH, Berlin, 2017.

[9.4] GASTEC CORPORATION (Hrsg.): Environmental Analysis Technology Handbook, 20. Auflage, https://www.gastec.co.jp/en/handbook/, zuletzt aufgerufen am 21.12.2025.

[9.5] Kretschmer, W.: Geschichte der Auer-Prüfröhrchenpumpe. Auer Mitteilungen 14/92.

[9.6] Leichnitz, K.: Über 50 Jahre Dräger-Röhrchen, Drägerheft 346, Lübeck, 1990.

[9.7] May, W.: Strategievorschläge zum Erkennen möglicher Gasgefahren, Sonderdruck aus Drägerheft 339.

[9.8] Jessel, Dr. W.: Gase – Dämpfe – Gasmesstechnik. Ein Kompendium für die Praxis, Lübeck, Dräger Safety AG & Co. KgaA, 2001.

[9.9] Rönnfeldt, J.: Mess-Strategie an Feuerwehr-Einsatzstellen – Fünf Thesen. BRANDSCHUTZ/Deutsche Feuerwehr-Zeitung 7/1998, S. 617 f.

10 Kontinuierliche Messverfahren

10.1 Messprinzipien und Sensoren

Die an Feuerwehr-Einsatzstellen zum Nachweis von Gasen und Dämpfen einsetzbaren Messverfahren lassen sich grundsätzlich in physikalische und chemische Methoden unterscheiden.

Physikalische Messmethoden nutzen verschiedene molekulare Eigenschaften, wie zum Beispiel:

- Molekülmasse,
- Diffusionsverhalten,
- Molekülstruktur (paramagnetische Eigenschaften),
- optische Absorptions- und Streuungseigenschaften,
- Molekülstabilität (Bindungsenergie) sowie
- Molekülbeweglichkeit.

Die für die Feuerwehren interessanten physikalischen Methoden lassen sich in folgende Kategorien einteilen:

- Photometrie (Infrarotmesstechnik),
- Ionisation,
- Massenspektrometrie,
- Wärmeleitung.

Chemische Messmethoden nutzen die Reaktivität, Oxidierbarkeit und Reduzierbarkeit der Moleküle. Die dafür eingesetzten, kontinuierlich arbeitenden Sensortypen werden in drei Gruppen eingeteilt:

- elektrochemische Sensoren,
- Wärmetönungssensoren,
- Halbleitersensoren.

10.2 Messschaltung

Beim Einsatz kontinuierlich arbeitender Messgeräte muss eine nichtelektrische Größe mit Hilfe eines Messaufnehmers (Sensor) in eine elektrische Größe umgewandelt werden. Die dabei am häufigsten eingesetzte Messschaltung ist die Wheatstone-

Brücke. Ganz allgemein besteht eine Brückenschaltung aus vier Widerständen in zwei zusammengeschalteten Spannungsteilern.

Verändert ein Widerstand seinen Wert, so ist die Brücke nicht mehr abgeglichen, das heißt, dass dann im Brückenzweig eine Spannung gemessen werden kann, die der Messgrößenänderung proportional ist und direkt auf der kalibrierten Anzeige als Messwert ablesbar ist.

10.3 Physikalische Messprinzipien

Info:

Infrarotspektroskopie, Ionisation und Massenspektrometrie werden in eigenständigen Kapiteln beschrieben.

10.3.1 Infrarot-Sensoren

Das Messprinzip basiert auf der Absorption von Energie aus einem Lichtstrahl im infraroten Teil des Spektrums durch die Gasmoleküle, die detektiert werden sollen.

Die Mehrzahl der Gase absorbieren Infrarotenergie und lassen sich deshalb aufgrund der gasspezifischen Wellenlängenbanden identifizieren.

Die Sensoren verbrauchen die Probe nicht und es wird für die Detektion kein Sauerstoff benötigt. Die erwartete Lebensdauer ist lang (Größenordnung fünf Jahre).

Eine typische Anwendung für Infrarotsensoren in tragbaren Gaswarngeräten ist der Nachweis von Kohlenstoffdioxid.

Infrarot-Sensoren werden für einen spezifischen Wellenlängenbereich verwendet. Im Gegensatz dazu wird das gleiche Messprinzip auch für die Messung von Spektren in Geräten verwendet, die im ▶ Kapitel 23 beschrieben werden.

10.3.2 Wärmeleitung

Zwei Wärmeleitfähigkeitssensoren werden in einer Brückenschaltung betrieben (▶ Kapitel 10.2). Einer der Sensoren ist gekapselt und misst als Referenzsensor nur die Wärmeleitfähigkeit reiner Luft. Der zweite Sensor ist dem Gas-/Luftgemisch ausgesetzt. Die Wärmeleitung und spezifische Wärme eines Messgases ändern seinen Widerstand.

Für die Messung wird kein Sauerstoff benötigt. Die Probe wird am Sensor weder verbraucht noch verändert. Bei normalen Betriebsbedingungen verfügen diese Sensoren über eine sehr lange Lebensdauer.

Das Messprinzip der Wärmeleitung wird insbesondere zum Nachweis sehr hoher Konzentrationen oberhalb der Unteren Explosionsgrenze (UEG) verwendet. Da die Sensoren nicht selektiv auf einzelne Gase sind, sondern auf alle brennbaren und nichtbrennbaren Gase reagieren, sollten Geräte mit Wärmeleitfähigkeitssensoren nicht bei unbekannten Gasgemischen zum Einsatz kommen, da die aus dem Gasgemisch resultierende Wärmeleitfähigkeit in beiden Richtungen erheblich von der des Kalibriergases abweichen kann.

10.4 Chemische Sensoren

10.4.1 Elektrochemische Sensoren

Das Messprinzip beruht auf der Änderung der elektrischen Eigenschaften von Elektroden im Kontakt mit einem Elektrolyten, wenn ein Messgas durch Diffusion in das Innere der elektrochemischen Messzelle gelangt.

Bei diesem Messprinzip ist bei der Bewertung der Ergebnisse unbedingt auch der Aspekt der Querempfindlichkeit zu beachten, da die Empfindlichkeit des Sensors gegenüber anderen Gasen größer sein kann als gegenüber dem zu messenden Gas. Elektrochemische Sensoren können auf andere Gase mit einer positiven oder negativen Signaländerung reagieren.

Elektrochemische Sensoren sind kompakt, benötigen wenig Energie und sind sehr empfindlich für bestimmte Gase. Hauptanwendungsgebiete sind die Detektion von toxischen Gasen bis in den ppm-Bereich und die Sauerstoffdetektion. Bis auf wenige Ausnahmen gibt es keine Sensoren dieser Art für Kohlenwasserstoffe.

Reaktionsfähige Gase verändern die Eigenschaften der Elektroden und Elektrolyte im Sensor. Eine regelmäßige Funktionskontrolle ist daher erforderlich. Die übliche Lebensdauer dieses Sensortyps liegt bei mindestens zwei Jahren.

Eine deutlich geringere Lebensdauer musste bei Sauerstoffsensoren in Kauf genommen werden, die nach dem Prinzip einer galvanischen Zelle aufgebaut waren, da die verwendeten Bleielektroden im Laufe der Betriebszeit verbraucht wurden. Eine neue Sensortechnologie auf der Basis eines Feststoff-Elektrolyt ermöglicht mittlerweile eine Lebensdauer von fünf Jahren, da für die Nachweisreaktion nur die Luftfeuchtigkeit aus der Umgebungsluft benötigt wird.

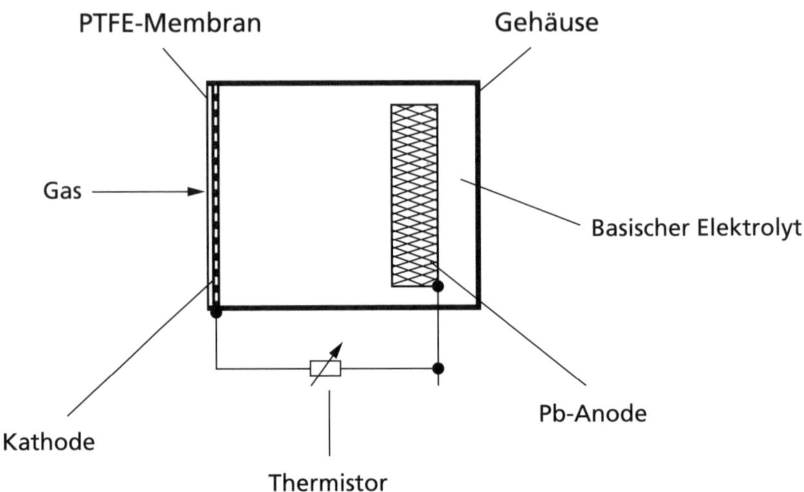

Bild 24: ***Elektrochemischer Sensor***

Die Einstellzeit t_{90} eines elektrochemischen Sensors ist typischerweise länger als dreißig Sekunden. Einschränkungen für den Messbetrieb können durch die Umgebungsbedingungen entstehen (niedrige Temperaturen und niedrige Feuchte). Die Einstellzeit t_{90} ist die Zeitspanne bei einem angewärmten Gerät zwischen dem Auftreten eines plötzlichen Wechsels am Geräteeingang von reiner Luft auf Prüfgas und dem Zeitpunkt, an dem die Anzeige einen festgelegten Anteil x der Endanzeige bei Prüfgas erreicht.

10.4.2 Wärmetönungssensoren

In Anwesenheit von ausreichend Sauerstoff können brennbare Gase und Dämpfe an einer beheizten, katalytisch aktiven Oberfläche verbrannt werden. Der elektrische Widerstand des Messwertaufnehmers (Pellistor) ändert sich durch die freiwerdende Verbrennungswärme. Oberhalb einer Gaskonzentration von 15 Volumenprozent kann es zu Fehlinterpretationen der Messergebnisse kommen, weil die Sauerstoffkonzentration abnehmen und die Anzeige auf Null zurück gehen kann. Eine besondere elektronische Schaltung muss eingebaut sein, um Falschaussagen zu vermeiden. Technisch lässt sich das Problem auch durch die bauliche Kombination der beiden Messprinzipien Wärmeleitung und Wärmetönung lösen. Eine Elektronik steuert dann die automatische, konzentrationsabhängige Umschaltung.

Prinzipiell sind Wärmetönungssensoren für die Detektion aller brennbaren Gase geeignet, allerdings in unterschiedlichen Empfindlichkeiten. Deshalb sollte dieses Messprinzip nicht bei unbekannten Gasgemischen zum Einsatz kommen. Wenn das zu messende Gemisch Gase enthält, die Luft verdünnen oder verdrängen (z. B. Stickstoff oder Kohlenstoffdioxid), können die angezeigten Werte viel zu niedrig sein.

Ein weiterer Nachteil dieses Messprinzips ist der Effekt der »Sensor-Vergiftung«. Die Auswirkungen der Vergiftung sind abhängig vom Sensorgift, dem zu messenden Gas und dem konstruktiven Aufbau des Sensors. Eine Sensorvergiftung bedeutet, dass die wirksamen Reaktionszonen des Sensors durch Moleküle oder Molekülfragmente des Sensorgiftes besetzt werden und dadurch dem Messgas eine verringerte Oberfläche zur Verfügung steht, so dass die katalytische Reaktion mit einer geringeren Umsetzungsrate verläuft. Die Empfindlichkeit des Sensors lässt nach. Der Effekt kann irreversibel sein. Aus diesem Grund ist eine regelmäßige Funktionskontrolle dieser Sensortypen wichtig, um die Drift des Sensors zu erkennen.

Wärmetönungssensoren eignen sich nicht für den Einsatz bei sehr niedrigen Konzentrationen (Leckagesuche).

10.4.3 Halbleitersensoren

Durch die Anlagerung von Gasen oder Dämpfen an der Oberfläche von elektrisch beheizten Halbleitermaterialien ändert sich deren elektrische Leitfähigkeit. Wegen der hohen Empfindlichkeit wird dieses Messprinzip besonders in Geräten zur Leckagesuche eingesetzt.

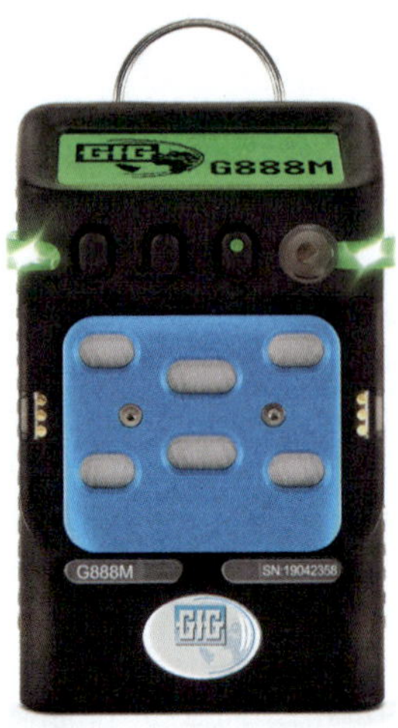

Bild 25: *Ein- oder Zweigasmessgerät Micro 5 G222E (Quelle: GfG – Gesellschaft für Gerätebau mbH – Werkfoto)*

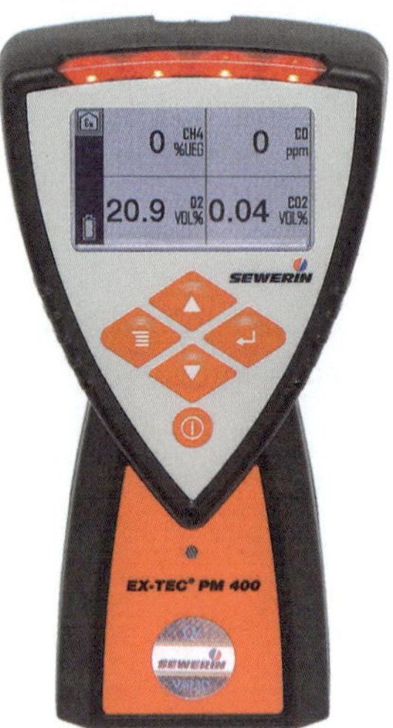

Bild 26: *Leckagesuchgerät EX-Tec Snooper 4 (Quelle: Hermann Severin GmbH – Werkfoto)*

10.5 Mehrgasgeräte

Die Feuerwehren können aus einer Vielzahl von Geräten auswählen, die sehr unterschiedliche Leistungsmerkmale haben. Das Angebot an Eingasgeräten für sehr unterschiedliche Anwendungsfälle oder an Mehrgasgeräten, deren Sensorbestückung der Anwender sogar teilweise selber zusammenstellen kann, sowie die Vielzahl der verschiedenen Sensoren macht es nicht leicht, eine Strategie bei der Beschaffung festzulegen.

Egal für welche Strategie sich der Anwender entscheidet, man muss sich bei der Auswahl von kontinuierlich messenden Geräten immer darauf einstellen, dass es sich um prüfpflichtige Geräte handelt, deren Betrieb Folgekosten verursacht.

Für die regelmäßigen Sichtkontrollen muss der Anwender grundsätzlich geeignete Prüfgase vorhalten. Werden die Funktionskontrollen nicht selbst ausgeführt, sollten Ausfallzeiten eingeplant werden (bis zu mehreren Wochen), da das Gerät durch einen externen Dienstleister oder den Hersteller kontrolliert werden muss.

Fehlermeldungen durch einzelne Sensoren können bei Mehrgasgeräten auch einen einsatztaktischen Ausfall aller Sensoren verursachen, da das Gerät zur Kontrolle und Reparatur zum Hersteller oder Dienstleiter gegeben werden muss, wenn die Wartungs- und Instandhaltungsarbeiten nicht von eigenen Gerätewarten (fachkundige Person) [1.8] durchgeführt werden.

Die Mehrheit der Feuerwehren verfügt dann über keine Rückfallebene (außer Prüfröhrchen).

In der Konsequenz heißt das, dass die Beschaffung von nur einem einzigen Gerät nicht zielführend ist. Es sollten immer zwei Geräte beschafft werden, um eine Rückfallebene zu bilden.

Als Alternative gibt es Gerätekonzepte, bei denen der Anwender den Austausch der Sensoren selbst vornehmen kann. Die Reserve- oder Austauschsensoren sind ständig an einen Stromkreis angeschlossen, so dass die neu in ein Gerät eingebauten Sensoren nach einem Abgleich mit der Umgebungsluft sofort betriebsbereit sind, wodurch sichergestellt wird, dass das Hauptgerät immer zur Verfügung steht.

Tabelle 6a: ***Physikalische Messprinzipien für kontinuierlich, quasikontinuierlich und diskontinuierlich messende Geräte***

	Kapitel	Gefahren			Aggregatzustand					Stoffgruppen
		EX	OX	TOX	g/d	flü	fest	Gem.	wL	
WL	10.3.2	+	+	+	+	–	–	+	–	Alle gasförmigen Stoffe [4]
PID	12	–	–	+	+	–	–	1)	–	Organische Stoffe; Ionisationspotenzial < Lampenenergie [4]
FID	13	–	–	+	+	–	–	+	–	Organische Stoffe mit C-H-Bindungen [4]
IMS	14	–	–	+	+	3)	3)	+	–	Viele anorganische und organische Gase und Dämpfe; nachweisstark für polare Verbindungen wie chemische Kampfstoffe [4]
GC/MS	18	–	–	+	2)	3)	3)	3)	3)	Anorganische und organische Gase und unzersetzt verdampfbare Stoffe [4] je nach verwendetem Detektor
IR	10.3.1	+	+	+	+	–	–	+	–	Nur heteroatomare Gase (z. B. NO_2, CO_2) [2]
ATR	15.2	–	–	+	-	+	+ 4)	+	+	Anorganische und organische Stoffe, sofern infrarotaktiv; keine Gase, Metalle, ionische Salze
FTIR	15.1 15.4 17	–	–	+	+	–	–	+	–	Anorganische oder organische Stoffe mit Dipolmoment [4]
Raman	16	–	–	+	–	+	+	+	+	Für Flüssigkeiten und Feststoffe geeignet, berührungslose Messung durch Glas- oder Kunststoffgebinde

Tabelle 6b: ***Chemische Messprinzipien für kontinuierlich messende Geräte***

	Kapitel	Gefahren			Aggregatzustand					Stoffgruppen
		EX	OX	TOX	g/d	flü	fest	Gem.	wL	
EC	10.4.1	+	+	+	+	–	–	5)	–	Anorganische Gase [4] und Sauerstoff
HL	10.4.3	+	–	+	+	–	–	-	–	Reduzierende und oxidierende anorganische Gase [4]
WT	10.4.2	+	–	–	+	–	–	-	–	Brennbare Gase und Dämpfe; für die Reaktion muss ausreichend Sauerstoff vorhanden sein

ATR Abgeschwächte Totalreflexions Spektroskopie
EC elektro-chemischer Sensor
EX Explosionsgefahr wird angezeigt
FID Flammenionisationsdetektor
FTIR Fourier-Transformations-Infrarot Spektroskopie
flü flüssig
g/d gas-/dampfförmig
GC/MS Massenspektrometer mit vorgeschaltetem Gaschromatographen
Gem Gemische
HL Halbleitersensor
IMS Ionenmobilitätsspektrometer
IR Infrarotsensor
OX Sauerstoffmangel oder -überschuss wird angezeigt
PID Photoionisationsdetektor
TOX Chemische Gefahrstoffe werden angezeigt
wL wässrige Lösung
WL Wärmeleitungssensor
WT Wärmetönungssensor

1) nur Summensignal
2) kontinuierlich mit Luft-Boden-Sonde oder diskontinuierlich mit Sammelröhrchen
3) Probe muss aufbereitet werden
4) Je nach Gerätetyp können auch Wischproben ausgewertet werden
5) Summensignal; Nachweis von Stoffklassen theoretisch möglich; Querempfindlichkeiten können aber zu falschen Ergebnissen führen

10.5.1 Sensorkombinationen

Viele Hersteller bieten den gleichzeitigen Betrieb von bis zu fünf verschiedenen Sensoren in einem Gerät an. Dabei haben sich zum Beispiel folgende Sensor-Kombinationen bewährt:

- EX-Sensor,
- Sauerstoff-Sensor,
- Kohlenstoffdioxid-Sensor,
- Kohlenstoffmonoxid,
- Elektrochemischer Sensor für häufig vorkommende Gase (z. B. Chlor, Ammoniak, Schwefelwasserstoff) oder Photoionisationsdetektor.

Bei den angebotenen Mehrgasgeräten handelt es sich nicht um ein Gefahrstoff-detektorenarray, da alle Sensoren unabhängig voneinander ausgewertet werden und keine Mustererkennungsverfahren für die Bewertung der Ergebnisse genutzt werden (▶ Kapitel 20).

Bild 27: ***Mehrgasmessgerät GasAlert-Micro 5 PID (Quelle: BW Technologies – Werkfoto)***

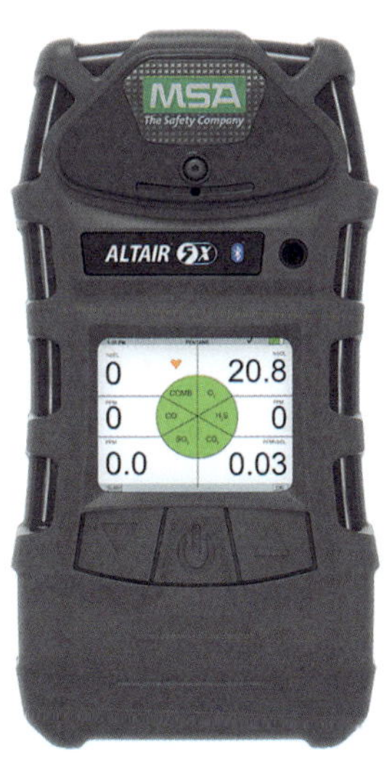

Bild 28: *Mehrgasmessgerät MSA Altair 5X (Quelle: MSA Auer GmbH – Werkfoto)*

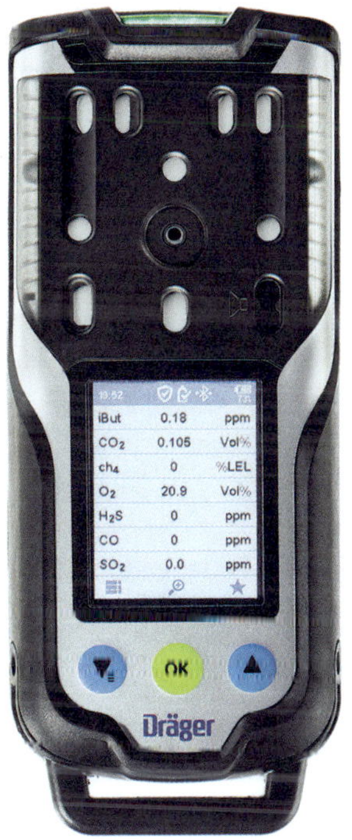

Bild 29: *Mehrgasmessgerät X-am 7000 (Quelle: Dräger Safety AG & Co. KGaA – Werkfoto)*

Bild 30: ***Docking Station für MX6 iBRIDTM (Quelle: Leopold Siegrist GmbH – Werkfoto)***

10.6 Allgemeine Anforderungen an feuerwehrtaugliche Messgeräte

10.6.1 Kriterienkatalog

Bei Beschaffungsmaßnahmen der Feuerwehren sollte im Rahmen der Ausschreibung auf die Anforderungen der vfdb-Richtlinie 10/05 (▶ Kapitel 2.1 [1.3]) oder auf die nachfolgend aufgelisteten Einzelkriterien im Leistungsverzeichnis eingegangen werden:

- tragbar, möglichst geringes Gewicht,
- Betrieb mit handelsüblichen Akkus oder Batterien (ggf. unter Beachtung des Ex-Schutzes); keine Sonderbauformen für Ladegeräte; genormte, handelsübliche Stecker,
- Betriebsdauer mindestens fünf Stunden (Zeitspanne für ETW-Werte plus eine Stunde Sicherheit),
- Ladestation für den Einbau in Feuerwehr-Fahrzeugen,
- dekontaminierbare Oberfläche,
- beleuchtetes Display; optische Warnung durch gut sichtbares Blinklicht,

- gut ablesbares Display auch bei Sonneneinstrahlung und mit Atemschutzmaske,
- akustischer Alarm mit ausreichender Lautstärke aber abschaltbar: Ein versehentliches Ausschalten des akustischen Alarms muss bauartbedingt verhindert werden.
- deutliche Unterscheidbarkeit des akustischen Alarmsignals von anderen Warntönen, die durch Fehlermeldungen zum Beispiel durch einen Akkualarm oder unterbrochenen Gasfluss ausgelöst wurden,
- einfache Bedienbarkeit der deutschsprachigen Menüoberfläche mit möglichst wenig Bedienelementen; auch mit Schutzhandschuhen,
- Datenspeicher mit der Möglichkeit zum Auslesen der Daten über handelsübliche serielle Schnittstellen,
- Speicherung des Messwertes mit Datum und Uhrzeit in Datenformaten, die von den handelsüblichen EDV-Programmen weiterverarbeitet werden können,
- Modul für die Datenfernübertragung,
- Modul zum Empfang des Funkuhrsignals,
- GPS-Modul,
- Explosionsschutz, je nach Anwendungsgebiet und eingesetztem Messprinzip.

Literatur

[10.1] DIN EN 60079-29-1; VDE 0400-1:2023-09: Explosionsfähige Atmosphäre Teil 29-1 Gasmessgeräte. Anforderungen an das Betriebsverhalten von Geräten für die Messung brennbarer Gase. DIN Media GmbH, Berlin, Berlin, 2023.

[10.2] DIN Deutsches Institut für Normung e. V.: DIN EN 60079-29-2; VDE 0400-2:2015-12 Explosionsfähige Atmosphäre – Teil 29-2: Gasmessgeräte – Auswahl, Installation, Einsatz und Wartung von Geräten für die Messung von brennbaren Gasen und Sauerstoff. DIN Media GmbH, Berlin, 2015.

[10.3] Jessel, Dr. W.: Gase – Dämpfe – Gasmesstechnik, Ein Kompendium für die Praxis, Dräger Safety AG & Co. KgaA Lübeck, 2001.

[10.4] Matz, G.: Untersuchung der Praxisanforderung an die Analytik bei der Bekämpfung großer Chemieunfälle. Zivilschutz-Forschung Band 30, Bundesamt für Zivilschutz (Hrsg.), 1998.

[10.5] GfG: Handbuch Gasmesstechnik, 3. Auflage, März 1997.

11 Explosionsgrenzenwarngeräte

11.1 Geschichtliche Entwicklung

Lange bevor das Erkennen von Explosionsgefahren bei den Feuerwehren ein Thema wurde, suchte der Bergbau nach messtechnischen Möglichkeiten die Gefahr der Schlagwetterexplosionen zu erkennen. Eine von vielen Konstruktionen war die von dem Engländer Davy bereits im Jahr 1815 konstruierte Sicherheitslampe, die bis in die zwanziger Jahre des 20. Jahrhunderts angewendet wurde [11.5]. Das heute noch eingesetzte Prinzip des Wärmetönungssensors geht auf die Entwicklung des Döbereinerschen Feuerzeugs zurück, das 1823 entwickelt wurde [11.7].

Große konstruktive Fortschritte machte die Entwicklung von brauchbaren, handlichen Geräten erst nach dem zweiten Weltkrieg. Die erste Baureihe der AUER-Methanometer M 101/102 bekam 1961 eine Zulassung für den Untertage-Einsatz. Alle folgenden Gerätetypen wurden zunächst für die Anwendung im Bergbau und in der Industrie entwickelt. Die Feuerwehr machte sich das zunutze, musste aber den Nachteil in Kauf nehmen, dass die wenigsten Geräte auf die Belange der Feuerwehr abgestimmt waren. Mittlerweile gibt es eine breite Palette von Geräten auf dem Markt, die auch keine spezifische Zulassung für den Feuerwehreinsatz mehr benötigen.

11.2 Konzentrationsangaben

11.2.1 Gas/Dampf-Luftgemische

Ganz allgemein verwendet man für die Konzentrationsangabe eines Gemisches aus Gasen oder Dämpfen mit Luft die Angaben »Volumenprozent« oder »ppm« (parts per million), wobei sich die Zahlenangabe immer auf den Gasanteil bezieht. Je kleiner die Konzentrationen, desto unhandlicher sind Angaben in Volumenprozent. Kleine Konzentrationen werden daher meist in ppm (ein Teil unter einer Million Teilen) oder sogar in ppb (parts per billion, ein Teil unter einer Milliarde Teilchen) angegeben. Zwischen Volumenprozent und ppm besteht folgende Beziehung:

(1) 10 000 ppm = 1 Vol.-%

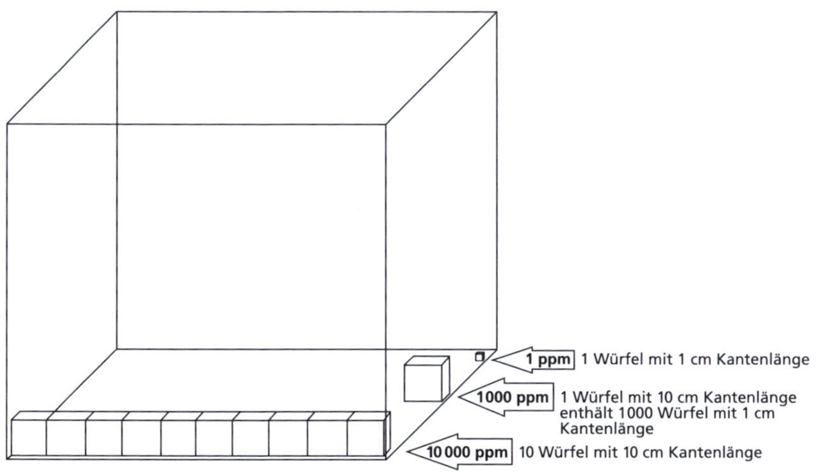

Bild 31: ***Konzentrationsangaben in »ppm« bezogen auf einen Kubikmeter (Würfel mit 100 cm Kantenlänge) (Quelle: Jens Rönnfeldt)***

11.2.2 Explosionsgrenzen

Brennbare Gase und Dämpfe bilden im Gemisch mit Luft explosionsfähige Gemische, deren Eigenschaften sich durch sicherheitstechnische Kennzahlen und Begriffe beschreiben lassen. Ob ein Gas-Luftgemisch oder Dampf-Luftgemisch explosionsfähig ist, hängt vom Mischungsverhältnis der beteiligten Komponenten ab. Nur im Bereich zwischen der unteren (UEG) und der oberen (OEG) Explosionsgrenze kann das Gemisch gezündet werden. Unterhalb des Explosionsbereiches ist das Gemisch zu mager, oberhalb zu fett.

Bei der Bewertung der Gefahr, die von einem explosionsfähigen Gemisch ausgeht, kann man zwei Zahlenangaben verwenden:

1. Konzentrationsangabe der Gas-/Dampf-Komponente in Prozent (Vol.- %):
Zehn Liter Gas in einem Kubikmeter Luft entsprechen einem Volumenprozent. Diese Art der Angabe ist zum Beispiel in Sicherheitsdatenblättern und Gefahrstoffdatenbanken zu finden.

2. Teileinheiten der unteren Explosionsgrenze in Prozent (% UEG):
Damit wird der Abstand von der unteren Explosionsgrenze beschrieben. Ein Methan-Luftgemisch erreicht beispielsweise die untere Explosionsgrenze bei einem Methan-

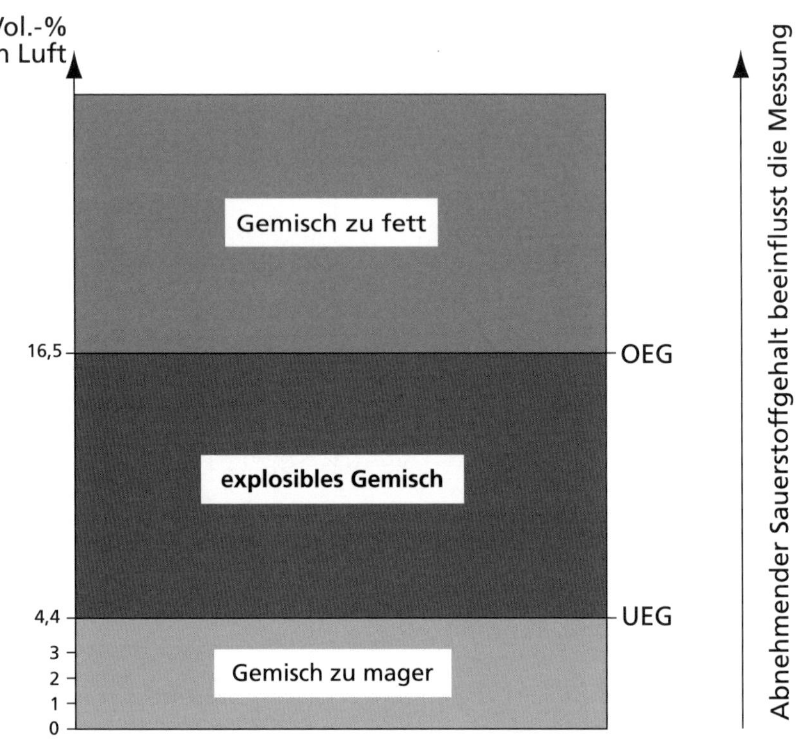

Bild 32: ***Explosionsgrenzen am Beispiel von Methan (Quelle: Jens Rönnfeldt)***

volumenanteil von 4,4 %. Zeigt ein Messgerät 20 % UEG an, dann bedeutet das, dass der Volumenanteil des Methans am Gesamtgemisch 0,88 Vol.-% beträgt, wenn das Gerät auf Methan justiert ist.

Bei Feuerwehreinsätzen ist nur die Angabe des Abstandes von der unteren Explosionsgrenze sinnvoll. Leider führt aber der lockere sprachliche Umgang mit beiden völlig verschiedenen Zahlenangaben vielfach zu Verwirrungen und Fehlinterpretationen. Eine Lagemeldung mit dem Wortlaut »Die Explosionsmessungen ergaben einen Wert von 20 %« ist sprachlich unsauber und nur dann sinnvoll, wenn allen Beteiligten klar ist, dass der Abstand von der unteren Explosionsgrenze gemeint ist.

Je nach Literaturquelle weichen die Angaben der Explosionsgrenzen teilweise voneinander ab. So ist für Methan zum Beispiel sowohl die Angabe 4,4 Vol.-% als auch 5,0 Vol.-% für die UEG zu finden. Beide Werte können grundsätzlich für die

Bewertung von Explosionsgrenzenmessungen an Feuerwehr-Einsatzstellen Verwendung finden, da die Größenordnung der Abweichungen keine Auswirkungen auf einsatztaktische Belange hat.

Die Abweichungen sind durch die unterschiedlichen Prüfverfahren erklärbar. Maßgeblich sind in Deutschland die Angaben, die in den Publikationen der Bundesanstalt für Materialprüfung zu finden sind (z. B. in der Datenbank CHEMSAFE).

11.3 Gaszusammensetzung

Seit den 1960er-Jahren wird in der öffentlichen Gasversorgung nur noch methanhaltiges Erdgas eingesetzt. Es löste das Stadtgas ab, das durch seinen relativ hohen Kohlenstoffmonoxid-Anteil sehr giftig war (Atemgift der Gruppe III). Erdgas wirkt durch Sauerstoffverdrängung in hohen Konzentrationen als Atemgift der Gruppe I. Je nach Region, aus der das Erdgas stammt, schwanken die Methankonzentrationen zwischen 60 und 80 Volumenprozent.

11.3.1 Gasodorierung

Da Erdgas von Natur aus geruchslos ist, müssen dem Gas aus Sicherheitsgründen Geruchsstoffe beigemischt werden. Odoriertes Gas soll sofort durch seinen charakteristischen Geruch erkannt werden, wenn es aus undichten Hausinstallationen entweicht. Der unangenehme Geruch muss unverwechselbar als Warnzeichen erkennbar sein, das Gas darf durch den Geruchszusatz aber nicht giftig werden [11.4]. Odoriermittel waren früher ausschließlich schwefelhaltige organische Verbindungen, die der Klasse der organischen Sulfide (Thioether) oder der Mercaptane (Thiole) angehören. Als gebräuchlichstes Odoriermittel wurde Tetrahydrothiophen (THT) eingesetzt. Es ist eine leicht entzündbare Flüssigkeit mit Flammpunkt unter 21 °C, die in speziellen Odoriermittelbehältern als Gefahrgut der Klasse 3 GGVSEB befördert wurde.

THT lässt sich mit speziellen Prüfröhrchen oder elektrochemischen Sensoren nachweisen. Auch Photoionisationsdetektoren sind grundsätzlich für den THT-Nachweis einsetzbar, allerdings zeigt die PID-Technik kein Methan an. Parallel muss daher immer ein Explosionsgrenzenwarngerät zum Einsatz kommen. Erfahrungen aus Einsätzen belegen, dass es hier zu Fehlinterpretationen gekommen ist.

Seit mehreren Jahren haben verschiedene Gasversorgungsunternehmen die Odorierung auf schwefelfreie Geruchsstoffe umgestellt (GASODOR® S-Free und

Spotleak® Z). Es handelt sich im Wesentlichen um verschiedene Acrylatverbindungen, deren Nachweis zum Beispiel mit Photoionisationsdetektoren, Ionenmobilitätsspektrometern oder mit Massenspektrometern möglich ist.

11.4 Explosionsschutz

Elektrische Betriebsmittel, die in explosionsgefährdeten Räumen eingesetzt werden, müssen zugelassen sein und sind mit einem Explosionsschutz-Kurzzeichen ausgestattet, aus dem hervorgeht, für welche Bereiche und Zonen die Zulassung gültig ist.

Einzelheiten sind den einschlägigen Regelwerken der EU [11.8, 11.9] und den dazugehörenden nationalen Verordnungen [11.10, 11.11] zu entnehmen.

11.5 Kontrolle der Geräte

Grundsätzlich sind für die Kontrolle der eingesetzten Geräte die Vorgaben des Herstellers in den Bedienungsanleitungen zu beachten.

Im Merkblatt T 023 der Berufsgenossenschaft Rohstoffe und chemische Industrie wird in Sichtkontrolle, Funktionskontrolle, Systemkontrolle sowie die Kontrolle der Aufzeichnungen unterschieden [1.8].

11.5.1 Justierung und Kalibrierung

Die Begriffe »Justierung« und »Kalibrierung« werden in den technischen Regelwerken und im Sprachgebrauch unterschiedlich, teilweise sogar widersprüchlich definiert bzw. angewendet. Umgangssprachlich wird meistens der Begriff »Kalibrierung« verwendet. Die in den einschlägigen Normen (▶ Tabelle 2) zu findenden Definitionen stimmen teilweise nicht mehr mit den Begriffen in den berufsgenossenschaftlichen Regelwerken überein. Am aktuellsten ist die Beschreibung in den Merkblättern der Berufsgenossenschaft Rohstoffe und chemische Industrie [1.8, 1.9].

- **Justierung**
  Einstellungen des Nullpunktes und der Empfindlichkeit des Gaswarngerätes mit einem bekannten Nullgas bzw. Prüfgas.

- **Kalibrierung**
  Vergleich der Anzeige einer Gaswarneinrichtung mit einer bekannten Prüfgaskonzentration, ohne zu justieren.
- **Prüfgas**
  Gasgemisch bekannter Zusammensetzung, das zum Kalibrieren und Justieren von Gaswarneinrichtungen verwendet wird.
- **Nullgas**
  Prüfgas, das weder die zu messenden Gase noch störende Verunreinigungen enthält.

Wenn die angezeigten Messwerte bei der Kalibrierung eine gerätespezifische Toleranz bei der Abweichung von den Sollwerten überschreiten, muss das Gerät justiert werden.

Kalibrierung und Justierung sind Bestandteil der Funktionskontrolle.

11.5.2 Methan oder Nonan?

Explosionsgrenzenwarngeräte zeigen nur für die Gase, auf die sie justiert worden sind, exakte Werte an. Geräte bei den Feuerwehren sind entweder auf Nonan oder Methan eingestellt, was Auswirkungen auf die Empfindlichkeit der Geräte hat.

Die Verwendung von Nonan als Prüfgas bewirkt, dass die Geräte empfindlicher sind und für die wesentlichen brennbaren Gase an Feuerwehr-Einsatzstellen früher einen Alarm auslösen.

▶ Bild 33 und ▶ Bild 34 zeigen beispielhaft den Unterschied bei der Empfindlichkeit für acht brennbare Gase. Um die Empfindlichkeit eines Sensors korrekt beurteilen zu können, sind die Herstellerangaben in den Datenblättern der jeweiligen Sensoren maßgeblich.

Explosionsgrenzenwarngeräte mit Wärmetönungssensoren, die für die Messung eines unbekannten Mediums oder eines Gemisches aus unbekannten Komponenten zum Einsatz kommen, sollten daher nicht mit Methan, sondern mit Toluol oder Nonan justiert werden. Wegen der schwierigen Handhabung dieser Flüssigkeiten in der Kalibrierkammer wird anstatt dieser Flüssigkeiten auch ersatzweise Propan oder Butan als Prüfgas verwendet.

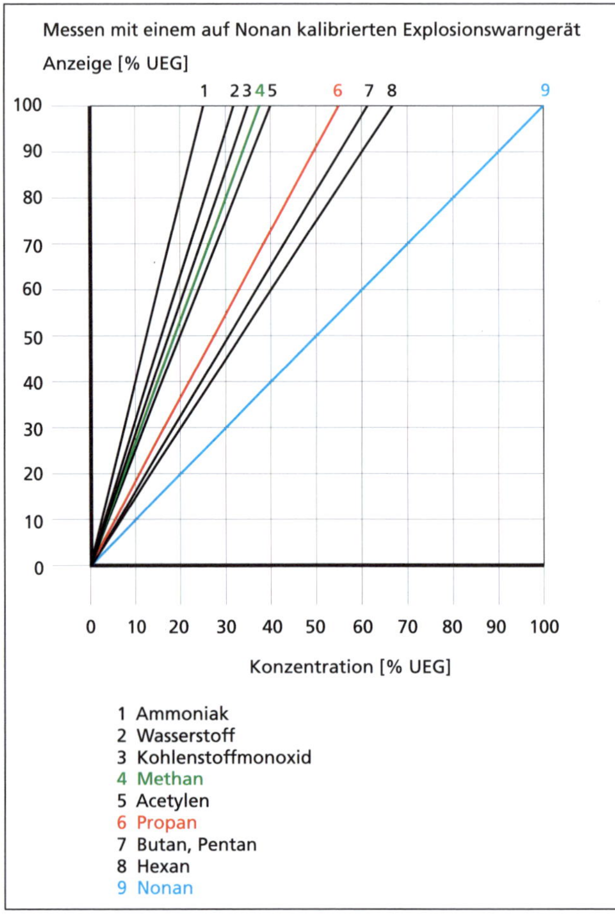

Bild 33: ***Justierung mit Nonan: Das Explosionsgrenzenwarngerät warnt für alle acht Gase frühzeitig, da es sehr empfindlich eingestellt ist. (Quelle: BRANDSCHUTZ/Deutsche Feuerwehr-Zeitung 2/2007, S. 866)***

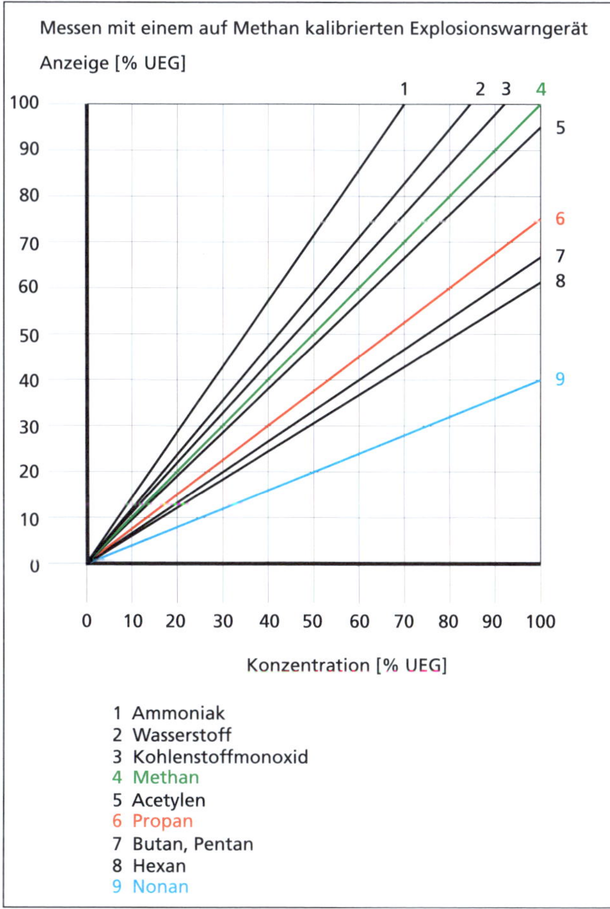

Bild 34: ***Justierung mit Methan: Das Exlosionsgrenzenwarngerät warnt für drei Gase frühzeitig. Für fünf Gase (5 bis 9) erfolgt die Warnung später. Das bedeutet, dass bei einer eingestellten Warnschwelle von 20 Prozent der UEG die tatsächlich vorhandenen Konzentrationen deutlich höher liegen können. (Quelle: BRANDSCHUTZ/ Deutsche Feuerwehr-Zeitung 2/ 2007, S. 866)***

Literatur

[11.1] Bergdoll, R., Rudolph, R.: Welcher UEG-Wert ist der Richtige? Verwirrung durch unterschiedliche Werte für die untere Explosionsgrenze. BRANDSCHUTZ/Deutsche Feuerwehr-Zeitung 2/2007, S. 865.

[11.2] Deutsche Gesetzliche Unfallversicherung: Explosionsschutz-Regeln (EX-RL), DGUV Regel 113-001, März 2022.

[11.3] DVGW Deutscher Verein des Gas- und Wasserfaches e. V.: Gasbeschaffenheit. Arbeitsblatt G 260, September 2021.

[11.4] DVGW Deutscher Verein des Gas- und Wasserfaches e. V.: Gasodorierung. Arbeitsblatt G 280 (A), Dezember 2018.

[11.5] Heinzerling. C.: Schlagwetter und Sicherheitslampen. Entstehung und Erkennung der schlagenden Wetter. Stuttgart, Verlag der J. G. Cotta`schen Buchhandlung, 1891.

[11.6] Laudi, O.: Kalibrieren und Überprüfen von Gaswarngeräten mit brennbaren Gasen und Dämpfen im Bereich unterhalb der unteren Explosionsgrenze. Sonderdruck GT 43 aus dem Drägerheft 310 (Januar – April 1978).

[11.7] Pielot, H.-J.: Historische Entwicklung der Messgeräte zur Messung explosibler Gas-/Dampf-Luftgemische, Auer Mitteilungen 2/81, S. 14-16.

[11.8] ATEX-Produktrichtlinie 014/34/EU

[11.9] ATEX-Betriebsrichtlinie 1999/92/EG

[11.10] Explosionsschutzverordnung 2015 – ExSV 201525.01.2023 (BGBl. II Nr. 52/2016)

[11.11] Betriebssicherheitsverordnung (BetrSichV) vom 3. Februar 2015 (BGBl. I S. 49)

[11.12] Weich, R., Berndt, M.; Runge, B.: Anforderungen an den Wärmetönungssensor und die Möglichkeit der Ersatzgasjustierung. BRANDSCHUTZ/Deutsche Feuerwehr-Zeitung 1/2017, S. 22.

12 Photoionisationsdetektor

12.1 Funktionsprinzip

Das Funktionsprinzip eines Photoionisationsdetektors (PID) (▶ Bild 35) beruht auf der Ionisation von Molekülen durch UV-Licht. Das zu untersuchende Gas/Luftgemisch wird dazu mit einer Pumpe durch eine Messkammer gesaugt. Die Photonen des ultravioletten Lichtes enthalten so viel Energie, dass ein Molekül durch die Absorption dieser Strahlung in einem ersten Schritt in einen angeregten Zustand versetzt wird. In einem zweiten Schritt wird dann ein Elektron abgegeben und es entsteht ein positiv geladenes Molekül-Ion und ein freies Elektron:

$$A + h\nu \rightarrow A^* \rightarrow A^+ + e^-$$

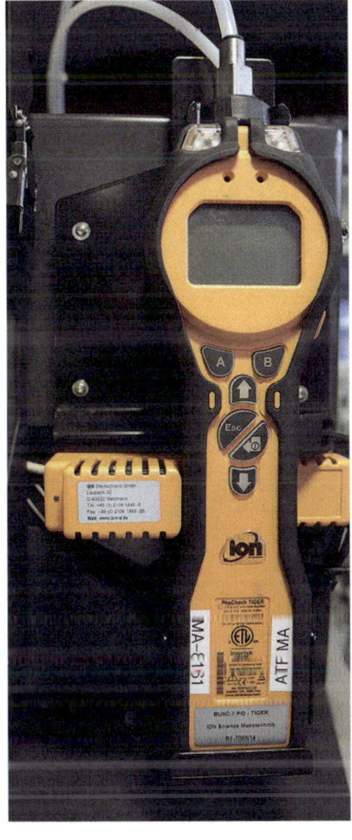

Bild 35: ***Photoionisationsdetektor Tiger im eingebauten Zustand in einem CBRN-ErkW (Quelle: Mario König)***

In der Messkammer eines PID liegt ein elektrisches Feld an, in dem sich das Ion an einer Elektrode entlädt und anschließend wieder in die ungeladene Form umgewandelt wird (▶ Bild 36). Der dabei entstehende Stromfluss wird ausgewertet. Dieser Stromfluss ist in dem Bereich, für den das Gerät kalibriert wurde, proportional zur Stoffmenge. Damit kann das Messsignal auch quantitativ ausgewertet werden.

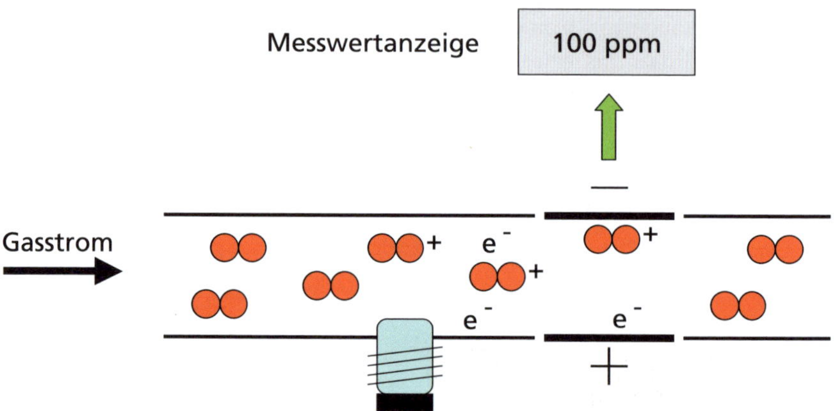

Bild 36: ***Funktionsprinzip eines Photoionisationsdetektors (Quelle: Mario König)***

12.2 Gerätetechnik

12.2.1 Ionisation und UV-Lampen

Die für die Ionisation benötigte UV-Strahlung wird üblicherweise durch Gasentladungslampen (meist gefüllt mit einem Edelgas) erzeugt. Durch ein elektromagnetisches Feld erfolgt von außen die Anregung der Gasentladung. Dadurch können diese Lampen ohne Elektroden gebaut werden. Die Lampen erzeugen aufgrund ihrer Bauweise nicht nur ultraviolettes Licht einer einzigen Wellenlänge, sondern ein breites Spektrum. Üblicherweise unterscheidet man die Lampen nach ihrem Energiemaximum.

Am häufigsten werden Lampen mit einem Ionisierungspotential (IP) von 10,6 eV eingesetzt. Diese Energie hat nur einen Anteil von etwa 17 Prozent an der gesamten von der Lampe abgestrahlten Energie. Das bedeutet aber auch, dass Substanzen mit einem IP > 10,6 eV von diesem Lampentyp nicht erfasst werden können. Es würde daher nahe liegen, generell Lampen mit dem maximalen IP von 11,7 eV einzusetzen.

Aus Gründen der wesentlich höheren Anschaffungskosten, der geringeren Lebensdauer und der Tatsache, dass die bei diesen Lampen notwendigen Fenster feuchtigkeitsempfindlich sind, werden diese Lampen aber nur selten eingesetzt. Die hauptsächlichen Luftbestandteile wie Stickstoff (IP 15,6 eV), Sauerstoff (IP 12,1 eV) und Argon (IP 15,8 eV) können mit der Energie, der im PID eingesetzten UV-Lampe daher nicht ionisiert werden, was aber letztlich den Einsatz eines PID erst möglich macht. Andererseits können dadurch aber auch einsatzrelevante Stoffe wie CO, CO_2, SO_2, SO_3, HCl und HCN nicht detektiert werden.

12.2.2 Messbereich

Der Messbereich eines Photoionisationsdetektors ist zum einen stoffspezifisch, zum anderen aber auch von der Bauart des Gerätes abhängig. Dies bewirkt, dass die gleiche Substanz von verschiedenen PID aufgrund ihrer unterschiedlichen Bauweise mit unterschiedlicher Empfindlichkeit detektiert wird. Daher benötigt jeder Gerätetyp seine individuellen Kalibrierfaktoren für den gleichen Analyten, die aber normalerweise in der Gerätesoftware für eine Vielzahl von Substanzen hinterlegt sind. Die Nachweisgrenzen liegen üblicherweise zwischen 0,5 ppm und mehreren tausend ppm, wobei der lineare und damit quantitativ nutzbare Bereich bis zu mehreren hundert ppm reicht. Liegt die Konzentration oberhalb dieser Schwelle, kommt es zu einer Sättigung des Detektors und die Kalibrierkurve verläuft zunehmend flacher. Die Nachweisempfindlichkeit für eine bestimmte Substanz liegt neben der Bauweise des PID auch in der Struktur des Moleküls begründet. So lässt sich folgende Faustregel ableiten: Die Empfindlichkeit wächst mit der Anzahl der C-Atome (also der Größe des Moleküls), der Zahl der Doppelbindungen, insbesondere bei aromatischen Kohlenwasserstoffen, der Zahl der Heteroatome (Nicht-Kohlenstoffatome z. B. N, S, P, O …), sowie der Anzahl der Verzweigungen in einem Molekül. Die unterschiedliche Empfindlichkeit des PID für verschiedene Stoffe zeigt sich im Responsefaktor (RF). Dieser gibt an, wie empfindlich das Gerät, verglichen mit einer Bezugssubstanz, einen bestimmten Stoff anzeigt. Die Bezugssubstanz ist üblicherweise ein Gemisch aus Isobuten und synthetischer Luft mit 100 ppm Isobuten. Ist der RF-Wert > 1,0, so wird die zu detektierende Substanz weniger empfindlich detektiert und bei einem RF-Wert < 1,0 wird mit größerer Empfindlichkeit nachgewiesen.

$$\text{RF} = \frac{\text{wahre Konzentration der Messkomponente}}{\text{Anzeigewert}}$$

Beispiel:

Ein Stoff mit einem RF von 10 wird zehn Mal unempfindlicher angezeigt als Isobuten. Das bedeutet, bei einer tatsächlichen Konzentration von 100 ppm zeigt das Messgerät ohne die interne Umrechnung mit dem RF nur 10 ppm an.

12.2.3 Kalibrierung

Die Kalibrierung eines PID erfolgt über die Zweipunktkalibrierung. Dabei wird in einem ersten Schritt die Messkammer mit reiner Luft (Null-Luft) gespült und so der Nullpunkt festgelegt. Im zweiten Schritt wird dann das Prüfgas, üblicherweise das oben beschriebene Isobutengemisch, aus einer Druckgasflasche aufgegeben. Es ist wichtig darauf zu achten, dass das Gas druckfrei aufgegeben wird. Das wird dadurch erreicht, dass in der Aufgabeapparatur ein freies Abströmen des Prüfgases möglich ist. Wird das Gas nicht druckfrei aufgegeben, kommt es zu einer höheren Gaskonzentration in der Messzelle und damit zu einem Kalibrierfehler. Alternativ zu einer Kalibriervorrichtung mit Überströmvorrichtung kann auch mit einem Gassack (z. B. Tedlar®-Bag) gearbeitet werden, der mit dem Prüfgas gefüllt wurde. Sollen bekannte Gasgemische gemessen werden, so müsste die Kalibrierung mit diesem Gemisch in bekannter Zusammensetzung durchgeführt werden, um exakte Messwerte zu erhalten.

12.2.4 Einflussfaktoren auf den Messwert

Bei einem einwandfrei funktionierenden und korrekt kalibrierten PID wird von den Herstellern ein Fehler von zehn Prozent des Anzeigewertes angegeben. Darüber hinaus gibt es jedoch bei einem PID eine Reihe von Faktoren, die sich negativ auf die Präzision einer Messung auswirken. Einer dieser Effekte ist der Quencheffekt. Darunter versteht man den Einfluss einer erhöhten Wasserdampfkonzentration. Der Wasserdampf konkurriert mit der nachzuweisenden Substanz um die Photonen des UV-Lichtes. Als Folge davon sinkt die Empfindlichkeit des Gerätes mit steigendem Wasserdampfgehalt. Dieses Problem wird je nach Hersteller unterschiedlich angegangen, entweder durch besondere bauliche Maßnahmen oder aber durch eine mathematische Korrektur des Messwertes. Dieses Problem kann aber auch dadurch begrenzt werden, dass es zu einer Vor-Ort-Kalibrierung kommt, bei der die erhöhte Luftfeuchtigkeit berücksichtigt wird.

Darüber hinaus kommt es durch Verunreinigung im Bereich der Zuleitungswege und der Messkammer als Folge einer Absorption bzw. Adsorption von Schadstoffen auf deren Oberflächen zu einer Erhöhung der Grundlinie. Wenn diese Verunreinigungen im Betrieb des Gerätes nach und nach wieder ausgasen, verändert sich auch das Messsignal. Man spricht dabei von einem Memory-Effekt. Dauert dieser Effekt lange an und wird nicht beseitigt, spricht man von einer Detektordrift. Werden Geräte, die von einem solchen Effekt betroffen sind, kalibriert und wird dabei die Nullpunktkorrektur durchgeführt, kann es dazu kommen, dass es mit der Zeit zu negativen Anzeigewerten kommt, da das Messsignal beim Betrieb in sauberer Luft absinkt. Insbesondere bei den langen Zuleitungsschläuchen, wie sie beispielsweise im CBRN-ErKW zum Einsatz kommen, ist darauf zu achten, dass sie nicht verschmutzen. Kommt es zu einem Ersatz der Schläuche, ist darauf zu achten, dass wieder Schläuche aus inerten Fluorkunststoffen eingebaut werden. Ansonsten ist dieser Effekt dadurch zu bekämpfen, dass das Gerät nach einem Einsatz an sauberer Luft gespült bzw. regelmäßig gereinigt wird. Bei einem kühl gelagerten PID kann es durch Kondensation von Luftfeuchtigkeit ebenfalls zu diesem Effekt kommen. Nach einer Einlaufphase nach dem Einschalten des Gerätes, in der es sich aufgeheizt hat, sollte dieser Effekt aber wieder verschwinden. Eine Kombination aus einer veränderten relativen Feuchtigkeit und Verunreinigungen im Gerät führt zur parasitären Leitfähigkeit. Darunter sind Kriechströme zu verstehen, die bei einer höheren Feuchtigkeit des Messgases als bei der Kalibrierung einen höheren Anzeigewert zur Folge haben. Dieser Effekt kann nur durch Reinigen des Gerätes beseitigt werden. Der Grad dieses Effektes kann durch die Messung von Atemluft überprüft werden, hier sollte das Signal nicht mehr als 5 ppm bis 10 ppm betragen.

12.3 Anwendungspraxis

Photoionisationsdetektoren zeichnen sich durch eine geringe Baugröße und damit verbunden ein geringes Gewicht aus. Ihre Wartung und ihr Betrieb sind vergleichsweise einfach und die Geräte sind durch ihre Robustheit für den Feuerwehreinsatz gut geeignet. Eine Vielzahl organischer Verbindungen kann in einem großen Konzentrationsbereich durch diesen Gerätetyp problemlos detektiert werden und für den Fall, dass es sich um eine bekannte Substanz handelt, auch quantifiziert werden. Bei Einsätzen, bei denen es sich um ein Gasgemisch handelt, das detektiert werden soll, ist es nicht möglich, die einzelnen Gase getrennt zu bestimmen oder gar zu quantifizieren, da ein PID nur Summensignale erfassen kann. Ein weiterer Vorteil eines PID ist seine kurze Ansprechzeit (Responsezeit kleiner drei Sekunden) bzw. seine schnelle Abklingkurve. Konzentrationsänderungen sind daher gut zu erkennen, was insbesondere bei der Lecksuche hilfreich ist. Zusammengefasst ergeben sich folgende Einsatzbereiche:

- Messung der Konzentration einer bekannten Substanz,
- Detektion einer Quelle oder einer Leckage sowie
- Detektion eines Stoffgemisches bezüglich zu- oder abnehmender Konzentration.

Der auf den Erkundungskraftwagen des Bundes flächendeckend eingesetzte PID arbeitet mit einer 10,6 eV Lampe, hat einen Messbereich von 0,1 – 10 000 ppm und enthält eine Datenbank von 480 Stoffen, die auch von der Homepage des BBK heruntergeladen werden kann. Sehr praktisch ist die in das Gerät integrierte Feuchtekompensation.

Weiterführende Literatur zu Kapitel 12

BBK: Stoffliste für den PID, online abrufbar unter: https://www.bbk.bund.de/SharedDocs/Downloads/DE/CBRN/stoffliste_f%C3 %BCr_pid.pdf?__blob=publicationFile, zuletzt aufgerufen am: 17.09.2025.

Schuppe, F., Richter, S.: Schnelltest und Schnellkalibriermethoden für die Vor-Ort-Analytik im Feuerwehr-Einsatz, Institutsbericht Nr. 420, Institut der Feuerwehr Sachsen-Anhalt, 2003.

Schuppe, F.: Messtechnische Möglichkeiten der ABC-Erkundungskraftwagen (ABC-ErkW) für den Katastrophenschutz im Feuerwehreinsatz, Institutsbericht Nr. 416, Institut der Feuerwehr Sachsen-Anhalt, 2003.

Kaltenmaier, K., Becker, T.: Wasserdampfproblematik bei PID, GIT-Sicherheit und Management 5/1999, S. 494 ff.

Müller, D.: Messen mit dem Photo-Ionisations-Detektor, Studienarbeit, Fachhochschule Reutlingen, Januar 2003.

13 Flammenionisationsdetektor

13.1 Funktionsprinzip

Die Flammenphotometrie nutzt das Prinzip, dass in einer Wasserstoffflamme bestimmte Elemente zum Leuchten angeregt werden. Dabei leuchten die Elemente mit einer bestimmten für sie typischen Wellenlänge. Diese Wellenlänge wiederum erkennt das Photometer über einen Photosensor und ordnet sie über Messkanäle einem Element zu. Für die Analytik im Zusammenhang mit militärischen Anwendungen sind insbesondere Phosphor, Arsen, Schwefel und Stickstoff wichtig, die mit diesem Verfahren sehr empfindlich nachgewiesen werden können. Mit zunehmender Stoffmenge steigt die Lichtintensität, die damit als Maß für die Konzentration dient.

Durch die spezifischen Wellenlängen sind falsch-positive Nachweise nahezu ausgeschlossen. Da alle Wellenlängen gleichzeitig detektierbar sind, lassen sich demzufolge auch mehrere Elemente detektieren. 13

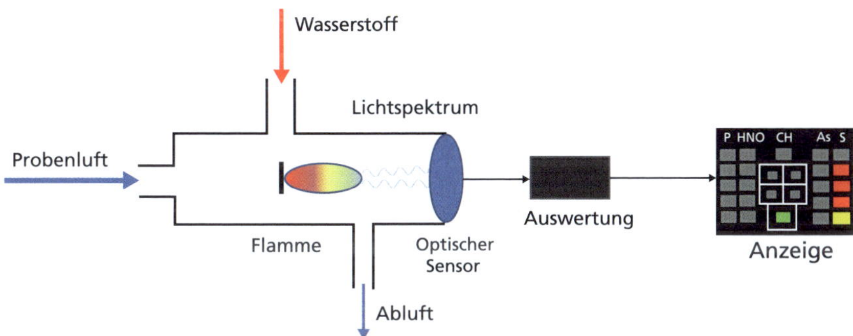

Bild 37: ***Funktionsprinzip eines Flammenionisationsdetektors (Quelle: Mario König)***

Im Gegensatz zu Phosphor, Schwefel und Arsen wird beim Stickstoff die Verbindung HNO nachgewiesen, da das reaktionsfreudige HN unverzüglich mit dem Luftsauerstoff reagiert.

13.2 Gerätetechnik

Bei den ATF-Standorten wurde das AP4C der Firma Proengin (▶ Bild 38) eingeführt, das damit auf Anforderung für Einsätze flächendeckend bereitgestellt wird.
Das Gerät verfügt über folgende Kanäle:

- Phosphor-Kanal,
- Wasserstoff-Stickstoff-Sauerstoff Kanal,
- Arsen-Kanal,
- Schwefel-Kanal,
- CH-Kanal.

Der CH-Kanal gibt eine Information über eine möglicherweise entflammbare Umgebung. Da das Gerät aber aufgrund seiner Bauweise keine Stoffbibliothek besitzt, können keine Stoffe identifiziert werden. Andererseits ist es sehr breitbandig einsetzbar und hat ähnlich einem PID oder IMS eine Detektorfunktion.

Das AP4C besitzt einen offenen Sensor ohne Membran. Dies bewirkt, ebenso wie die Hitze der Wasserstoffflamme, dass sich im Inneren des Gerätes keine Kontamination ablagert und daher die Anzeige nach Abwesenheit der detektierbaren Substanz wieder sehr schnell auf den Grundwert abfällt.

Anhand der Anzahl an Leuchtdioden im jeweiligen Kanal ist mit einer Tabelle eine halbquantitative Aussage über die vorliegende Stoffmenge möglich. Auf den einzelnen Kanälen gibt es jeweils fünf Anzeigestufen.

Bild 38: ***AP4C der Firma Proengin (Quelle: Mario König)***

Tabelle 7: ***Mögliche Nachweisbereiche unter Laborbedingungen***

Phosphor	0,0015 – 3,6 ppm	0,002 – 5 mg
HNO	3 – 722 ppm	4 – 1 000 mg
CH	2 000 – 10 000 ppm	1 200 – 6 000 mg
Arsen	0,15 – 30 ppm	0,5 – 100 mg
Schwefel	0,07 – 4,2 ppm	0,1 – 6 mg

Der Gerätetyp zeichnet sich zum einen durch eine kurze Anlaufzeit nach dem Gerätestart aus, bis es messbereit ist. Zum anderen verfügt es über schnelle Ansprechzeiten (innerhalb weniger Sekunden). Je höher die Nachweisstufe ist, umso schneller reagiert das Gerät. Das beginnt bei der ersten Stufe mit 30 Sekunden und geht bis zur fünften Stufe auf eine Sekunde. Durch die Bauart erfolgt eine permanente Auswertung der durch die Wasserstoffflamme erzeugten Spektren. Damit ist eine ununterbrochene Detektion möglich.

Das AP4C verfügt über einen Wasserstoffspeicher auf Basis eines Metallhydrids. Dadurch steht der Speicher nur unter einem minimalen Druck. Mit der Füllung eines Zylinders ist das Gerät für 12 h betriebsbereit. Die Zylinder können vom Gerätewart über eine Ladestation wieder gefüllt werden.

Die Stromversorgung erfolgt über Lithiumbatterien oder aber über aufladbare NiMH-Akkus.

Neben der optischen Anzeige über die Leuchtdioden kann der Detektor um einen anbaubaren Summer erweitert werden. In Abhängigkeit von der gemessenen Konzentration ändert sich der Impulsrhythmus des Summers.

Bei tiefen Temperaturen sind Stoffe mit geringem Dampfdruck, wie es bei manchen Flüssigkeiten oder Feststoffen der Fall ist, nur schwierig detektierbar. Für solche Fälle verfügt das AP4C über eine externe Sonde, mit der Proben gesammelt und erhitzt werden können. Die Sonde besitzt dazu einen Probenabstreifer, der nach jeder Probe gewechselt wird. Durch Abtupfen einer Oberfläche, z. B. menschliche Haut oder eine Fahrzeugoberfläche, wird die Probe aufgenommen, anschließend der Sammler für etwa zehn Sekunden erhitzt, das Dampf-Luft-Gemisch in den Detektor gesaugt und spektroskopisch untersucht.

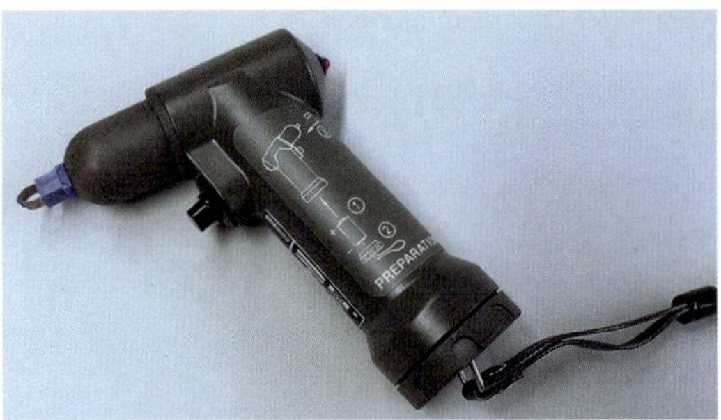

Bild 39: ***Ansicht des Probensammelgerätes S4PE (Quelle: Mario König)***

Alle Messdaten werden bis zu 530 Betriebsstunden aufgezeichnet und danach überschrieben. Die Daten können über eine Schnittstelle auf einen externen Rechner heruntergeladen werden.

13.3 Anwendungspraxis

Das Gerät wurde ursprünglich für die Detektion chemischer Kampfstoffe entwickelt, hat sich aber mittlerweile auch beim Nachweis von Industriechemikalien bewährt. Grundsätzlich können Nervenkampfstoffe über Phosphor, Hautkampfstoffe über Stickstoff bzw. Schwefel, Nasen- und Rachenkampfstoffe über Arsen detektiert werden. Die Art der Bindung der nachzuweisenden Atome ist dabei für ihren Nachweis unwesentlich. Ob der Schwefel in einem S-Lost Molekül, Schwefelwasserstoff oder Schwefeldioxid gebunden ist, ist für die Detektion unerheblich.

Neben Gasen, Aerosolen und Flüssigkeiten können in gewissen Grenzen auch Feststoffe (Pulver) nachgewiesen werden. Hier kommt dann das Probensammelgerät zum Einsatz.

Bedingt durch die hauptsächlich militärische Anwendung ist das Gerät sehr robust, sowohl was seine mechanischen und elektronischen Komponenten angeht als auch was seine Anzeige betrifft.

Das Spüren im Gelände und in Räumen mit der Absicht eine Kontamination zu detektieren, bzw. die Quelle einer Freisetzung zu finden, stellt die Hauptaufgabe dar. Das System bietet sich aber auch an, um Menschen oder Geräte nach der Dekontamination auf Restkontamination zu untersuchen.

14 Ionenmobilitätsspektrometer

14.1 Funktionsprinzip

Die zu untersuchenden Substanzen werden in einem Ionenmobilitätsspektrometer (IMS) zuerst ionisiert. Das kann je nach Bauweise des Gerätes in einer direkten Reaktion oder aber auch über mehrere Reaktionsschritte erfolgen. Die Ionen werden anschließend in einer Messröhre in einem elektrischen Feld gegen die Strömungsrichtung eines Gases beschleunigt und die Zeit gemessen, in der sie eine bestimmte Strecke zurücklegen. Da die Fluggeschwindigkeit hauptsächlich von der Masse zu Ladungsverhältnis und von der Molekülgeometrie abhängt (kleine Moleküle fliegen aufgrund ihres Masse-/Ladungs-Verhältnisses am schnellsten), können so verschiedene Stoffe durch ihre charakteristischen Flugzeiten unterschieden werden. Dadurch vermag ein IMS in gewissen Grenzen Stoffe zu identifizieren.

14.2 Gerätetechnik

Die nachfolgend beschriebene Gerätetechnik bezieht sich zum überwiegenden Teil auf das Ionenmobilitätsspektrometer RAID-M100 (▶ Bild 40), da dieses als Beladung des alten CBRN-Erkundungswagens die mit Abstand größte Verbreitung hat. Auf dem neuen CBRN-Erkundungswagen ist der Nachfolger RAID-M NR verbaut, das über eine andere Ionisationsquelle verfügt.

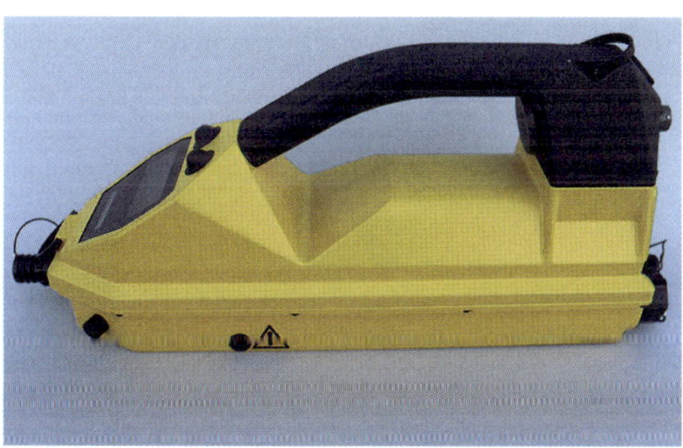

Bild 40: ***Ionenmobilitätsspektrometer RAID-M100 der Firma Bruker (Quelle: Mario König)***

14.2.1 Probeneinlass

Es gibt die grundsätzlichen Möglichkeiten, ein IMS mit einem offenen Einlass oder mit einem Membraneinlass zu versehen. Sollen schwer zu verdampfende Moleküle identifiziert werden, wie im Fall der Drogen- oder Sprengstoffanalytik, muss mit einem offenen System gearbeitet werden. Für den Nachweis leichter flüchtiger Moleküle kann vor den Einlass eine Silikonmembran zum Einsatz kommen. Dadurch ist es einfacher, die Geräteparameter, insbesondere die Luftfeuchtigkeit, in der Messröhre konstant zu halten und das Gerät ist weniger empfindlich gegenüber Umgebungseinflüssen wie sie im Feuerwehreinsatz oder im militärischen Einsatz auftreten können. Ein Nachteil der Membran ist aber die längere Ansprechzeit bzw. eine verzögerte Abklingzeit, bis das Grundsignal wieder erreicht ist.

Hinweis:

Da der Strahler im RAID-M100 knapp unter der Freigrenze liegt, bedarf bereits die Lagerung zweier Geräte einer strahlenschutzrechtlichen Genehmigung! Dies greift bereits, wenn zwei CBRN-ErkW in einer Fahrzeughalle stehen. Das Gerät RAID-M NR des neuen CBRN-ErkW hat keine radioaktive Ionisationsquelle mehr.

14.2.2 Ionisationsreaktionen (Reaktionsraum)

Die Ionisation eines Moleküls kann auf mehreren Wegen erfolgen. Neben der Ionisation durch Koronaentladung oder eine UV-Lampe hat sich bei den handgehaltenen Geräten, die im Bereich Zivilschutz/Militär eingesetzt werden, die Ionisation durch einen β-Strahler durchgesetzt. Als Strahlenquelle dient dabei das Isotop Nickel-63 (Ni-63). Durch die hohe Energie der β-Strahlung und der vergleichsweise geringen Anzahl an Molekülen, die detektiert werden sollen, werden in einem ersten Schritt die hauptsächlichen Bestandteile der Luft, Stickstoff und Sauerstoff ionisiert:

$$N_2 + e^- \rightarrow N_2^+ + 2e^-$$
$$O_2 + e^- \rightarrow O_2^-$$

Die dabei entstandenen Kationen und Anionen reagieren im nächsten Schritt mit den über die Luftfeuchtigkeit in ausreichendem Maß vorhandenen Wassermolekülen zu den Reaktantionen, manchmal auch Cluster Ionen genannt:

$$N_2^+ + (n+1)(H_2O) \rightarrow \ldots \rightarrow N_2 + OH + [(H_2O)_n H] + \quad \Rightarrow \text{positives Reaktantion (RIP)}$$

$$O_2^- + m\, H_2O \rightarrow \ldots \rightarrow [(H_2O)_m O_2] \quad \Rightarrow \text{negatives Reaktantion (RIN)}$$

Die Reaktantionen wiederum lagern sich nun an die Probenmoleküle (M) an und es entstehen dabei die Produktionen. Je nach Konzentration der Probenmoleküle können sich hier auch Produktionen mit zwei oder drei Probenmolekülen bilden, man spricht dann von Dimeren und Trimeren.

$$[(H_2O)_n H]^+ + M \rightarrow [MH]^+ + n\, H_2O \quad \Rightarrow \text{positives Produktion}$$

$$[(H_2O)_m O_2]^- + M \rightarrow M^- + m\, H_2O + O_2 \quad \Rightarrow \text{negatives Produktion}$$

$$[(H_2O)_n H]^+ + 2M \rightarrow [M2H]^+ + n\, H_2O \quad \Rightarrow \text{Dimer-Bildung}$$

Bei den Reaktionsbedingungen, wie sie im RAID-M100 herrschen, liegt die Zahl der Wassermoleküle üblicherweise bei n = 6 und bei m = 3. Die oben dargestellten Reaktionsprozesse sind in der Praxis erheblich komplexer, es handelt sich auch immer um Gleichgewichtsprozesse. Sie wurden aber in einer vereinfachten Form dargestellt, um das Verständnis zu erleichtern. Die Bildung der positiven Produktionen [MH]+ erfolgt durch Protonentransfer. Das Ausmaß der Nachweisempfindlichkeit hängt daher wesentlich von der Protonenaffinität der nachzuweisenden Substanzen ab. Entsprechend bilden sich bei Stoffen mit hoher Elektronenaffinität negative Produktionen M^-.

Aufgrund der unterschiedlichen Protonenaffinität unterliegt die Nachweisempfindlichkeit der verschiedenen Stoffklassen in etwa der folgenden Abstufung: Alkane < Wasser < Alkohole < Ester < Aromate < Ketone < Ammoniak < Sulfoxide < organische Phosphorverbindungen < Amine.

In Abhängigkeit von der Größe der anhängenden Kohlenwasserstoffketten kann es allerdings zu Abweichungen kommen. Die entsprechende Reihenfolge bei den Gruppen mit hoher Elektronenaffinität lautet: Ester < Alkane < Nitrile < Amine < Aldehyde < Ketone << aliphatische Alkohole < Halogenkohlenwasserstoffe < Sauerstoff < Oxalate < Nitroverbindungen < Pestizide < Fumarsäureester < Chinone < Chlor < Stickstoffdioxid.

Die mittlerweile als Beladung der CBRN-Erkundungswagen verwendeten Geräte werden nicht mehr wie früher als »Wassergeräte« sondern als »Ammoniakgeräte« betrieben. Der Grund dafür ist die bessere Auflösung und damit Identifizierung bei chemischen Kampfstoffen, insbesondere bei den Phosphorsäurealkylestern. Das in geringen Mengen zugesetzte protonenaffine Ammoniak ermöglicht eine Identifikation der verschiedenen Nervenkampstoffe, führt dafür aber im Bereich der Industriechemikalien zu erheblichen Einschränkungen.

14.2.3 Messröhre

Das Herzstück des IMS ist seine Messröhre, die hinter dem Reaktionsraum liegt und von diesem durch ein Schaltgitter getrennt ist (▶ Bild 41). Die Beschleunigung der Produktionen erfolgt in einem elektrischen Feld, das durch hintereinander angeordnete Metallringe, die durch Isolatoren voneinander getrennt sind, erzeugt wird. Die Ringe liegen auf einem jeweils unterschiedlichen Potenzial. Die Spannung innerhalb der Röhre liegt bei 1 000 Volt bis 5 000 Volt, was einer Feldstärke von 150 V/m bis 350 V/cm entspricht. Am Ende der Messröhre befindet sich der Detektor zum Nachweis der aufgetroffenen Produktionen. Da sowohl negativ wie positiv geladene Ionen entstehen können, kann die Polarität der Röhre gewechselt werden. Das kann je nach Gerätetyp entweder durch den Bediener geschehen oder aber das IMS besitzt eine automatische Umschaltung.

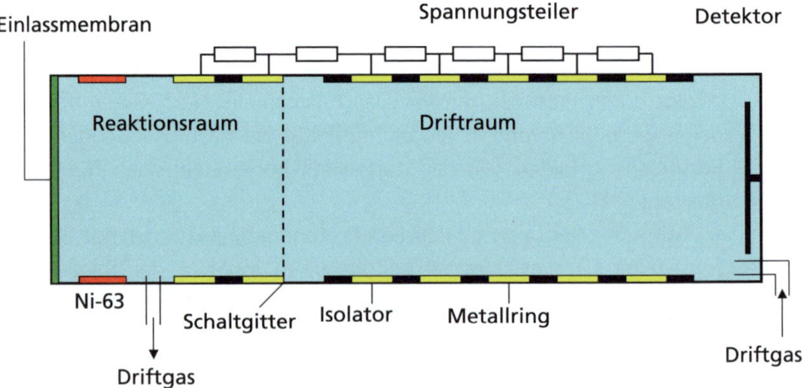

Bild 41: ***Skizze der Messröhre eines Ionenmobilitätsspektrometers (Quelle: Mario König)***

14.2.4 Gasflüsse

Für seinen Betrieb benötigt das IMS eine Reihe von Gasströmen. Zunächst wird über eine Pumpe in einem äußeren Pumpenkreislauf der Trägergasstrom sichergestellt, der die Gasprobe der Messröhre über die Membran zuführt; dies entspricht der Betriebsart »Messen«. Da ein IMS extrem empfindlich auf eine Überladung der Messröhre reagiert, gibt es zum Schutz des Gerätes die Möglichkeit, den Trägergasstrom zu stoppen und die Gasflussrichtung zu ändern, damit das Gerät wieder frei gespült werden kann. Dies geschieht in der Betriebsart »Rückspülen«. In diesen Modus schaltet die Pumpe automatisch um, wenn das Gerät eine Überlastung feststellt. Die durch einen Filter (Rückspülfilter) gereinigte Luft wird solange zur Rückspülung des Gasweges verwendet, bis das System wieder sauber ist, was das Gerät eigenständig prüft, indem es kurzzeitig in den Messmodus umschaltet. Gegebenenfalls wird das Rückspülen erneut gestartet und solange fortgesetzt, bis das System wieder sauber ist. Da Membrangeräte durch Adsorptionseffekte zu einer erhöhten Grundbelastung neigen, besitzen sie als weitere Reinigungsmöglichkeit eine Ausheizfunktion, bei der die Temperatur in der Messröhre und in der Membran erhöht wird. Die zu desorbierenden Stoffe werden dann durch einen Gasstrom (Kreislaufluft) aus dem System entfernt. Neben dem Gasversorgungssystem, das dem Gerät die Probe zuführt bzw. zum Rückspülen verwendet wird, gibt es ein zweites Pumpensystem, um den in der Driftröhre notwendigen Gasstrom zu erzeugen. Dieser Gasfluss wird mit Luft betrieben, die über einen getrennten Filter (Molekularsieb) gereinigt und deren Feuchtigkeitsgehalt konstant gehalten wird.

14.3 Ionenmobilitätsspektren

14

Im handgehaltenen Modus zeigen die IMS auf ihrem Display üblicherweise nur einen Substanznamen bzw. ein Kürzel für eine Substanz in Kombination mit einer Balkenanzeige an, die grobe Informationen über die Menge der vorhandenen Substanz angibt. Bei einer Signalauswertung über einen Rechner lässt sich das Ionenmobilitätsspektrum analysieren. Dieses enthält immer den Reaktantionenpeak. Je nach Polarisierung handelt es sich um den RIP (Reaktantionenpeak im positiven Modus) oder den RIN (Reaktantionenpeak im negativen Modus). Diese Signale liegen immer an einer charakteristischen Stelle, wodurch auch der Zustand des Gerätes überprüft werden kann. Alle weiteren Signale eines Spektrums werden durch die Produktionen erzeugt. Ihre Lage im Spektrum wird durch den K_0-Wert (Ionenmobilitätskonstante) angegeben.

$$K_0 = \frac{K \times 273 \times p}{T \times 760}$$

mit

K_0 = Ionenmobilitätskonstante
p – Normdruck in der Driftröhre
T – Normtemperatur (absolute Temperatur)
K – Ionenmobilität (v/E)
v = Ionengeschwindigkeit
E = elektrische Feldstärke

Unter definierten Bedingungen (Temperatur, Druck, Länge der Driftstrecke) leitet sich dieser Wert aus der Ionenmobilität K ab. Die Ionenmobilität wiederum beschreibt das Verhältnis von Ionengeschwindigkeit und Feldstärke. Da der K_0-Wert aber nicht alle Geräteparameter enthält, kann dieser Wert nicht auf einen anderen Gerätetyp übertragen werden. Der Rechner des Spektrometers verwendet zur Identifikation die in einer Datenbank hinterlegten K_0-Werte. Schwierig wird die Unterscheidung bei Substanzen mit sehr ähnlichem K_0-Wert, denn das Auflösungsvermögen der IMS ist nicht sehr groß. Kommen mehrere Moleküle mit ähnlichem K_0-Wert vor, so kommt es zu Signalüberlagerungen und bei hohen Stoffkonzentrationen kann es auch zur Dimerenbildung kommen, mit Signalen, die in der Nähe des Monomeren-Signals liegen und dadurch die Spektrenauswertung erschweren. Sinnvollerweise werden die Bibliotheken mit am besten nicht mehr als zehn Substanzen zusammengestellt, die dann auch so auszuwählen sind, dass ihre K_0-Werte in einem ausreichenden Abstand voneinander liegen, um eine sichere Zuordnung zu ermöglichen. Dieses Verfahren kann z. B. in Betrieben angewendet werden, bei denen Informationen über die zu erwartenden Chemikalien vorliegen. Die Fläche unter der Signalkurve entspricht der Molekülmenge und wird daher zur quantitativen Auswertung benutzt. Aufgrund eines nur geringen dynamischen Bereiches, einen linearen Messbereich gibt es meist nur über zwei Größenordnungen, und der nicht ganz einfachen Kalibrierung eines IMS werden diese Geräte am besten nur zu orientierenden Messungen herangezogen. In dem Maße, in dem die Konzentration an Probenmolekülen und damit der entsprechenden Ionen zunimmt, verringert sich die Signalstärke des Reaktantionenpeaks.

14.4 Anwendungspraxis

Die Stärke der Ionenmobilitätsspektroskopie steckt in der Empfindlichkeit des Nachweisverfahrens. Zum Teil liegen die Nachweisgrenzen weit unter einem ppm, insbesondere für polare Gase und Dämpfe, und in der Möglichkeit, in einem begrenzten Rahmen, Substanzen gleichzeitig zu detektieren bzw. zu identifizieren. Für quantitative Fragestellungen ist ein IMS eher ungeeignet. Aufgrund der Anwendungsbereiche, für die die Geräte entwickelt wurden, besitzen diese eine hohe mechanische Stabilität, gepaart mit einem relativ geringen Gewicht und einer kompakten Bauweise. Sofern die Geräte im Feldmodus betrieben werden, ist auch die Bedienung vergleichsweise anwenderfreundlich. Problematisch ist das langsame Abklingverhalten des Detektors, insbesondere bei hohen Stoffkonzentrationen oder aber bei Stoffen mit geringer Flüchtigkeit, insbesondere bei einem

Gerät mit einem Membraneinlass. Hier können sich Zeiten von bis zu mehreren Minuten ergeben, ehe das Signal wieder auf den Ursprungswert zurückgekehrt ist. Außerhalb des Einsatzes bei den Feuerwehren liegt der Schwerpunkt der Ionenmobilitätsspektroskopie im militärischen Bereich bei der Detektion chemischer Kampfstoffe und im Sicherheitsbereich bei der Detektion von Sprengstoffen und Drogen. Wichtig in der praktischen Anwendung von IMS mit Nickelquellen ist das regelmäßige Betreiben (mindestens monatlich) der Geräte, um die Verunreinigungen zu beseitigen, die im Verlauf der Lagerung unvermeidlich sind. Ansonsten kann es zu extrem langen Vorlaufzeiten kommen, bis das Gerät wieder einsatzbereit ist.

Tabelle 8: ***Die Tabelle stellt die in den Bibliotheken A und B des RAID-M 00 abgelegten Stoffe mit den verwendeten Kürzeln und den Messbereichen der jeweiligen Stoffe dar. Die untere Wertschwelle wird mit einem Balken dargestellt und ab der oberen Grenze werden acht Balken dargestellt.***

Industriechemikalien	**Display Kürzel**		**Nachweisgrenzen**
Chlor	CL	mg/m³	ab 6–7 bis > 25
Schwefeldioxid	SO_2	mg/m³	ab 1,3–1,6 bis > 15
Cyanid	CY	mg/m³	ab 1,2–1,5 bis > 5
Chlororganische Verbindungen	CLX	mg/m³	ab 1,5–2,0 bis > 25
Toluoldiisocyanat	TDI	mg/m³	ab 0,01–0,2 bis > 0,15
Chemische Kampfstoffe			
Tabun	GA	mg/m³	ab 0,1–0,2 bis > 0,6
Sarin	GB	mg/m³	ab 0,05–0,07 bis > 0,4
Soman	GD	mg/m³	ab 0,03–0,06 bis > 0,4
VX	VX	mg/m³	ab 0,02–0,025 bis > 0,4
VXR	VXR	mg/m³	ab 0,02–0,025 bis > 0,4
Schwefellost	HD	mg/m³	ab 0,1–03 bis > 6
Stickstofflost (HN-3)	HN3	mg/m³	ab 0,3–0,6 bis > 2
Stickstofflost (HN 1)	HN1	mg/m³	ab 0,2–0,6 bis > 2
Lewisit	L	mg/m³	ab 0,2–0,4 bis > 2,5
Chlorcyan	ACK	mg/m³	ab 5–15 bis > 50

Tabelle 8: ***Die Tabelle stellt die in den Bibliotheken A und B des RAID-M 00 abgelegten Stoffe mit den verwendeten Kürzeln und den Messbereichen der jeweiligen Stoffe dar. Die untere Wertschwelle wird mit einem Balken dargestellt und ab der oberen Grenze werden acht Balken dargestellt. – Fortsetzung***

Industriechemikalien	Display Kürzel		Nachweisgrenzen
Simulanzsubstanzen			
Methylsalicylat	HSI	mg/m³	ab 0,09–0,12 bis > 0,5
Dipropylen-glykol-monomethylether	GSI	mg/m³	ab 0,05–0,1 bis > 0,7

Das RAID-M100 kann entweder im CBRN-Erkundungswagen stationär betrieben werden oder akkubetrieben, mobil im abgesetzten Zustand. Die Stoffidentifikation erfolgt über maximal fünf Bibliotheken, die hinterlegt werden. Ein Auszug ist in ▶ Tabelle 8 zu sehen. Die quantitative Bewertung erfolgt innerhalb der Nachweisgrenzen in acht Stufen. Die jeweils dazu gehörenden Stoffkonzentrationen sind in Tabellen vom Hersteller dokumentiert. Bei einer Überschreitung der eingestellten Grenzwerte kommt es zu einem optischen Alarm durch mehrere Leuchtdioden und durch einen optional zuschaltbaren akustischen Alarm.

Das RAID-M100 verfügt über zwei Arten von Datenloggern. Einmal den Event-Logger, hier werden wesentliche Betriebsvorgänge und Alarme hinterlegt und den Spektren-Logger, in dem die gemessenen Spektren dokumentiert werden. Das Auslesen der Daten erfolgt über einen kombinierten Strom/RS232-Anschluss auf einen externen Rechner, auf dem dann mit der Herstellersoftware die Daten ausgelesen werden können.

Für den Betrieb des Gerätes werden noch einige Chemikalien benötigt. Zur Erzeugung des Ammoniakgases benötigt das Ionenmobilitätsspektrometer den regelmäßigen Wechsel des Ammoniumcarbonats, bei dessen Zersetzung das Ammoniak entsteht. Darüber hinaus werden noch zwei Prüfsubstanzen mitgeliefert. Die beiden Prüfsubstanzen simulieren einmal Nervenkampfstoffe (Dipropylen-glykol-monomethylether, Kürzel GSI) und einmal Hautkampfstoffe (Methylsalicylat, Kürzel HSI).

Das RAID-M100 wird mittlerweile auch in einer Schutztasche gelagert, die mit Aktivkohle beschichtet ist. In der Vergangenheit stellte die Verunreinigung der Ionenmobilitätsspektrometer während der Lagerung eine häufige Ursache für Probleme bei der Inbetriebnahme des Systems dar.

Weiterführende Literatur zu Kapitel 14

Stach, J.: IMS-Grundlagen und Applikationen, Analytikertaschenbuch Band 16, Springer Verlag, S. 119-150, 1997.

Eiceman, G. A., Karpas, Z.: Ion Mobility Spectrometry, Second Edition, CRC Press, 2007.

15 Infrarotspektroskopie

Aus der großen Bandbreite der elektromagnetischen Wellen ist das menschliche Auge nur in der Lage, den schmalen Bereich der Wellenlänge von 400 nm bis 800 nm als sichtbares Licht wahrzunehmen. Im langwelligen Teil des Lichtspektrums geht das rote Licht jenseits der 800 nm in das Infrarote (IR) Licht über (► Bild 42). Dieser Bereich endet bei 1 000 µm Wellenlänge.

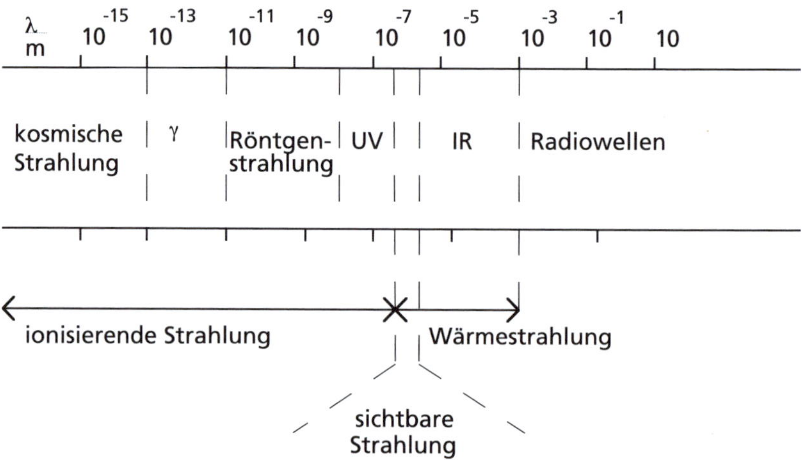

Bild 42: ***Frequenz und Wellenlängenbereiche elektromagnetischer Wellen (Quelle: Mario König)***

Der für die IR-Spektroskopie nutzbare Wellenlängenbereich liegt zwischen 2,5 µm und 25 µm. Meist wird in der IR-Spektroskopie aber mit der Wellenzahl (Kehrwert der Wellenlänge) gearbeitet, in diesem Fall entspricht dies 400 cm^{-1} bis 4 000 cm^{-1}. Die in der IR-Spektroskopie verwendete Strahlung hat die Eigenschaft, mit Molekülen, die ein Dipolmoment besitzen, in Wechselwirkung zu treten. Ein Molekül besitzt dann ein Dipolmoment, wenn seine Ladungen nicht völlig symmetrisch verteilt sind. Die Ursache dafür sind Atome mit unterschiedlicher Anziehungskraft für Elektronen (Elektronegativität) z. B. Salzsäure (Chlorwasserstoff H-Cl). Moleküle, die nur aus einer Atomsorte bestehen, wie z. B. Stickstoff, können kein Dipolmoment ausbilden und sind daher für IR-Strahlung unsichtbar. Das Gleiche gilt für rein ionisch gebundene Stoffe wie beispielsweise das Natriumchlorid. Bei der Wechselwirkung der IR-Strahlung mit einem Molekül mit Dipoleigenschaften werden nur die Wellenlängen absorbiert, die eine Änderung des Schwingungszustandes bewirken (▶ Bild 43). Ein Molekül hat je nach seinem Bau verschiedene Möglichkeiten zur Schwingung. Die einzelnen Schwingungsarten können nur durch bestimmte Frequenzen angeregt werden, ähnlich einem Radiogerät, das nur den Sender empfangen kann, auf den es abgestimmt – »eingestellt« – worden ist. Wenn IR-Licht einen Stoff durchdringt, dessen Moleküle durch dieses Licht angeregt werden, verringert sich die Intensität des IR-Lichtes. Dies ist vergleichbar mit dem Intensitätsverlust bei sichtbarem Licht, wenn es durch eine farbige Glasscheibe scheint. Die Frequenzen, die absorbiert werden, sind abhängig vom Molekülaufbau und der Art der angeregten Schwingung. Man unterscheidet bei den Schwingungsformen zwischen:

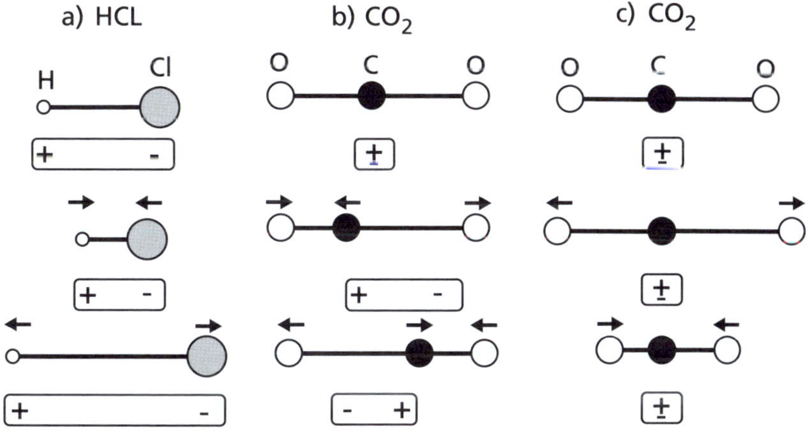

Bild 43: ***Schwingungsformen (Quelle: Mario König):***
a) Schwingungen von HCl. Das Dipolmoment bleibt immer erhalten.
b) Kohlenstoffdioxid, asymmetrische Schwingungen. Im Gegensatz zur dipollosen Gleichgewichtslage entfernen sich der negative Ladungsschwerpunkt der Sauerstoffatome und die positive Ladung des Kohlenstoffatoms bei Schwingung voneinander.
c) Kohlenstoffdioxid, symmetrische Schwingung. Die Schwerpunkte der negativen und positiven Ladungen fallen in jeder Phase räumlich zusammen. Es erfolgt keine Änderung des Dipolmoments während dieser Schwingung.

Rotationsschwingungen

Das Molekül, als Beispiel dient hier wie in den anderen Fällen das Wassermolekül, dreht sich als Ganzes um seine Achse (▶ Bild 44a). Je nach der Symmetrie des

Moleküls sind bis zu drei verschiedene Drehachsen möglich. Die für diese Schwingung benötigte Energie ist sehr gering, so dass dazu meist die energiearmen Mikrowellen ausreichen.

Streckschwingungen

Zweiatomige Moleküle schwingen gegeneinander entlang ihrer Bindungsachse. Das geschieht entweder symmetrisch, wie in ▶ Bild 44b, oder asymmetrisch, wie in ▶ Bild 44c dargestellt.

Knickschwingungen

Die Atome schwingen senkrecht zu ihren Bindungsachsen (▶ Bild 44d). Über diese Grundformen hinaus, gibt es noch eine Vielzahl an Kombinationsmöglichkeiten der einzelnen Schwingungsarten und Oberschwingungen. All diese vielfältigen Anregungsmöglichkeiten sind die Ursache für die zum Teil recht kompliziert aussehenden Spektren.

Mit jedem weiteren Atom steigt die Anzahl möglicher Schwingungen an. Auch die Häufigkeit, mit der eine bestimmte Schwingung angeregt werden kann, wird durch den Molekülaufbau beeinflusst und führt dazu, dass bestimmte Wellenlängen stärker als andere absorbiert werden.

Im Bereich von 2,5 µm bis 8 µm liegen die Absorptionssignale bestimmter funktioneller Gruppen wie Alkohole, Amine oder Carbonsäuren, die immer in bestimmten Wellenlängenbereichen Strahlung absorbieren. Oberhalb 8 µm liegt der sogenannte Fingerabdruckbereich.

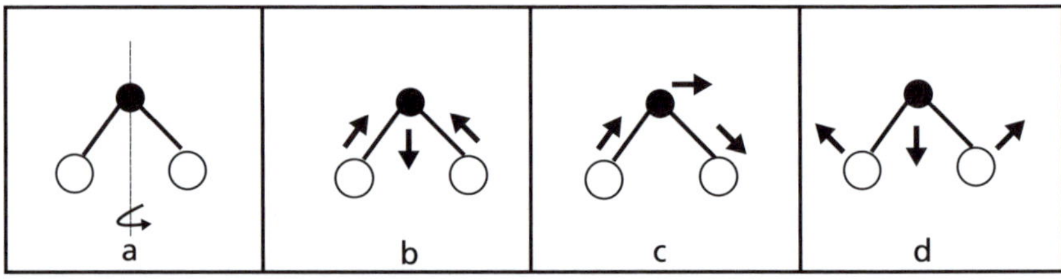

Bild 44: ***Schwingungsformen am Beispiel des Wassermoleküls (Quelle: Mario König):***
a) Rotationsschwingungen
b) symmetrische Streckschwingungen
c) asymmetrische Streckschwingungen
d) Knickschwingungen

Hier sind die Absorptionsspektren organischer Verbindungen so individuell, dass sie als Identitätsnachweis herangezogen werden können. Üblicherweise wird bei der IR-Spektroskopie der Anteil des Lichtes bestimmt, der die Probe durchdrungen hat, man spricht daher auch von der Transmissionsspektroskopie. Die Absorption des Lichtes bei einer definierten Wellenlänge ist proportional der Stoffmenge. Daher kann die IR-Spektroskopie auch für quantitative Untersuchungen verwendet werden. Die bis hier beschriebene konventionelle Form der Infrarotspektroskopie wurde von den IR-Spektrometern der Miran-Serie benutzt, die bei einigen Feuerwehren in Baden-Württemberg ab den 1980er-Jahren im Einsatz waren.

15.1 Fourier-Transformations-Infrarotspektroskopie

Die Fourier-Transformations-Infrarotspektroskopie (FTIR-Spektroskopie) ist eine Sonderform der Infrarotspektroskopie. Dieses Verfahren hat gegenüber der klassischen IR-Spektroskopie den Vorteil, dass die Geräte mit wesentlich kürzeren Messzeiten auskommen und ein erheblich besseres Signal zu Rauschverhältnis besitzen. Für diese Spektroskopie wird zunächst ein Michelson-Interferometer benötigt. Dieses besteht neben einer Lichtquelle und zwei Spiegeln aus einem Strahlteiler, der den von der Lichtquelle ankommenden Strahl aufteilt und zu zwei Spiegeln schickt, von denen einer beweglich ist. Mit der Veränderung der Spiegelposition und damit des

15

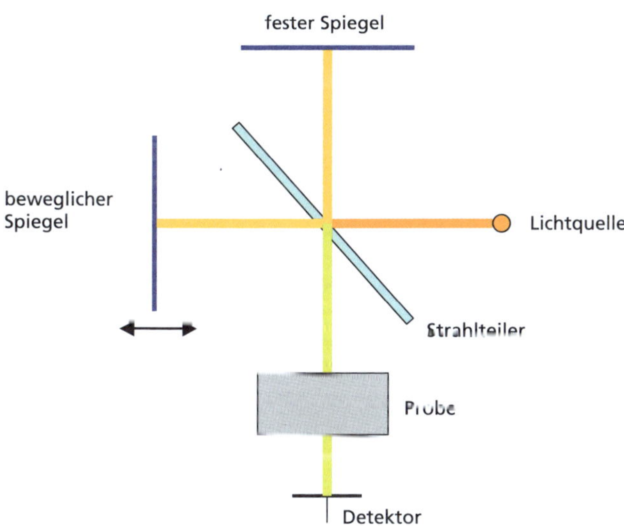

Bild 45: ***Schematischer Bau eines Michelson-Interferometers (Quelle: Mario König)***

Unterschiedes der Weglängen für beide Lichtstrahlen treten mit der Spiegelbewegung nun abwechselnd Verstärkungen und Auslöschungen (Interferenzen) der Lichtwellen auf (▶ Bild 45). Die Überlagerung aller interferierenden Wellen, die der Detektor registriert, ergibt das Interferogramm. Das nach dem Vermessen der Probe erhaltene Interferogramm wird über ein mathematisches Verfahren, die Fourier-Transformation, in ein Transmissionsspektrum umgewandelt. Die Fourier-Transformation berechnet aus dem Interferogramm die Anteile der Einzelwellen.

15.2 Abgeschwächte Totalreflexionsspektroskopie

Die Abgeschwächte Totalreflexionsspektroskopie (ATR, Attenuated Total Reflection) nutzt die FTIR-Spektroskopie zur Untersuchung von Festkörpern oder Flüssigkeiten. Bei diesem Verfahren wird infrarotes Licht über ein Fokusierungskristall aus Zinkselenid (ZnSe) unter Ausnutzung der Totalreflexion in einen Diamantkristall eingestrahlt. Von hier aus dringt das Licht durch Beugung in die Probe ein, erfährt hier die gleiche Wechselwirkung wie bei allen infrarotspektroskopischen Verfahren, gelangt wieder zurück in den Fokusierungskristall und wird zuletzt am Detektor erfasst (▶ Bild 46). Der Vorteil der ATR-Technologie liegt darin, dass die Proben praktisch ohne jegliche Vorbereitung auf das Spektrometer aufgegeben werden können.

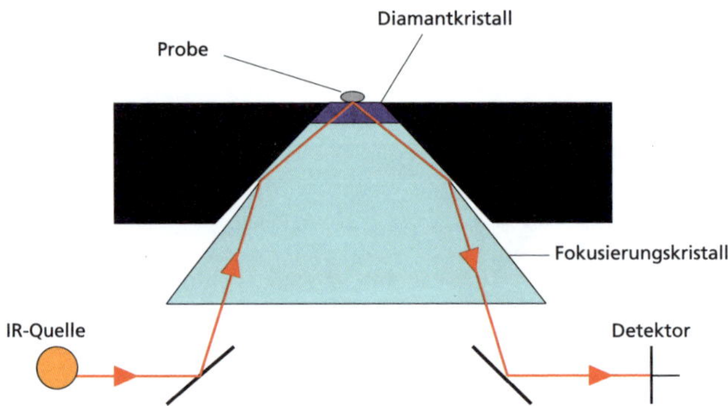

Bild 46: ***Funktionsprinzip eines ATR-Spektrometers (Quelle: Mario König)***

15.3 Infrarotspektrometer zur Analyse von Flüssigkeiten und Feststoffen

Alle auf dem Markt befindlichen Geräte zur Untersuchung von Flüssigkeiten und Festkörpern arbeiten nach dem Prinzip der ATR-Spektroskopie.

15.3.1 Gerätetechnik

Mittlerweile gibt es mehrere marktgängige Geräte. Als Beispiel für die verfügbare Gerätetechnik wird das TruDefender FTX herangezogen, das über eine vergleichsweise große Verbreitung verfügt. Wie die meisten feldtauglichen Analysegeräte ist es wasserdicht und entspricht dem (Militär) MIL-Standard 810G. Bei diesem Test werden die Geräte diversen mechanischen Belastungen, Staub, Wasser und einem großen Temperaturbereich ausgesetzt.

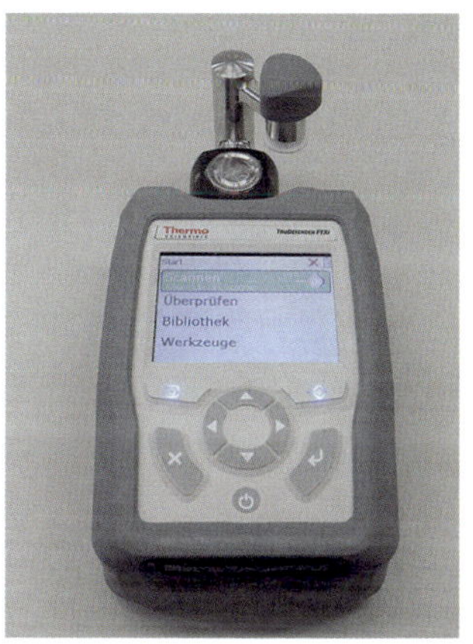

Bild 47: ***FTIR-Spektrometer TruDefender FTX***

Die Bedienung des Gerätes geschieht über eine menügeführte Benutzersteuerung, die eine Fehlbedienung nahezu ausschließt. Der Zeitbedarf zur Vermessung eines Spektrums liegt bei 30–60 Sekunden. Mit einer Bibliothek von über 11 000 Stoffen können die meisten einsatzrelevanten Substanzen erfasst werden. Eine Erweiterung der Datensätze ist über das Vermessen eigener Spektren möglich. Das Spektrometer kann bis zu vier Stunden mit einem Akku oder Batterien betrieben werden, es ist aber auch der Betrieb über ein Netzteil möglich. Um die Messdaten auf einen Rechner

15

übertragen zu können, müssen sie auf einer Speicherkarte in den Auswerterechner exportiert werden.

Als Besonderheit kann das Gerät auch in einer Version beschafft werden, bei dem eine SIM-Karte verbaut ist, mit der eine Verbindung nach extern aufgebaut werden kann. Somit ist es möglich, über einen 24/7 Service des Herstellers Unterstützung bei der Auswertung von Spektren zu bekommen.

Eine Besonderheit stellt das Raman-Spektrometer Gemini der Firma Thermo dar. Hier werden IR-Spektrometer und Raman-Spektrometer in einem Gerät vereint. Das 1,9 kg schwere Gerät vermag eine Substanzprobe nacheinander mit beiden Spektroskopieverfahren zu untersuchen.

15.3.2 Anwendung

Schwerpunkt der Geräte ist die Identifikation fester und flüssiger Chemikalien im Rahmen der mit einem IR-Spektrometer detektierbaren Substanzklassen. Auch Gemische können als solche erkannt und die einzelnen Komponenten analysiert werden. Wobei hier die Mischungen nicht zu kompliziert sein dürfen und die Mengenverhältnisse oftmals enge Grenzen setzen. Auch wässrige Lösungen von organischen und anorganischen Substanzen können identifiziert werden, wobei hier zu beachten ist, dass die Konzentration der zu bestimmenden Substanzen über zehn Prozent betragen muss. Darüber hinaus sind die Spektrenbibliotheken für diesen Fall nicht sehr groß. Aufgrund der geringen Eindringtiefe von 1 µm bis 2 mm in die Probe können auch Wischproben auf einem geeigneten Trägermaterial direkt vermessen werden.

Da die Probe mit einem Stempel auf den Probenträger gepresst wird, ist für den Fall, dass mit druckempfindlichen Proben (z. B. TATP) gearbeitet wird, eine möglichst geringe Stoffmenge (0,1 ml oder 100 mg) zu verwenden, bzw. es wird im Vorfeld die Brisanz der Substanz, wie in ▶ Kapitel 22.8 beschrieben, bestimmt.

Die Proben können mit einer Pinzette, einem Wischtest-Stäbchen oder einer Pipette aufgegeben werden. Um eine einwandfreie Messung sicherstellen zu können, wird vor der eigentlichen Messung ein Selbsttest mit einer Hintergrundmessung durchgeführt. Damit ist auch sichergestellt, dass das Gerät nicht verunreinigt ist.

In der Scan-Ansicht kann dann die gemessene Kurve mit dem Bibliotheksspektrum verglichen werden. Neben dem Spektrum sind in der Stoffbibliothek auch grundlegende Informationen über den Stoff und Handlungsanweisungen hinterlegt.

Tabelle 9: ***Technische Daten des TruDefender FTX der Firma Thermo Scientific***

Gewicht	1,41 kg
Spektralbereich	4 000 – 650 cm^{-1}
Auflösung	4 cm^{-1}
Schutzart	IP 67
Betriebszeit	> 4 h

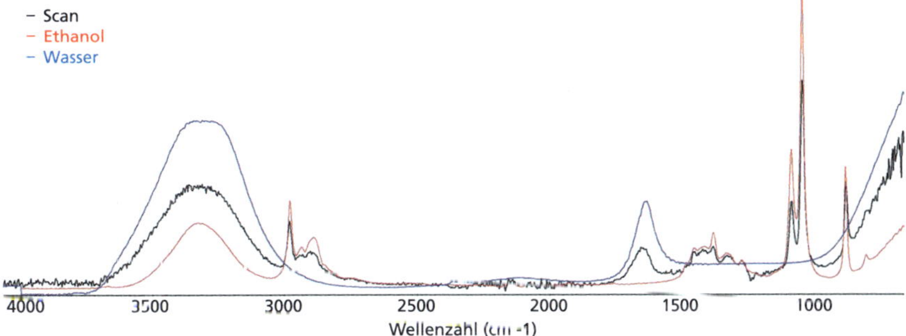

Bild 48: ***Infrarotspektrum eines Ethanol-Wassergemisches (70/30): Es ist sowohl das Spektrum des Alkohols als auch das des Wassers zu sehen. (Quelle: Feuerwehr Mannheim)***

15.4 Infrarotspektrometer zur Analyse von Gasen und Dämpfen

Die heutigen auf dem Markt befindlichen Infrarotspektrometer zur Analyse von Gasen oder Dämpfen arbeiten alle nach dem Prinzip der FTIR-Spektroskopie. Das Problem der IR-spektroskopischen Untersuchung von Gasproben liegt in der geringen Konzentration der zu bestimmenden Substanzen. Man versucht das Problem in der Praxis unter anderem dadurch zu lösen, dass man durch Einsatz von Spiegeln den Lichtstrahl mehrfach durch die Gasküvette schickt, was einer künstlichen Verlängerung der Küvette entspricht, wodurch sich die Messempfindlichkeit erhöht. Ein weiteres Problem stellt der Gehalt an Kohlenstoffdioxid und Wasserdampf in der Luft dar. Da beide Substanzen IR-Licht absorbieren und in größeren Mengen in der Atmosphäre vorkommen, schränken die Absorptionsbanden dieser Stoffe den nutzbaren Frequenzbereich erheblich ein.

15.4.1 Gerätetechnik

Für die Infrarotspektroskopie von Gasen oder Dämpfen mit FTIR-Geräten wird die zu untersuchende Luft in eine Messküvette des Gerätes hineingesaugt und dort analysiert. Dieses Verfahren wird unter anderem beim Gasmet™ GT5000 Terra (▶ Bild 49) angewendet. Hier wird das oben beschriebene Prinzip der langen Wegstrecke benutzt.

Gasmet™ GT5000 Terra

Dieses tragbare, spritzwassergeschützte (IP54) Gerät stellt die Nachfolge des DX-4030 dar. Es wird im Einsatz über ein Tablet gesteuert und ausgewertet. Üblicherweise kommt dieses Gerät im kontaminierten Bereich zum Einsatz, um hier direkt die Luftproben zu entnehmen. Seine Stärke liegt darin, einzelne Gase auch in Gemischen quantitativ zu bestimmen. Durch die große Zellenlänge besitzt dieses Gerät Nachweisgrenzen um 1 ppm. Die von Gasmet hinterlegte Bibliothek umfasst 400 Gase, sie kann aber um die (National Institute of Standards and Technology) NIST®-Bibliothek mit über 5 000 Einträgen erweitert werden. Darüber hinaus ist die Bibliothek eigenständig erweiterbar. Über integriertes WLAN bzw. Bluetooth kann das Gerät auch abgesetzt bedient und das Messergebnis abgerufen werden. Bis zu 50 Komponenten sind simultan erfassbar.

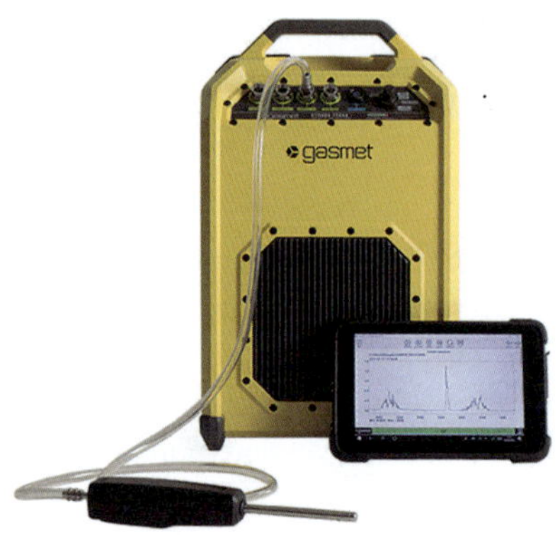

Bild 49: ***Gas-IR-Spektrometer Gasmet™ GT5000 Terra (Quelle: Gasmet – Werkfoto)***

XplorIR

Deutlich kleiner ist das handgehaltene FTIR-Spektrometer XplorIR von RedWave Technology. Das Gerät saugt mit einer Pumpleistung von 1 L/min Umgebungsluft an und kann im Überwachungs- oder im Einzelmessmodus arbeiten. Um eine Überladung der Messzelle und damit einen Ausfall zu vermeiden, besitzt das Gerät einen Übersättigungsschutz. Die Messzelle hat ein Volumen von 38 ml und bringt es dabei auf 2 m Messweglänge. Die Messdaten können an eine frei verfügbare App gesendet werden. Die Nachweisgrenzen liegen stoffabhängig zwischen 10 ppm und 100 ppm. Die Identifikationsdauer liegt bei unter 20 Sekunden.

Eine Gegenüberstellung der technischen Daten der Gas-IR-Spektrometer zeigt ▶ Tabelle 10.

Tabelle 10: ***Gegenüberstellung der technischen Daten der Gas-IR-Spektrometer***

Parameter	XplorIR	GT5000 Terra
Abmessungen	14,8 × 30,5 × 14,3 cm	45,0 × 28,7 × 16,6 cm
Gewicht	2,3 kg	9,4 kg
Messbereich	650 – 4 000 cm^{-1}	900 – 4 200 cm^{-1}
Zellenlänge	2,0 m	5,0 m
Spektrale Auflösung	max. 4 cm^{-1}	8 cm^{-1}
Einsatzdauer (Akkubetrieb)	2 h	3 h
Datenbankumfang	5 500 Stoffe	400/5 000 Stoffe
Quantifizierung	nein	ja

Weitere Geräte

Neben den etwas detaillierter beschriebenen Geräten zur Bestimmung von Stoffen mit IR-Technik ist noch das ThreatID (▶ Bild 50) auf dem Markt, das eine Kombination des ehemaligen HazamatID zur Bestimmung von Feststoffen und Flüssigkeiten und dem GasID zur Bestimmung von Gasen darstellt. In seinen Leistungsdaten entspricht das Gerät denen der in diesem Gerät vereinigten Infrarotspektrometer.

Bild 50: *Kombiniertes IR-Spektrometer ThreatID (Quelle: RedWave Technology)*

15.4.2 Anwendung

Mit den Geräten von Gasmet wurden bei Untersuchungen der Brandschutzforschungsstelle Karlsruhe in den letzten Jahren umfangreiche Erfahrungen insbesondere bei der quantitativen Analytik von Brandrauch gesammelt. Das GasID wurde intensiv am Institut der Feuerwehr Sachsen-Anhalt untersucht. Erfahrungen zu Feldanwendungen im größeren Umfang liegen nicht vor. Der Einsatz von FTIR-Systemen zur qualitativen Gasanalytik ist im Zusammenhang mit Prüfröhrchen oder PID sehr hilfreich, da durch die Identifikation der Substanz ein geeignetes Prüfröhrchen ausgewählt bzw. der geeignete RF-Wert am PID eingestellt werden kann.

Weiterführende Literatur zu Kapitel 15

Matz, G.: Untersuchung der Praxisanforderung an die Analytik bei der Bekämpfung großer Chemieunfälle, Zivilschutzforschung, Band 30, Bundesamt für Zivilschutz (Hrsg.), 1998.

Gremlich, H.-U., Günzler, H.: IR-Spektroskopie, 4. Auflage, Wiley-VCH, Weinheim, 2003.

Feustel, M.: Grundlagen der ATR-Technik sowie ATR vs. Transmission: ein IRSpektrenvergleich sowie ATR-Methoden in der täglichen Praxis, Resultec Analytic Equipment GmbH, Oberkirchberg, 2005.

Hohmann, H.: FTIR und ATR-Technik in wässrigen Systemen. GIT-Labor Fachzeitschrift 4/1994, S. 343 ff.

Steinbach, K., Schuppe, F.: Ermittlung der Einsatzgrenzen eines neuen FTIR-Systems zur Identifizierung von Gefahrstoffen im Feuerwehreinsatz Teil I, Institutsbericht 449, Institut der Feuerwehr Sachsen-Anhalt, Februar 2008.

König, M., Cabelka, U.: Das Miran-Infrarotspektrometer – ein neues Verfahren zur Schadstoffmessung, BRANDSCHUTZ/Deutsche Feuerwehr-Zeitung 5/1990, S. 218 ff.

König, M.: Spektrometer Miran 104-IR-S – Möglichkeiten und Grenzen für den Feuerwehreinsatz, BRANDSCHUTZ/Deutsche Feuerwehr-Zeitung 3/1993, S. 201 ff.

Harig, R., Matz, G., Rusch, P.: Infrarot-Fernerkundungssystem für die chemische Gefahrenabwehr, Zivilschutzforschung Band 58, 2006.

Harig, R., Grutter, M., Matz, G., Rusch, P., Gerhard, J.: Remote Measurement of Emissions by Scanning Imaging Infrared Spectrometry, CEM2007, 8th International Conference on Emissions Monitoring, Zürich, 34-39, 2007.

Harig, R., Gerhard, J., Braun, R., Dyer, C., Truscott, B., Moseley, R.: Remote Detection of Gases and Liquids by Imaging Fourier Transform Spectrometry Using a Focal Plane Array Detector: First Results, in Chemical and Biological Sensors for Industrial and Environmental Monitoring II, Edited by S. D. Christensen, A. J. Sedlacek, J. B. Gillespie, K. J. Ewing, SPIE 6378, 2006.

Harig, R., Matz, G., Rusch, P., Gerhard, H.-H., Gerhard, J.-H., Schlabs, V.: Infrared Remote Sensing of Hazardous Vapours: Surveillance of Public Areas during the FIFA Football World Cup 2006, in: Sensors, and Command, Control, Communications, and Intelligence (C3I) Technologies for Homeland Security and Homeland Defence VI, Proceedings of SPIE Vol. 6538, 2007.

Steinbach, K., Schuppe, F.: Ermittlung der Einsatzgrenzen portabler FTIR-Systeme zur Identifizierung von Gefahrstoffen im Feuerwehreinsatz Teil II: Möglichkeiten und Grenzen portabler ATR-FTIR-sowie Raman-Spektrometer im Feuerwehreinsatz, Institutsbericht Nr. 454, Institut der Feuerwehr Sachsen-Anhalt, April 2009.

16 Raman-Spektroskopie

16.1 Funktionsprinzip

Ein weiteres Analyseverfahren, das ebenfalls infrarotes Licht verwendet, ist die Raman-Spektroskopie. Im Gegensatz zur Infrarotspektroskopie, bei der IR-Licht im Transmissionsverfahren eingesetzt wird, arbeitet die Raman-Spektroskopie mit Laserlicht zur Anregung der Moleküle, die untersucht werden sollen. Das eingestrahlte Licht wird nach der Wechselwirkung zurückgestreut. Auch dieses Verfahren liefert Informationen zu den Schwingungs- und Rotationszuständen eines Moleküls. Die gemessene Strahlung enthält neben der Erregerfrequenz (Raleigh-Streuung) Strahlung mit niedriger (Stokes) und höherer Frequenz (Anti-Stokes). Die niederfrequenten (energieärmeren) Linien entstehen, wenn ein Molekül auf ein höheres Rotations-Schwingungsniveau angehoben wird, da dies die Frequenz der Erregerstrahlung senkt. Die höherfrequenten Wellen entstehen, wenn ein angeregtes Molekül durch Wechselwirkung mit der Erregerstrahlung diese wieder abgibt und damit die Erregerfrequenz anhebt. Es kommt dann zu einer IR-Absorption, wenn sich im Verlauf einer Molekülschwingung das Dipolmoment (Maß für die räumliche Ladungstrennung) eines Moleküls ändert. Eine Molekülschwingung ist Raman-aktiv, wenn sich während der Schwingung die Polarisierbarkeit (Maß für die Verschiebbarkeit von Ladung in einem Molekül) ändert. Problematisch ist die geringe Wahrscheinlichkeit einer Wechselwirkung als Folge des Raman-Effektes. Die Signalinten-

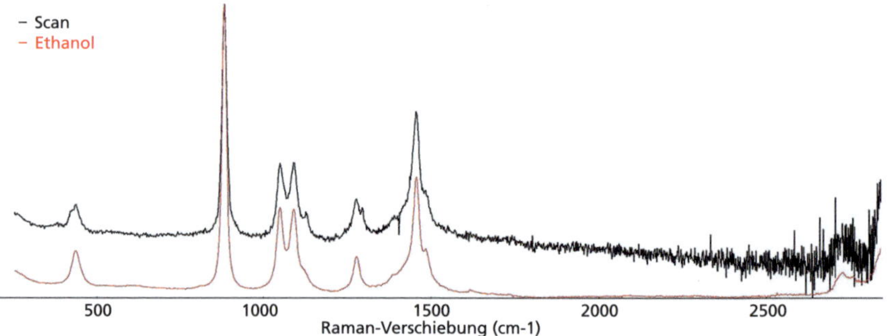

Bild 51: ***Raman-Spektrum eines Ethanol-Wassergemisches (70/30): Es ist nur das Spektrum des Ethanols zu sehen. Zum Vergleich: In ▶ Bild 48 wurde die gleiche Lösung mit einem IR-Spektrometer aufgenommen. (Quelle: Feuerwehr Mannheim)***

sität ist um mehrere Größenordnungen kleiner als bei der IR-Spektroskopie. Mit der Raman-Spektroskopie können Schwingungen eines Moleküls untersucht werden, die im IR-Spektrum nicht auftreten und umgekehrt. Es gibt aber auch Schwingungszustände, die sowohl IR- als auch Raman-aktiv sind. Beide Untersuchungsverfahren ergänzen sich daher. Als Beispiel kann ein symmetrisches Molekül wie z. B. Kohlenstoffdioxid dienen. Hier können Raman-Banden auftreten, die es im IR-Bereich nicht gibt und umgekehrt. Da Wasser für einen Raman-Spektrometer unsichtbar ist, bietet sich dieses Verfahren besonders zur Untersuchung wässriger Lösungen an.

16.2 Gerätetechnik

Üblicherweise werden mit diesem Verfahren Flüssigkeiten oder Festkörper untersucht. Aufgrund der geringen Wechselwirkung können nur Substanzen mit vergleichsweise hoher Konzentration analysiert werden. Die Besonderheit von Raman-Spektrometern liegt darin, dass sie auch durch Glasflaschen und viele transparente Kunststoffbehälter hindurch eine Substanz identifizieren können, ohne dass das Gefäß geöffnet werden muss. Mittlerweile werden im Bereich der Mobilanalytik mehrere Geräte angeboten. Durch seine vergleichsweise große Verbreitung wird hier eingehender das FirstDefender® RM von Thermo Scientific beschrieben. Das Gerät ist für Ersteinsatzkräfte zur Identifikation von Flüssigkeiten, Feststoffen, Gemischen und wässrigen Lösungen entworfen, daher einfach in der Bedienung und extrem robust in der Handhabung. Die Geräte können von Einsatzkräften auch unter Vollschutz bedient werden. Die aktuell hinterlegten Datenbanken mit über 11 000 Spektren enthalten unter anderem die Stoffgruppen:

- Explosivstoffe,
- Drogen,
- Chemische Kampfstoffe,
- Toxische Industriechemikalien und
- »Weiße Pulver«.

Im Normallfall ist eine Messung nach 30-60 Sekunden abgeschlossen. Sollte die Messung länger als 5-10 Minuten dauern, kann sie normalerweise abgebrochen werden, da sie zu keinem Ergebnis mehr führen wird. Das kann daran liegen, dass die Probe ein zu schwaches Signal hat, zu stark verdünnt ist oder aber stark fluoresziert. Die Signalpegel des Raman-Signals und der Fluoreszenzstrahlung werden in einem Balkendiagramm dargestellt. Möglicherweise liegt aber auch der Fokus des Laserstrahls nicht in der Probe, bzw. die Messung wird vom Umgebungslicht beeinflusst.

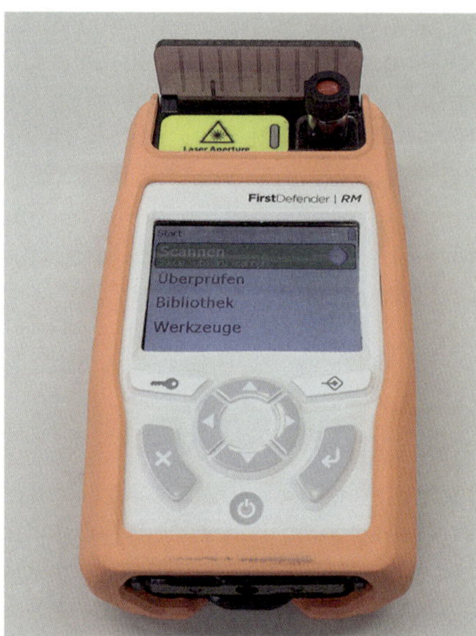

Bild 52: ***Raman-Spektrometer FirstDefender®; in der Betriebsweise mit externem Lasereinsatz und in der Messung mit einem intern gemessenen Probenahmegläschen (Quelle: Mario König)***

Nach Abschluss der Messung kann das gemessene Spektrum mit dem der Bibliothek verglichen werden. Das kann dann wichtig werden, wenn mehr als nur eine Substanz dem gemessenen Spektrum zugeordnet wird. Grundsätzlich ist es möglich, die Bibliothek des Raman-Spektrometers durch selbst vermessene Spektren zu erweitern.

Die Spektren werden auf einer Speicherkarte abgelegt. Durch Auslesen der Karte können die Daten auf einen externen Rechner übertragen werden. Das First Defender RM besitzt ein wasserdichtes Gehäuse und wurde wie viele andere feldtaugliche Messgeräte der Testung nach MIL 810G unterzogen. Der Einsatzbereich liegt zwischen -20 und + 45 °C. Im Akkubetrieb ist das Gerät für vier Stunden einsatzfähig, es kann aber auch mit Batterien betrieben werden. Das Gerät arbeitet mit einem Laser bei 785 nm und einer Leistung von 350 mW. Damit handelt es sich um einen Laser der Klasse 3B. Der Laserstrahl hat seinen Brennpunkt ca. 16 mm von der Laseröffnung entfernt. An dieser Stelle wird das größte Raman-Signal erzeugt und ergibt damit auch die beste Messung.

Das Gerät kann über einen RS-232 Anschluss auch ferngesteuert, z. B. bei einem Robotereinsatz, betrieben werden. Um die Qualität des Untersuchungsergebnisses zu optimieren, empfiehlt der Hersteller vor und nach der Messung jeweils einen Selbsttest des Gerätes mit einem Polystyrol-Standard durchzuführen. Darüber hinaus gibt es Raman-Spektrometer, die darauf ausgelegt sind auf größere Entfernungen Substanzen zu identifizieren. So liegt die Messentfernung des Pendar X10 (Hersteller

Pendar) bei 30–200 cm, verbunden mit einer vergleichsweise kurzen Messzeit. Das Gerät soll bei dunklen Substanzen auch keine Umsetzungen verursachen.

Andere Geräte wie das PROGENY RESQ (Hersteller Abacus Analytical Systems) verwenden Laser mit einer Wellenlänge von 1 064 nm und haben dadurch in reduziertem Umfang das Problem der Probenfluoreszenz.

Das Resolve™ (Hersteller: Agilent) arbeitet mit einem modifizierten 830 nm Laserstrahl (475 mW Leistung), der Vorteile beim Durchdringen von Verpackungen und eine geringere Zündfähigkeit bei empfindlichen Substanzen zu haben scheint. Das Gerät verfügt auch über die Möglichkeit, Stoffproben in Probenahmegläschen in das Gerät einzuführen.

Weitere robuste und feldtaugliche Raman-Spektrometer stellt die Geräteserie Mira DS der Firma Metrohm dar, die nach MIL-Standards zertifiziert sind und deren Schwerpunkt im Bereich Drogen und Explosivstoffuntersuchung liegt. Durch verschiedene Anbauteile kann z. B. der Abstand von der zu analysierenden Probe vergrößert werden. Die hinterlegte Datenbank umfasst 20 000 Substanzen und auch hier bietet der Hersteller eine 24/7 Rufbereitschaft zur Spektrenauswertung an.

16.3 Anwendung

Problematisch bei einem Raman-Spektrometer ist die vergleichsweise lange Messzeit von 30 Sekunden, in der das Gerät möglichst wenig bewegt werden sollte. Häufig bieten Raman-Spektrometer neben der Möglichkeit einer Messung direkt durch die Gefäßwand (Glas oder Kunststoff) hindurch auch die Möglichkeit, mit Küvetten zu arbeiten, was die Qualität der Messung steigert. Eine Analyse von Stoffgemischen ist in gewissen Grenzen möglich, wenn die Mischungen nicht zu komplex sind und die Konzentrationen der Einzelkomponenten nicht extrem voneinander abweichen. Die vorhandenen Datenbanken können durch die Aufnahme von Substanzspektren selbstständig erweitert werden. Wenn eine wässrige Lösung untersucht werden soll, ist es wichtig zu wissen, dass die Stoffkonzentration des nachzuweisenden Analyten vergleichsweise hoch sein muss, damit noch verwertbare Spektren aufgenommen werden können.

Liegt der zu untersuchende Stoff als dünne Pulverschicht oder flache Flüssigkeitslache vor, empfiehlt es sich, die Probe aufzunehmen und in einem Probenahmegläschen im Gerät zu vermessen, da sonst der Laserfokus möglicherweise hinter der Probe liegen könnte. Beim Arbeiten mit den Probenahmegläschen ist darauf zu achten, dass der Füllstand ausreichend hoch ist, um im Messstrahl zu liegen. Ihre Grenzen findet die Raman-Spektroskopie beim Nachweis geringer Substanzmengen, das Verfahren gestattet keine Spurenanalytik, stark dunkel gefärbte Substanzen sind ebenso ein Problem wie komplexe Stoffgemische. Neben den meisten Elementen und Metallen stellen insbesondere stark fluoreszierende Stoffe ein Problem dar. Zu Problemen kann es kommen, wenn die fluoreszierenden Substanzen als Nebenkomponente in einem Gemisch auftauchen, wie z. B. durch einige Streckmittel bei Drogen oder auch in biologischen Stoffen. Das Fluoreszenzsignal überdeckt in diesem Fall das Raman-Signal. Ein Raman-Spektrometer kann aufgrund seiner analytischen Beschränktheit kein IR-Spektrometer ersetzen, es kann aber eine sinnvolle Ergänzung darstellen.

Es gibt auch einige Sicherheitsmaßnahmen, die im Umgang mit einem Raman-Spektrometer zu beachten sind. So darf der Laser nicht auf einen Menschen gerichtet werden. Besonders gefährdet sind in diesem Fall die Augen. Als Faustregel gilt, dass die Augen eine Armlänge vom Sondenkopf entfernt sein sollten. Es gibt auch aktuelle Informationen eines Herstellers, der mittlerweile empfiehlt, dass beim Betrieb des Gerätes eine Laserschutzbrille getragen wird.

Auch können thermisch empfindliche und dunkle Feststoffe durch den energiereichen Laserstrahl zur Reaktion gebracht werden. Daher sind Proben, bei denen der Verdacht einer solchen Reaktion besteht (▶ Kapitel 22 Schnelltests) auf ihre Reaktionsfreude zu testen. Grundsätzlich sollten natürlich auch immer möglichst kleine Probenmengen untersucht werden. Kritisch kann dieses Problem bei der Messung eines thermisch empfindlichen Stoffes werden, wenn er sich in einem geschlossenen Gefäß befindet, da es hier zu einem extremen Druckaufbau kommen kann. Wenn mit den Proberöhrchen gemessen wird, sollten diese in solchen Fällen auch immer offen sein. Je nach Gerätehersteller kann auch ggf. die Laserleistung reduziert werden.

17 Fernerkundungs-Infrarotspektrometer

17.1 Entwicklung

Als Basis für die Entwicklung von Fernerkundungs-Infrarotspektrometer diente ursprünglich das OPAG IR-Spektrometer der Firma Bruker Optics aus Ettlingen. In einem ersten Schritt wurde dabei das Fernerkundungs-FTIR SIGIS 2 (Scanning-Infrared-Gas-Imaging-System) von der Technischen Universität Hamburg-Harburg im Auftrag des BBK entwickelt. Die Aufgabe bestand darin, ein Gerät zur Identifikation, Quantifizierung und Visualisierung von Schadstoffwolken aus der Ferne mit hoher Selektivität und niedriger Nachweisgrenze für den Zivilschutz zu entwickeln. Das Problem bei der großräumigen Aufklärung eines Gebietes, in dem es zur Freisetzung einer Schadstoffwolke gekommen ist, liegt darin, dass in der Erstphase nur wenige Aufklärungseinheiten zur Verfügung stehen. Eine erste Abschätzung einer freigesetzten Wolke erfolgt meistens durch eine Ausbreitungsabschätzung, die ihre Grundlage in einem mehr oder minder realistischen Rechenverfahren hat, das allerdings durch bspw. fehlende Ausgangsparameter Probleme birgt. Diese Fähigkeitslücke sollte das SIGIS 2 schließen. Darüber hinaus gestattete es das SIGIS 2 auch, die Überwachung eines Geländes durchzuführen, ohne es betreten zu müssen. In einer Weiterentwicklung des SIGIS 2 entstand ein Spektrometer, das in der Lage war, durch einen weiterentwickelten Sensor mehrere tausend Einzelspektren gleichzeitig aufzunehmen, das HI 90. Dieses seit mehreren Jahren flächendeckend an den ATF-Standorten eingeführte Gerät wird in ▶ Kapitel 17.3 Gerätetechnik näher beschrieben.

17.2 Funktionsprinzip

Die wesentliche technische Grundlage für das Gerät ist ein Michelson-Interferometer. Im Gegensatz zu den in ▶ Kapitel 15 beschriebenen IR-Spektrometern für die Gasanalytik verfügt das Fernerkundungs-Infrarotspektrometer über keine Küvette, in der sich das zu untersuchende Gas befindet. Die »Küvette« dieser Geräte ist vielmehr die untersuchte Atmosphäre. Entgegen den üblichen IR-Spektrometern benötigt das Gerät auch keine künstliche Infrarot-Strahlungsquelle, da es sich um ein passives Infrarotspektrometer handelt. Die Methode der Fernerkundung einer Gefahrstoffwolke durch Infrarotspektroskopie beruht auf der spektralen Analyse infraroter Hintergrundstrahlung, die von den Molekülen der Gaswolke, die sich vor diesem Hintergrund befindet, absorbiert oder emittiert wird. Zur Messung wird die Veränderung der von jedem Hintergrund ausgestrahlten Infrarotstrahlung durch eine davor vorbeiziehende Gaswolke ausgewertet. Dazu ist es notwendig, dass zwischen der zu vermessenden Gefahrstoffwolke im Überwachungsraum und dem Hintergrund eine Temperaturdifferenz von mindestens zwei Kelvin bzw. 2 °C besteht. Je größer die Temperaturdifferenz zwischen Hintergrund und Gefahrstoffwolke ist, desto größer ist die Empfindlichkeit des Gerätes. Wenn eine Gefahrstoffwolke aus der Ferne gemessen werden soll, ist es wichtig, dass die in der Atmosphäre üblicherweise vorhandenen Gase durch ihre Absorptionsbanden nicht die Banden der Gase überlagern, die vermessen werden sollen. Problematisch in diesem Zusammenhang sind die Substanzen Wasserdampf, Kohlenstoffdioxid, Methan, Distickstoffmonoxid und Ozon.

Bild 53: ***Scannendes-Infrarot-Gas-Visualisierungssystem SIGIS 2 mit Akku-Pack und Auswerterechner (Quelle: Technische Universität Hamburg-Harburg)***

Die vom Spektrometer gemessene Strahlung besteht einmal aus den spektralen Signaturen des Hintergrundes, den Signaturen der Moleküle der zu untersuchenden Wolke und der Atmosphäre zwischen dem Hintergrund und dem Spektrometer. Die

Signatur beschreibt die charakteristischen spektralen Eigenschaften von Molekülen in Bezug auf das Absorptions- oder das Emissionsspektrum. Den Hintergrund bei den Messungen können Gebäude, Vegetation, Wasserflächen oder der Himmel darstellen. Ist nun die Temperatur der zu detektierenden Wolke niedriger als die Strahlungstemperatur des Hintergrundes, wird ein Absorptionsspektrum gemessen. Das bedeutet, dass die vom Hintergrund kommende Strahlung durch die Wolke geschwächt wird. Ist hingegen die Strahlungstemperatur des Hintergrundes niedriger als die der Wolke, kommt es zu einem Emissionsspektrum. In diesem Fall erhöht sich die Strahlungsdichte durch die Wolke. Das von einer Gaswolke erzeugte Signal ist bei kleinen Temperaturdifferenzen proportional zur Temperaturdifferenz zwischen Wolke und Hintergrund und eine Funktion der Molekülkonzentration in der Wolke bzw. der Tiefe der Wolke (▶ Bild 54).

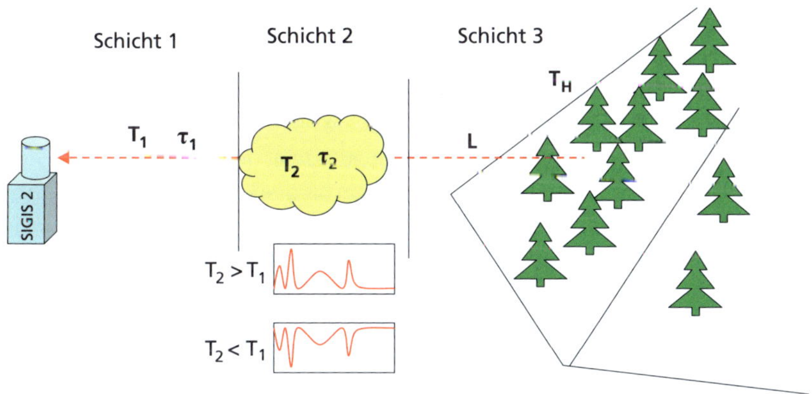

Bild 54: ***Prinzip der Fernerkundung einer Gefahrstoffwolke durch Fernerkundungs-Infrarotspektrometrie (Quelle: Mario König)***

17.3 Gerätetechnik

Der wichtigste Unterschied des Hyperspektralsensors HI 90 gegenüber seinem Vorgänger SIGIS 2, ist die Tatsache, dass dieses Gerät das zu untersuchende Areal nicht mehr durch ein Spiegelsystem zeitaufwendig abscannen muss, sondern dass eine vergleichsweise große Fläche in kürzester Zeit in einem Messvorgang erfasst werden kann.

Grundsätzlich wird das zu beobachtende Gelände über eine Videokamera, die ein Schwarz-/Weißbild liefert, beobachtet. Nachts oder bei Nebel übernimmt diese Aufgabe eine ebenfalls in das Gerät integrierte Infrarotkamera.

Über ein Zink-Selenid (ZnSe) Optik gelangt die zu analysierende infrarote Signaturstrahlung auf das Interferometer auf dem der in ▶ Kapitel 15.1 beschriebene Prozess stattfindet. Nun kommt als wesentliche Neuerung ein Sensor mit einer Auflösung von 128×128 Pixel hinzu, der jeweils aus dem Interferogramm ein Spektrum erfasst und berechnet. Das bedeutet bei einem Scan werden 16 384 Spektren verarbeitet und das bei einer Scanzeit von 0,7 Sekunden und mit einer spektralen Auflösung von 4 cm^{-1}. Das Sichtfeld eines einzelnen Pixels beträgt ca. 0,52 mrad, in einem Kilometer entspricht das einer Fläche von 0,27 m^2. Das Objektiv des Gerätes kann im Bereich von 1,5 m bis unendlich fokussiert werden.

Über eine Spektroskopiesoftware mit einem Identifikationsalgorithmus erfolgt dann die Identifikation der Substanz über eine hinterlegte Spektrenbibliothek. In der Hauptansicht der Auswertungssoftware wird daraufhin auf dem Videobild die Gaswolke in Falschfarbendarstellung angezeigt und der identifizierte Stoff genannt. Die Güte der Identifikation wird über ein bis drei kleine Kreuze angezeigt, wobei drei Kreuze eine maximale Identifikationsqualität bedeuten. Eine gleichzeitige Identifikation mehrerer Stoffe ist ebenso möglich. Schließlich erfolgt ein optischer und akustischer Alarm und die Gaswolke wird visualisiert.

Alternativ können die Korrelationskoeffizienten zwischen dem gemessenen Spektrum und dem der Bibliothek angezeigt werden. Darüber hinaus ist es möglich, von jedem Pixel das dazugehörende Spektrum über einen Mausklick auszuwählen und in einem getrennten Analysefenster zu betrachten. Die Messzeit der augenblicklichen Gerätekonfiguration mit 0,7 Sekunden ist abhängig von der Anzahl der in der Bibliothek hinterlegten Spektren. Um die Analysenzeit zu verkürzen, kann die Auswahl der Stoffe, die im Rahmen der Messung gesucht werden, eingeschränkt werden.

Die Reichweite des Gerätes hängt sehr von der Transparenz der Atmosphäre ab, insbesondere im infraroten Spektralbereich. Die praktischen Erfahrungen bewegen sich überwiegend bei Entfernungen von zwei bis drei Kilometern. Prinzipiell sind aber Messungen bis zu zehn Kilometer Entfernung möglich. Insbesondere Niederschlag, Nebel und verunreinigte Atmosphären, wie man sie häufig in Großstädten findet, setzen die Reichweite zum Teil erheblich herab. Das HI 90 verfügt im Messkopf über ein GPS-System zur präzisen Definition des Aufstellortes, der dann auf einer digitalen Karte eingelesen werden kann. In Kombination mit einem Kompass ist so eine zweidimensionale Lokalisation der Gaswolke möglich. Die in den Geräten hinterlegten Spektrendatenbanken umfassen aktuell 40 Spektren aus dem Bereich Industriechemikalien und chemische Kampfstoffe, auf die direkt zugegriffen wird. Darüber hinaus sind weitere 290 Spektren hinterlegt, die im Einsatzfall herangezogen werden können. Prinzipiell gibt es keine Limitierung bei der Zahl der hinterlegten Spektren. Eine Energieversorgung ist entweder über einen 230 V Anschluss oder über einen extern mitgeführten Akkupack möglich, der einen autarken Betrieb über bis zu vier Stunden zulässt.

Bild 55: ***Das HI 90 mit dem Schwenk-Neigekopf auf dem Dreibeinstativ im messbereiten Zustand (Quelle: Bruker Optics)***

Tabelle 11: ***Technische Daten des HI 90***

Gewicht Messkopf	33 kg
Abmessungen Messkopf	58,0 × 41,0 × 35,4 cm (B x T x H)
Gewicht Schwenk-Neigekopf	36 kg
Abmessungen Schwenk-Neigekopf	45,9 × 29,1 × 48,7 cm (B x T x H)
Schwenkbereich	Horizontal 260° Vertikal +/–90°gegenüber Horizont
Betriebstemperatur	0-49 °C optional bis -20 °C, < 95 % rel. Hum.
Schutzart	IPO54
Hyperspektralsensor	FPA Focal Plane Array Detektor 320 × 256 Pixel
Sichtfeld Einzelpixel	ca. 0,52 mrad (entspricht 0,27 m^2 bei 1 000 m)
Spektralbereich	1 300 – 870 cm^{-1} (7,7 – 11,5 µm)
Spektrale Auflösung	4 cm^{-1}
Spektrenrate	> 6 000 Spektren/s (für $\Delta\sigma$ = 4 cm^{-1}, Bildgröße 128 × 128 Pixel)
Überwachungsbereich (Betrachtungsfeld)	360° x 180°
Spannung	100 – 240 V AC (50-60 Hz)

17.4 Anwendung

Im Rahmen der Geräteentwicklung wurden erfolgreiche Untersuchungen unter anderem bei der Freisetzung von Gülle (enthält Ammoniak) im landwirtschaftlichen Bereich, der Erprobung einer CO_2-Löschanlage mit 240 Tonnen Inventar und Freisetzungsexperimenten mit Schwefelhexafluorid durchgeführt. Nachdem SIGIS 2 bei den Analytischen Task Forces im Jahr 2006 in Betrieb genommen worden war, kam es zu einer Vielzahl von Erfahrungen im Verlauf von Übungen, Tätigkeiten im Rahmen von Großveranstaltungen und bei Einsätzen bzw. Überwachungstätigkeiten im Zusammenhang mit Industrieemissionen. Für SIGIS 2 und das Nachfolgegerät HI 90 ergeben sich nach Erfahrungen, die im Rahmen des Einsatzbetriebes bei den Analytischen Task Forces gesammelt wurden, zwei grundlegende Einsatzmöglichkeiten. Zum einen kann das Gerät präventiv eingesetzt werden, zum Beispiel zur Überwachung von Produktionsanlagen und zur Überwachung von Großveranstaltungen im öffentlichen Bereich, zum anderen aber auch reaktiv bei akuten Schadenereignissen. Der präventive Einsatz im öffentlichen Bereich ist dann interessant, wenn es zu einer möglichen Stofffreisetzung in einem von vielen Menschen belebten größeren Areal kommen könnte. Zum ersten Mal wurde diese Vorgehensweise bei der Fußball-Weltmeisterschaft 2006 erprobt und an mehreren Spielorten umgesetzt. Im Vorfeld einer solchen Maßnahme steht zuerst eine ausgiebige Erkundung des zu überwachenden Areals und der möglichen Aufstellpunkte. Sinnvollerweise ist für den Standort des Gerätes ein erhöhter Punkt zu wählen, von dem aus sich möglichst viel der zu beobachtenden Fläche einsehen lässt und sich ein für das Messverfahren optimaler Hintergrund bietet. Im laufenden Betrieb werden dann für das zu überwachende Areal die Teilflächen vorgegebenen, die zu beobachten sind, und im zweiten Schritt wird die Auflösung definiert, mit der diese Teilflächen automatisch gescannt werden. Sobald das Gerät eine möglicherweise relevante Substanz detektiert hat, kommt es zu einer optischen und akustischen Warnung des Gerätebedieners.

Als Folge davon wird der Bereich, in dem der Alarm ausgelöst wurde, intensiver untersucht. Gleichzeitig wird das Gelände visuell kontrolliert. Bodengebundene Messtrupps werden in der nächsten Phase anhand der Messungen des Gerätes zur möglichen Freisetzungsstelle geleitet, um hier aus nächster Nähe die Lage in Augenschein nehmen zu können. Sinnvollerweise ist dieser Trupp mit handgehaltenen Detektoren und Probenahmematerial ausgestattet. Die Proben der Messtrupps werden anschließend mit geeigneter Mobilanalytik untersucht und die Messergebnisse mit den Werten der handgehaltenen Messgeräte abgeglichen.

Beim reaktiven Einsatz muss üblicherweise unter Zeitdruck ein Standort zur Messung ausgewählt werden, um zu versuchen, die Zugrichtung einer Schadstoffwolke zu überwachen. Das Gerät wird daher parallel zur Zugrichtung der Wolke aufgestellt. Mit der Einführung des ELW-ATF wurde das SIGIS 2-Gerät im Heck dieser Fahrzeuge verlastet. Wie bei allen anderen hoch technisierten Messverfahren ist es auch bei einem Fernerkundungs-FTIR unerlässlich, dass alle Messergebnisse von einem Fachmann kritisch auf Plausibilität überprüft werden. Der Einsatz von zwei SIGIS 2-Systemen zur dreidimensionalen Darstellung einer Schadstoffwolke wurde mittlerweile erfolgreich auch in Einsatzfällen durchgeführt. Die beiden Systeme wurden dabei über eine gerichtete WLAN-Funkstrecke miteinander verbunden. Ein solcher Einsatz setzt aber den Einsatz von mindestens zwei ATF-Standorten voraus. Der Einsatz der HI 90 ist im Augenblick nur im abgesetzten Modus über das Dreibeinstativ vorgesehen.

Neben den Anwendungen im Bereich Brand- und Katastrophenschutz wird das Gerät in der Atmosphären- und Umweltforschung sowie in der Vulkanologie eingesetzt.

Bild 56: ***Messung von Ethanol im Rahmen der Fußball-Europameisterschaft 2008 im Bereich des Public Viewing (Quelle: Berufsfeuerwehr Mannheim)***

17.5 Alternative Systeme

Zur Fernaufklärung von atmosphärengetragenen Schadstoffen existiert vom gleichen Hersteller noch das schon seit vielen Jahren angebotene System Rapid, mittlerweile in der Version RAPIDplus. Dieses nach militärischen Standards gebaute Spektrometer ist primär zur Detektion chemischer Kampfstoffe vorgesehen, es kann aber auch begrenzt Industriechemikalien (Toxic Industrial Chemicals, TIC-Liste) erfassen. Der Betrieb ist sowohl auf einem Fahrzeug aber auch abgesetzt auf einem Dreibein wie beim HI 90 möglich. Die grundsätzliche Funktionsweise zur Spektrenakquise entspricht der Technik wie sie im SIGIS 2 verbaut war.

18 Gaschromatographie-Massenspektrometrie

Die Gaschromatographie-Massenspektrometrie (GC-MS) stellt das optimale Verfahren dar, wenn unbekannte, flüchtige Substanzen identifiziert werden sollen. Dies beruht zum einen darauf, dass auch komplexe Stoffgemische durch den Gaschromatographen getrennt werden können und zum anderen darauf, dass das Massenspektrometer eine vergleichsweise hohe analytische Sicherheit aufweist, wenn es um die Stoffidentifikation geht. Die Nutzung von GC-MS Geräten bei Feuerwehreinsätzen war früher umstritten und wurde lange Zeit intensiv diskutiert. Mittlerweile liegen über 25 Jahre Einsatzerfahrung an vielen Standorten sowie Forschungsergebnisse vor, die belegen, dass auch die Anwendung einer komplexen und kostenintensiven Messtechnik bei Feuerwehreinsätzen durchaus Sinn macht, wenn folgende Rahmenbedingungen erfüllt sind:

1. Die Kosten-Nutzen-Analyse

Hier ist es zum einen wesentlich, dass die Geräte in Ballungsräumen mit hoher Einsatzwahrscheinlichkeit stationiert sind und überregional eingesetzt werden, wodurch die Einsatzfrequenz steigt, und zum anderen die Technik auch im Rahmen der Amtshilfe anderen Behörden zur Verfügung gestellt wird, was gleichzeitig die Bediener des Gerätes schult.

2. Der Zeitaufwand bis zum Vorliegen der ersten Ergebnisse

Sobald eine Probe messbereit vorliegt, steht das Ergebnis nach maximal 15 Minuten zur Verfügung und benötigt so auch nicht mehr Zeit als eine Messung mit einem Prüfröhrchen mit entsprechend großer Hubzahl. Auch die Wegzeit kann durch geeignete logistische Vorbereitung bzw. frühzeitige Alarmierung entsprechend klein gehalten werden. Mittlerweile verfügen alle CBRN-Erkundungswagen in ihren Probenahmerucksäcken über Tenax®-Röhrchen, die zu den bei den ATF-Standorten vorhandenen GC-MS-Systemen kompatibel sind.

3. Die Präzision einer quantitativen Aussage

Hier stellt sich die Frage: Wie genau muss eine Aussage sein bzw. wie hoch ist der Fehler durch die Probenahme? Die Details hierüber werden an anderer Stelle ausführlicher erläutert (▶ Kapitel 5).

4. Die hohen Anforderungen an das Bedienungspersonal

Durch eine Auswahl an geeignetem Personal mit einer geeigneten beruflichen Ausbildung, einer entsprechenden Aus- und Fortbildung sowie einem regelmäßigen Einsatzaufkommen sind die Aufgaben gut zu bewältigen. Darüber hinaus ist es durch moderne Datenfernübertragungstechniken möglich, auch Experten zur Analyse von Spektren bzw. zur Bewertung von Messergebnissen heranzuziehen, die sich nicht vor Ort befinden. Die Grundlage für die Anwendung der GC-MS-Technik im Aufgabenbereich der Feuerwehr legte ein Forschungsprojekt an der Technischen Universität Hamburg-Harburg (TUHH). Dort wurde ein Forschungsvorhaben des Bundesministeriums für Forschung und Technologie betreut, bei dem in Zusammenarbeit mit der Firma Bruker Franzen Analytik an der Optimierung eines mobilen GC-MS-Systems gearbeitet wurde, das zusammen mit geeigneten Probenahmeverfahren als Hilfsmittel bei der schnellen Vor-Ort-Analytik für die Gefahrenabschätzung zur Verfügung stehen sollte. Bis Ende 1993 wurden im Rahmen des Projektes knapp 400 Proben durch die TUHH ausgewertet. Aufgrund der Analyseergebnisse teilte die TUHH die Art der Einsätze in drei Kategorien ein [18.1]:

- Kategorie I: Chemieunfall, einzelner Stoff,
- Kategorie II: Chemieunfall, mehrere Stoffe,
- Kategorie III: Brände, viele Stoffe.

Die Anforderungen an die eingesetzten Analyseverfahren und die erforderliche Zeit, bis ein Ergebnis vorliegt, sind in der Kategorie drei am höchsten, da hier die mit Abstand meisten Substanzen in einer Messung vorkommen. Alle identifizierten Substanzen sind in eine spezielle Spektrenbibliothek aufgenommen worden, die etwa 220 Stoffe enthält und als Hilfsmittel bei der Identifizierung dient.

18.1 Geräteentwicklung

Anfang der achtziger Jahre des zwanzigsten Jahrhunderts wurde von der Firma Bruker Franzen der Prototyp des MM-1 (Mobiles Massenspektrometer) für die Bundeswehr entwickelt und 1985 zur Serienreife gebracht. Als Weiterentwicklung des MM-1 erfolgt mit Schwerpunkt für den zivilen Bedarf das EM-640. In diesem Gerät wurde auf eine Vielzahl militärischer Forderungen verzichtet, was das Gerät leichter und kostengünstiger machte. Dafür konnte es flexibler auf die verschiedenartigsten Bedürfnisse angepasst werden. So ist zum Beispiel der Wechsel der GC-Säule zur Optimierung der Trennung eines Substanzgemisches einfach und schnell durchzuführen. Mehrere zivile Dienststellen verfügen mittlerweile seit vielen Jahren über ein MM-1 oder das zivile Nachfolgemodell EM 640 als Bestandteil eines fahrzeuggebundenen Messkonzeptes. Im Jahr 2006 kam es durch Bruker Daltonics zu einer kompletten Überarbeitung des MM-1 durch das MM-2. In Analogie zum MM-2 als Nachfolger des MM-1 wurde das E2M (Enhanced Environmental Mass Spectrometer) als Nachfolger des EM 640 entwickelt (▶ Bild 57). Das Gerät unterscheidet sich vom MM-2 nur in einigen Punkten der militärischen Härtung. Wie das Vorgängergerät besitzt es die nahezu gleichen Möglichkeiten der Probenaufgabe (Luft/Bodensonde oder einen Gaschromatographen). Von Seiten der Hardware ist das Gerät etwas kompakter und mit 34 Kilogramm erheblich leichter als sein Vorgänger. Alle Standorte der ATF wurden im Jahr 2008 mit den neuen E2M-Geräten ausgestattet.

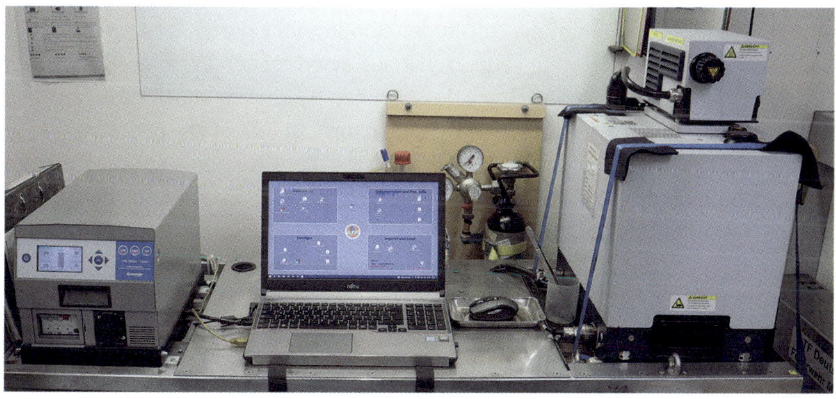

Bild 57: ***Die GC-MS-Systeme E2M in Kombination mit dem Steuerrechner, einem Drucker und der Energieversorgung auf einer Transporttrage (Quelle: Mario König)***

18.2 Technik

Nachfolgend werden die einzelnen Schritte einer GC-MS-Messung in der Reihenfolge beschrieben, in der sie im Einsatzfall abgearbeitet werden. Beginnend mit der Probenahme und der Aufbereitung der angelieferten Proben folgen die Probenaufgabe, die gaschromatographische Trennung, die Identifikation durch das Massenspektrometer und zuletzt ein Einblick in den Auswertungsalgorithmus.

18.2.1 Probenahmeverfahren/Probenaufarbeitung

Die Standardverfahren zur Entnahme von Proben werden im ▶ Kapitel 5 Probenahme beschrieben. Hier wird nur auf Besonderheiten eingegangen, soweit sie die GC-MS-Technik betreffen.

Luft

Luftgetragene Schadstoffe können auf Tenax®-Röhrchen oder einem vergleichbaren thermodesorbierbaren Adsorptionsmaterial gesammelt bzw. direkt über die Luft-Boden-Sonde in das Spektrometer gesaugt werden. Der Einsatz der Adsorptionsröhrchen entspricht dem Umgang einer Spürpumpe mit Prüfröhrchen. Falls eine Vielzahl an Proben untersucht werden soll, die kein allzu komplexes Stoffgemisch darstellen, kommt die Luft-Boden-Sonde zum Einsatz. Es handelt sich dabei um eine flexible 3,4 m lange Leitung, die aus einem gegen Wärmeverlust isolierten Metallpanzerschlauch besteht, in dessen Inneren sich eine beheizbare, hochflexible Quarzglaskapillare befindet. Der Sondenkopf ist ebenfalls beheizbar (▶ Bild 58). Die Temperatur der Sondenleitung und des Sondenkopfes kann vom Massenspektrometer je nach gewählter Analysenart gesteuert werden. In der Betriebsart »Luftspüren« saugt das Gerät ständig Umgebungsluft an. Der Sondenkopf kann in diesem

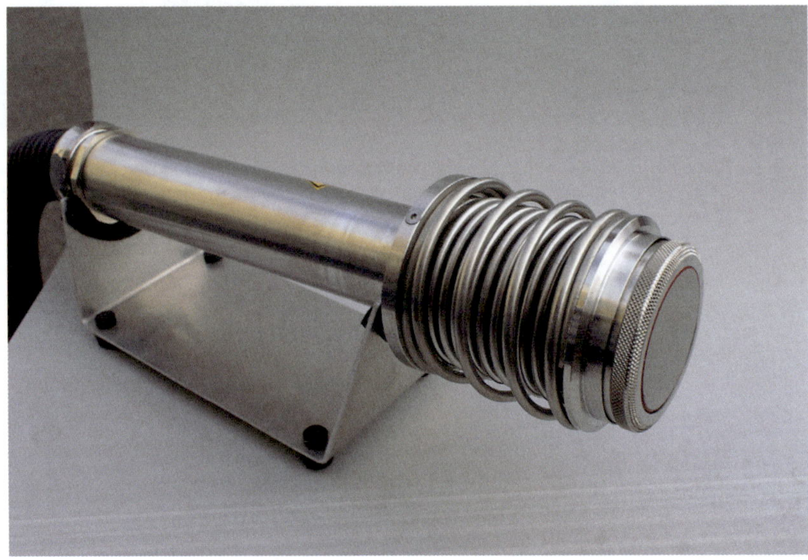

Bild 58: ***Nahaufnahme der Luft-Boden-Sonde (Quelle: Mario König)***

Fall beispielsweise direkt an Gebindeöffnungen gehalten werden, um die entweichenden gas- oder dampfförmigen Stoffe zu untersuchen. Aufgrund der kurzen Säulenlänge ist in diesem Modus die Trennleistung der Säule natürlich nur sehr beschränkt, sodass sich dieses Verfahren hauptsächlich zur Bestimmung von Reinsubstanzen oder leicht zu trennenden Gemischen eignet. Der Vorteil dieser Technik liegt im sehr hohen Probendurchsatz.

Boden und Oberflächen

Die einfachste Methode, Bodenproben zu analysieren, bietet die Luft- Boden-Sonde in der Betriebsart »Bodenspüren«. Dazu wird der Sondenkopf für das »Luftspüren« durch einen stark erwärmten Sondenkopf »Bodenspüren« ersetzt. Der aufgeheizte Sondenkopf wird zur Messung direkt auf die kontaminierte Oberfläche oder die Feststoffprobe gedrückt. Die Substanz verdampft und wird in das Gerät gesaugt. Die Leitung der Sonde übernimmt dabei die Aufgabe einer kurzen GC-Säule. Sobald keine oberflächliche Kontamination vorliegt, sondern sich die zu analysierende Substanz in einer Bodenprobe befindet, muss die Substanz auf anderem Weg mobilisiert werden. Bei leicht flüchtigen Substanzen wird üblicherweise das »Headspace-Verfahren« eingesetzt. Dazu wird die Probe zunächst in einer Apparatur im Wasserbad erhitzt. Dabei reichern sich die leicht flüchtigen Substanzen in der Gasphase an. Mithilfe einer Gasspürpumpe wird die Gasphase dann über ein Tenax®-Röhrchen gezogen, wobei sich die Substanzen auf dem Trägermaterial wie bei einer Luftprobe anreichern. Schwerflüchtige Substanzen können auf diesem Weg nicht extrahiert werden und müssen daher mit Aceton als Lösungsmittel in einem Ultraschallbad aufgearbeitet werden. Aus dem Aceton-Extrakt wird eine kleine Menge mit einer Mikroliterspritze aufgenommen und auf eine imprägnierte Glaswolle aufgegeben, die in einem Glasröhrchen steckt, das die gleichen Abmessungen wie die Tenax®-Röhrchen besitzt. Das Aceton wird durch Durchsaugen von Luft durch das Röhrchen verdampft und anschließend das Röhrchen dann im GC-MS auf dem üblichen Weg thermodesorbiert.

Wässrige Proben

Um Wasserproben analysieren zu können, ist zunächst eine Aufbereitung notwendig. Dazu ist wieder zu unterscheiden, ob es sich um leicht- oder schwerflüchtige Substanzen handelt, die analysiert werden sollen. Bei leichtflüchtigen Substanzen extrahiert man die zu analysierenden Stoffe in einer Waschflasche mit Luft. Die herausgelösten Substanzen werden, wie beim Headspace Verfahren, auf Tenax® adsorbiert. Im Fall der Wasser-Analytik spricht man hier vom »Purge-and-Trap-Verfahren« (▶ Bild 59). Das Verfahren funktioniert aber nur bei Proben, die nicht zu stark schäumen. Aus Löschwasserproben, die Schaummittel enthalten, erfolgt die Aufarbeitung der Proben nur mit dem »Spray-and-Trap-Verfahren«. Das Wasser wird mit einem Stripgas fein versprüht, um aus dem Nebel eine Probe zu nehmen. Die Schaumbildung wird dadurch unterdrückt. Dieses Verfahren erfordert allerdings teure Zusatzgeräte. Für schwerflüchtige Substanzen wird das »Extrakt-Verfahren« angewendet. Dabei schüttelt man die wässrige Phase mit einer geringen Menge eines unpolaren Lösungsmittels aus. Von dieser Lösung werden dann einige Mikroliter mit einer Mikroliterspritze auf Glaswolle gegeben. Anschließend wird Luft durchgesaugt, um das Lösungsmittel zu vertreiben. Die Analyse des Röhrchens selbst erfolgt auf dem üblichen Weg. Vereinzelt wird auch mit SPME-Fasern zur Extraktion aus wässrigen Phasen gearbeitet. Der Umgang mit dieser Technik setzt aber eine ausreichende Erfahrung voraus.

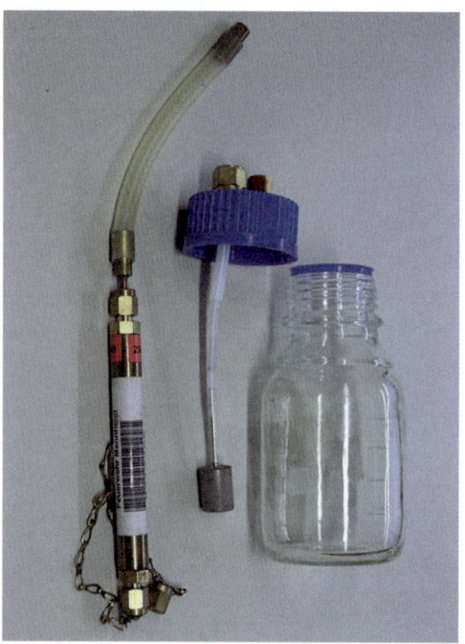

Bild 59: ***»Purge-and-Trap«-Vorrichtung zur Aufarbeitung einer Wasserprobe (Quelle: Mario König)***

18.2.2 Probenaufgabe

Die Probe wird dem Gaschromatographen entweder über ein Tenax®-Röhrchen zugeführt, oder aber über ein Röhrchen mit Glaswolle, das die Untersuchungssubstanz auf sich trägt. Die Probe wird im Thermodesorber des GC-MS auf 240 °C aufgeheizt. Dabei lösen sich die adsorbierten Substanzen vom Trägermaterial und werden vom Trägergasstrom zur gaschromatographischen Säule transportiert.

Alternativ könnten Proben auch durch eine Injektion mit einer Spritze, wie in der klassischen Gaschromatographie üblich, aufgegeben werden.

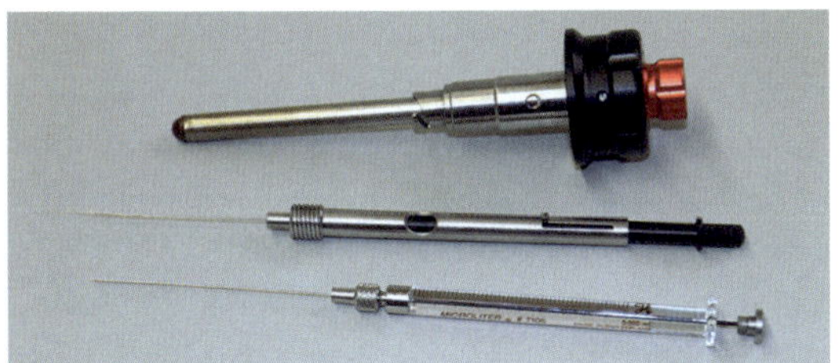

Bild 60: ***Die drei möglichen Aufgabesysteme, (von oben) Tenax®-Kartusche, hier in der Edelstahlausführung, eine SPME-Faser und eine Mikroliterspritze (Quelle: Mario König)***

18.2.3 Gaschromatographie

Die Gaschromatographie ist ein Verfahren zur Trennung von Stoffgemischen, die gasförmig oder unter den Untersuchungsbedingungen verdampfbar sind. Ein Gaschromatograph besteht neben dem Probenaufgabesystem immer aus den Komponenten Trennsäule mit Trägermaterial, dem Trägergasstrom und dem Detektor. In unserem Fall dient das Massenspektrometer als Detektor. Im Bereich der Mobilanalytik werden üblicherweise Quarzglaskapillarsäulen als Trennsäulen verwendet. Diese Säulen bestehen aus einem sehr dünnen Quarzglasrohr, das mit einem Kunststoffmantel überzogen ist. Sie besitzen bei Anwendungen durch die Mobilanalytik Längen von 3,5 m bis 25 m und einen Innendurchmesser der Kapillare von 0,1 mm bis 0,5 mm. Zur praktischen Anwendung wird die Säule auf einem Träger, der auch als Heizung dient, aufgewickelt, um sie platzsparend in den GC-Ofen einbauen zu können. Durch diese Konstruktion ist das System, bezogen auf die Aufheizung bzw. Abkühlung, weniger träge als die konventionelle Labortechnik, was einen höheren Probendurchsatz erlaubt. Die Innenwand der GC-Säule ist mit einem Polymerfilm von 0,1 µm bis 2 µm Dicke beschichtet. Die chemische Zusammensetzung des Filmes ist von entscheidender Bedeutung für die Trennfähigkeit der Säule. Den Polymerfilm nennt man auch stationäre Phase, da sie mit der Kapillare verbunden ist. Der Vorteil der Kapillarsäule besteht in der sehr guten Trennleistung, andererseits kann sie aber aufgrund ihrer geringen Größe auch sehr leicht durch ein Zuviel an Substanz überladen werden. Das bedeutet, dass große Substanzmengen erst ein umfangreiches Ausheizen der Säule notwendig machen, bevor eine weitere Messung möglich ist. Die zu trennenden Substanzen werden mit einem Trägergas (Luft, Stickstoff oder Edelgas) durch die Trennsäule des Gaschromatographen transportiert. Dieses Trägergas nennt man auch die mobile Phase. Den schematischen Aufbau eines Gaschromatographen zeigt ▶ Bild 61. Man kann sich das

Funktionieren einer GC-Säule folgendermaßen vorstellen: Die Moleküle der stationären Phase und die der zu trennenden Substanzen interagieren beim Durchlaufen der Säule miteinander. Je mehr sich die Moleküle chemisch ähneln (bezüglich ihrer Polarität) desto eher gehen sie eine vorübergehende Bindung (Adsorption) miteinander ein. Das bedeutet: Bei einer sehr unpolaren stationären Phase werden sich sehr unpolare Moleküle (z. B. Alkane) vergleichsweise lang und intensiv an die stationäre Phase binden, was zur Folge hat, dass die Moleküle relativ viel Zeit benötigen, um die Säule zu passieren. Ein polares Molekül, wie z. B. ein Alkohol, würde die Säule sehr viel schneller passieren, da es nur wenig Zeit gebunden an der Oberfläche der stationären Phase zubringt. Die Eignung einer Trennsäule für ein gegebenes analytisches Problem hängt von ihrer sogenannten Trennleistung ab. Darunter versteht man die Fähigkeit einer Säule zwei Substanzen soweit zu trennen, dass sie beim Verlassen der Säule als getrennte Signale detektiert werden können. Mit zunehmender Länge der Trennsäule wächst die Fähigkeit, auch Gemische sehr ähnlicher Stoffe (geringe Polaritätsunterschiede) in die einzelnen Komponenten aufzuspalten. Dies wird allerdings mit dem Nachteil einer längeren Laufzeit erkauft. Eine Säule mit der doppelten Länge benötigt auch die doppelte Durchlaufzeit der Probe. Die Trennleistung wächst in diesem Fall aber nur um das 1,4-fache. Da im Bereich der Vor-Ort-Analytik die Schnelligkeit einen wesentlichen Faktor darstellt, muss ein Kompromiss zwischen Schnelligkeit und Qualität der Trennleistung gefunden werden. Mit einer erhöhten Geschwindigkeit des Trägergasstromes kann zwar die Durchlaufzeit einer Messung verkürzt werden, als Nachteil verschlechtert sich aber die Trennleistung. Die Temperatur, die im Verlauf des Trennvorgangs in der Säule herrscht, beeinflusst ebenfalls die Wechselwirkung zwischen der stationären Phase und den zu trennenden Substanzen. Eine höhere Temperatur beschleunigt den Durchgang der Substanzen durch die Säule.

Eine Stärke des E2M ist die Leichtigkeit und Schnelligkeit, mit der die GC-Säule gewechselt werden kann. Innerhalb weniger Minuten kann für ein besonderes Trennproblem eine andere Säule eingesetzt werden. Hier zeigt sich ein wesentlicher Unterschied in der Qualität einer GC-Trennung mit den später beschriebenen mobilen GC-MS Systemen, die hier keine Optimierung der Trennleistung zulassen. Im Anschluss an den Gaschromatographen folgt ein Detektor, um die Substanzen zu erfassen, die die Säule verlassen. Im Fall der GC-MS Kopplung wird die Aufgabe der Detektion durch das Massenspektrometer übernommen.

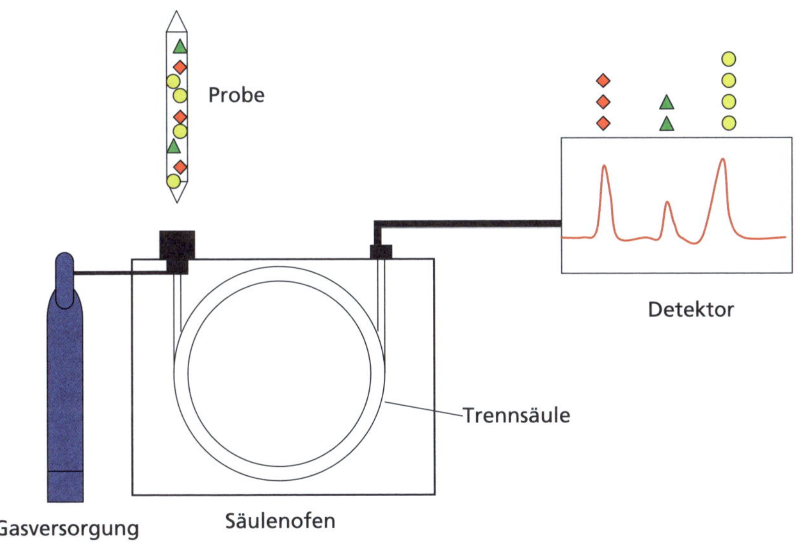

Bild 61: ***Schematischer Aufbau eines Gaschromatographen. Nach dem Passieren des Gaschromatographen sind die drei Substanzen, die zunächst als Gemisch vorliegen, getrennt und gelangen nacheinander zum Detektor. (Quelle: Mario König)***

Die Standardsäule des E2M ist eine HT-5 Säule mit folgenden technischen Maßen: 15 m x 0,32 mm ID x 0,5 µm Film. Die Säule befindet sich in einem Gehäuse mit 26,1 × 17,6 × 24,9 cm (L x B x H) Abmessung und einem Gewicht von 3,5 kg. In den Säulenofen ist die Aufgabevorrichtung für Tenax®-Röhrchen, (Solid Phase Micro Extraction/Festphasenmikroextraktion) SPME-Faser oder Injektion integriert.

18.2.4 Massenspektrometrie

Die Massenspektrometrie ist zurzeit das Analyseverfahren, mit dem die größte Stoffvielfalt mit der besten analytischen Sicherheit nachgewiesen werden kann. Ganz allgemein ist die Massenspektrometrie eine hochempfindliche Messmethode in der Spurenanalytik, die Messungen bis in den ppb-Bereich zulässt. Die im Einzelnen erreichbaren Nachweisgrenzen hängen im Wesentlichen von den zu bestimmenden Substanzen, der Probenmatrix, dem Probenahmeverfahren und der Probenaufbereitung ab. Ein Massenspektrometer besteht immer aus den vier Komponenten (▶ Bild 62):

- Einlasssystem,
- Ionenerzeugung,
- Massentrennung und
- Ionennachweis.

Das Einlasssystem trennt das Massenspektrometer vom vorgeschalteten Gaschromatographen, da im Inneren des Spektrometers ein Unterdruck von bis zu 10 – 7 Pa herrscht. Vom Einlasssystem kommend, strömt der Molekülstrahl an der Ionenquelle vorbei. Die Ionenquelle besteht aus einer Glühkathode, die Elektronen mit einer Energie von 70 eV freisetzt. Diese energiereichen Elektronen wiederum schlagen aus dem neutralen Molekül ein Elektron heraus und bewirken dadurch die Bildung eines positiv geladenen Molekülions. Am Ende der Ionisationskammer befindet sich eine Kaskade von negativ geladenen Beschleunigungselektroden, die mit einer Spannung von mehreren hundert Volt den Molekülionen eine erhebliche Bewegungsenergie verleihen. Die positiv geladenen Moleküle zerfallen aufgrund der Energie, die durch den Elektronenstoß auf das Molekül übertragen wird. Der Zerfall findet in mehreren Schritten statt, bei denen im ersten Schritt neutrale Molekülfragmente, Radikale, Kationen oder Radikalkationen entstehen können. In einem zweiten Fragmentierungsschritt können diese Fragmente dann wiederum in kleinere Bruchstücke zerfallen. In Abhängigkeit von der Molekülstruktur zerfallen die Ausgangsmoleküle

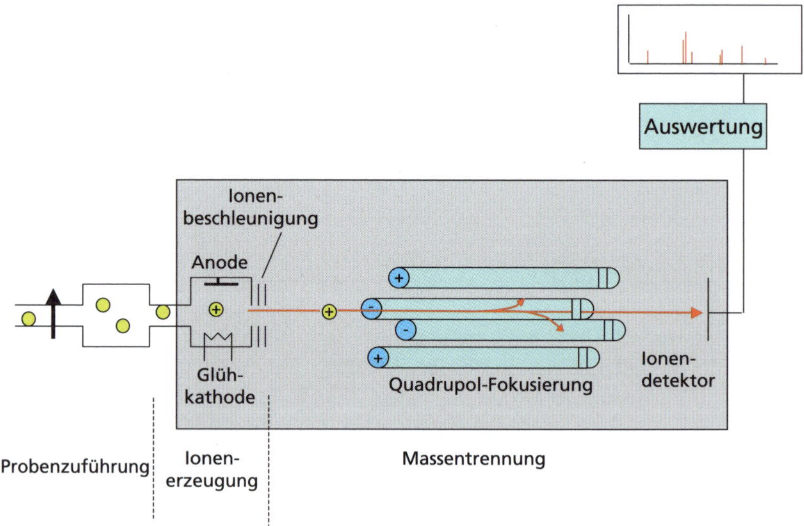

Bild 62: ***Schematischer Aufbau eines Massenspektrometers (Quelle: Mario König)***

immer in die gleichen Bruchstücke mit der gleichen Häufigkeit. Dieser Effekt wird bei der Identifizierung ausgenutzt. Da jede Substanz praktisch ihren eigenen »Fingerabdruck« durch das Zerfallsmuster hinterlässt, ist die Identifizierung einer Substanz aus ihrem Zerfallsmuster (Massenspektrum) mithilfe von gespeicherten Vergleichsspektren möglich. Ein Beispiel für dieses Prinzip ist in ▶ Bild 63 am Zerfallsmuster des Butanons dargestellt.

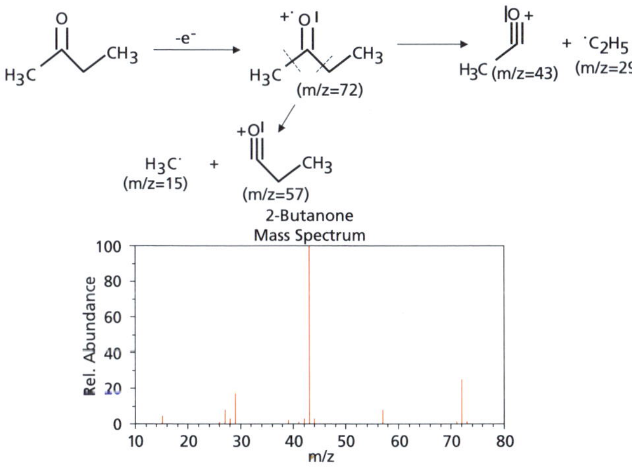

Bild 63: ***Massenspektrum von Butanon mit dem dazugehörenden Fragmentierungsmuster (Quelle: Mario König)***

Bei einem Stoffgemisch werden die in der Probe enthaltenen Substanzen zunächst getrennt, da die Fragmente aus mehreren Substanzen keinem Molekül gezielt zugeordnet werden können. Daher ist im Vorfeld eine Trennung von Substanzgemischen, in diesem Fall durch einen Gaschromatographen, notwendig. Im nächsten Schritt trennt man nun die beschleunigten Fragmente nach ihrer Masse. Dazu wird üblicherweise ein Elektromagnet verwendet. In einem Magnetfeld werden die positiv geladenen Ionen vom negativ geladenen Pol angezogen. Bei konstanten Geräteparametern (Magnetfeldstärke usw.) und einem einfach positiv geladenen Ion ist die Ablenkung eines Teilchens dabei umso stärker, je leichter es ist. Man kann sich dies leicht mit der größeren Trägheit der schwereren Bruchstücke erklären. In mobilen Massenspektrometern wird aus Gründen der größeren mechanischen Stabilität mit Quadrupol-Magneten gearbeitet, bei denen sich vier parallele Magnete gegenüberliegen. Dabei besitzen die gegenüberliegenden Magnete die gleiche Polarität. Die Magnete erzeugen ein hochfrequentes Feld, in dem die Fragmente auf einer schraubenförmigen Bahn hindurchfliegen. Durch eine Veränderung der an den Magneten anliegenden Spannung und damit einer Veränderung des Magnetfeldes, ist es möglich, dass nur bestimmte Massen das Ende des Analysatorbereiches erreichen. Da die Fragmente üblicherweise einfach positiv geladen sind, also ein konstantes Masseverhältnis zu Ladungszahlverhältnis besitzen, können auf dem Weg der veränderlichen Feldstärke die Bruchstücke definiert nach ihrer Masse getrennt werden. Im letzten Schritt müssen jetzt nur noch die nach ihrer Masse sortierten Bruchstücke detektiert werden. Diese Aufgabe übernimmt der Analysator, dessen Signale durch einen Sekundärelektronenvervielfacher verstärkt werden. Der Analysator muss die in Abhängigkeit von ihrer Masse eintreffenden Bruchstücke zählen, damit man die zur Auswertung wichtige Information darüber erhält, welche Fragmente wie häufig auftreten. Im Massenspektrum werden die Fragmente in ihrer Häufigkeit als Masse/Ladungszahl (m/z) aufgetragen. Das größte Massensignal wird dabei als 100 Prozent gesetzt und die anderen Signale entsprechend ihrer Verteilung aufgetragen. Das Signal mit dem größten m/z-Verhältnis stellt oftmals die Molmasse des unfragmentierten Moleküls dar.

Die nachfolgende Tabelle beschreibt die technischen Daten des Massenspektrometers E2M der Firma Bruker.

Tabelle 12: ***Technische Daten des E2M der Firma Bruker***

Abmessungen	43,6 cm x 36,8 cm x 44,2 cm (L x B x H)
Gewicht	37,7 kg
Trenneinheit	Hyperbolischer Quadrupol
Massebereich	1 – 520 u
Vakuum	Ionengetterpumpe
Schutzklasse	IP42
Datenschnittstelle	Ethernet 100 Mbit/s

18.3 Spektrenauswertung

Die Auswertung eines Massenspektrums ist prinzipiell auch ohne EDV-Unterstützung möglich. Die Auswertungsalgorithmen eines Rechners und der Einsatz elektronischer Spektrendatenbanken sind aber gerade im Einsatzbereich der Feuerwehr, wo es darum geht, in kürzester Zeit und ohne fachlich spezialisiertes Personal eine Auswertung der Messergebnisse zu erhalten, nicht wegzudenken. Bevor es zur eigentlichen Auswertung eines Massenspektrums kommt, wird durch ein vorgeschaltetes Programm über ein komplexes Rechenverfahren eine Auftrennung sich überlagernder chromatographischer Signale durchgeführt. Dies ist notwendig, da es aufgrund der kurzen Trennsäulen oftmals nur zu einer unvollständigen Trennung von Substanzen kommt, und sich daher die Massensignale noch bis zu einem gewissen Grad überlagern können. Im nächsten Schritt werden dann die gefundenen Spektren mit verschiedenen Datenbanken verglichen. Dabei sucht der Rechner zuerst in den kleinsten Datenbanken, die speziell nach den Belangen der Feuerwehren zusammengestellt wurden, nach übereinstimmenden Spektren und erweitert dann die Suche auf die größeren Datenbanken. Je kleiner und spezieller der Datenbestand in einer Spektrendatenbank ist, desto besser ist die Qualität und Schnelligkeit der Identifizierung. Zur Auswertung werden Datenbanken herangezogen, die im Rahmen des Forschungsprojektes durch die TUHH erstellt wurden. Zusätzlich können auch kleine Teildatenbanken aus großen Datenbanken zusammengestellt werden, wenn es um spezifische Fragestellungen wie z. B. die Analytik von Drogen oder bestimmten Lösungsmitteln geht. Die grundlegende Datenbank, die im letzten Schritt durchsucht wird, ist die sogenannte »NIST-Datenbank« (National Institute of Standards and Technology) mit über 160 000 Vergleichsspektren. Hier kann es aber vorkommen, dass das System Spektren von Substanzen vorschlägt, die zwar eine hohe mathematische Wahrscheinlichkeit besitzen, aber aufgrund der aktuellen Einsatzlage durch eine in der Analytik vertraute Führungskraft ausgeschlossen werden können, sodass erst der zweite oder dritte Eintrag in der Ergebnisliste die eigentlich vorliegende Substanz darstellt.

18.4 Anwendungspraxis

Die Erfahrungen der letzten Jahre zeigen, dass die GC-MS-Analytik hauptsächlich bei Bränden sowie Hilfeleistungen im Zusammenhang mit Chemikalien und medizinischen Notfällen zum Einsatz kommt.

18.4.1 Brände

Bei Brandeinsätzen bestehen die Proben immer aus einem komplexen Stoffgemisch. Der Analyseaufwand und Zeitbedarf zur Auswertung sind entsprechend hoch, auch wenn ein großer Teil der bei einer Verbrennung entstehenden Stoffe grundsätzlich bekannt ist. Die Kunst besteht darin, aus der Vielzahl von detektierten Substanzen die außergewöhnlichen Verbrennungsprodukte zu erkennen, die aufgrund der Besonderheiten der am Brand beteiligten Stoffe entstanden sind und die eine besondere toxikologische Gefahr darstellen. Daher sollte vor einer chemischen Untersuchung der Brandrauchkomponenten erst möglichst präzise Informationen über das Brandgut eingeholt werden. Bei der Untersuchung von Brandrauchkomponenten taucht auch immer wieder die Frage nach den gefürchteten Dioxinen auf. Eine korrekte Analyse dieser Substanzgruppe, insbesondere, wenn die einzelnen Isomere bestimmt werden sollen, um die TEQ (Toxizitätsäquivalente) zu bestimmen, ist nur durch ein mehrtägiges spurenanalytisches Verfahren in speziell dafür ausgelegten Laboratorien möglich.

Eine Analyse des Löschwassers auf leicht und schwerflüchtige Komponenten ermöglicht eine erste schnelle Übersicht darüber, ob und inwieweit das Löschwasser als kontaminiert zu betrachten ist und inwieweit eine Rückhaltung erforderlich ist. Diese Aufgabe hat sich in den letzten Jahren als zunehmend wichtiger herausgestellt. Insbesondere, wenn es um den Einsatz fluorierter Schaummittelkonzentrate geht. Bei mehreren Großbränden kam es hier nach dem Einsatz zu langwierigen Gerichtsverfahren, bei denen die Kontamination des Löschwassers für die betroffene Feuerwehr erhebliche Folgen hatte. Da sich andere wasseranalytische Verfahren nicht flächendeckend durchgesetzt haben, ist die GC-MS-Analytik zurzeit das einzige Verfahren, um einen schnellen Überblick über die Schmutzfracht zu bekommen. Es ist aber zu berücksichtigen, dass anorganische Komponenten wie Schwermetalle und einige Anionen wie z. B. Cyanide, die bei Bränden in Galvanikbetrieben auftauchen können, mit diesem Verfahren nicht identifiziert werden können. In einem solchen Fall muss auf andere Verfahren wie z. B. die Röntgenfluoreszenz, spektroskopische oder nasschemische Verfahren zurückgegriffen werden.

18.4.2 Hilfeleistungen

Die Einsatzmöglichkeiten der GC-MS-Technik bei Hilfeleistungen können sehr vielseitig sein. Sie unterscheiden sich insbesondere bei der Probenahme. Der Begriff »Freisetzungen« steht für eine Vielzahl von Einsätzen. Eine der häufigsten Ursachen ist der fehlerhafte Umgang mit Gefahrstoffen (Lagerung, Umfüllen, Verarbeiten). Diese Freisetzungen erstrecken sich meistens nur auf wenige Räumlichkeiten oder Flächen. Größere Freisetzungen können beispielsweise durch Störfälle in Industriebetrieben ausgelöst werden. Am bekanntesten dürfte hier der o-Nitroanisol-Störfall in Frankfurt a. M. am Rosenmontag 1993 sein. Ein Beispiel für eine kleinräumige Freisetzung: In einem Lebensmittelmarkt kam es zu einer unerklärlichen Geruchsbelästigung. Nach der Analytik stellte es sich heraus, dass die Kühlanlage des Supermarktes ein Leck hatte. Schwieriger sind Geruchsbelästigungen sehr geruchsintensiver Substanzen aufzuklären, die aus Quellen stammen, die bislang unauffällig waren und die Luft getragen sind. Hier scheitert ein analytischer Nachweis häufig an der zu geringen Stoffkonzentration, die eine verwertbare Aufkonzentration nicht zulässt. Insbesondere im Bereich schwefelhaltiger Verbindungen liegen die Geruchsschwellen oftmals weit unter einem ppb. Der immer wieder angefragte Nachweis von Reizgas ist nicht zielführend, da das verwendete Pfefferspray den Wirkstoff Capsaicin enthält, der als Feststoff nicht GC-gängig ist und damit nicht nachgewiesen werden kann. Hingegen ist der Einsatz zum Nachweis von Buttersäure möglich. Hier müssen aber entsprechend große Luftvolumina angereichert werden, um einen sicheren Nachweis zu ermöglichen.

18.4.3 Sonderfälle

Die hier beschriebenen Einsatzbeispiele haben einen überwiegenden medizinischen Hintergrund und daher bei der Bearbeitung eine erhebliche Dringlichkeit. In vielen Fällen stehen Mediziner bei bewusstlosen Patienten vor der Frage, welcher Umstand für den Zustand des Patienten ursächlich ist. Sollten sich aus der Anamnese oder den Begleitumständen an der Einsatzstelle Hinweise auf die Beteiligung von Chemikalien ergeben, führt dies im günstigsten Fall zur Asservierung einer Probe, die dann zur Untersuchung herangezogen werden kann. Beispiel: Im Umfeld einer Diskothek kam es zu mehreren bewusstlosen und behandlungsbedürftigen Patienten, deren Zustand mit einem weißen Pulver und einer wasserklaren Flüssigkeit in Verbindung gebracht wurde. Die Analytik ergab Koffein und Liquid Exstacy. Sofern Atemluftproben möglich sind, können hier Tenax®-Röhrchen zum Einsatz kommen.

18.5 Quantifizierung

Die bisher im Zusammenhang mit einem GC-MS-System beschriebenen Messungen liefern zunächst nur qualitative Aussagen. Die oft von Einsatzleitungen oder Medizinern geforderten quantitativen Aussagen sind nur möglich, wenn das Gerät auch auf die entsprechenden Stoffe kalibriert wird. Die Kalibrierung erfolgt dabei über das Signal des Gaschromatogramms, das ein detektierter Stoff erzeugt. Dabei stehen die Stoffmenge und die Signalfläche in einem direkten Zusammenhang. Dadurch ist es prinzipiell möglich, eine Substanz exakt zu quantifizieren, aber wegen des Aufwandes für eine Vor-Ort-Analytik bei Feuerwehreinsätzen nicht sinnvoll, da diese Kalibrierung für jeden Stoff extra und aufwändig durchgeführt werden muss. Es ist auch die Frage zu stellen, welche Genauigkeit eines Messergebnisses eine Einsatzleitung oder ein Fachberater benötigt, um eine Entscheidung zu treffen. Sind genaue Zahlenangaben im ppm-Bereich notwendig oder reichen nicht auch halbquantitative Informationen aus, die eine Aussage zur Größenordnung geben? Eine grundsätzliche grobe Orientierung ist mit den Messwerten eines GC-MS durchaus möglich.

18.6 Alternative GC-MS-Verfahren

Neben dem beschriebenen GC-MS-System, das keinen Betrieb direkt im Feld zulässt, hat sich das Angebot an wirklich tragbaren MS bzw. GC-MS-Systemen in den letzten Jahren etwas vergrößert.

Als reines Massenspektrometer, also ohne vorgeschaltete gaschromatographische Trennung eines möglichen Stoffgemisches, gibt es das MX908 der Firma 908 devices. Das 4,3 kg schwere handgehaltene Massenspektrometer umfasst den Massenbereich von 50-460 u. Das Gerät verfügt über ein IP54 geschützte Gehäuse und kann sowohl die Gas-/Dampfphase analysieren als auch zur Spurendetektion eingesetzt werden. Als hauptsächliche Anwendung ist der Bereich Drogen, Explosivstoffe und chemische Kampfstoffe vorgesehen.

Bei den GC-MS-Systemen ist nach wie vor das mittlerweile weiterentwickelte HAPSITE® als SMART PLUS der Firma Inficon verfügbar. Das 42 kg schwere, akkubetriebene Gerät ist überwiegend für die Luftprobenahme ausgelegt und arbeitet mit einem Stickstoffstrom als Trägergas aus einer mitgeführten Kartusche. Erfasst werden kann der Massenbereich 41-300 u. Die Auswertung der Spektren erfolgt über einen in das Gerät integrierten Rechner. Schwerpunkt der Anwendung sind überwiegend leicht flüchtige und flüchtige organische Verbindungen.

Ein weiteres tragbares GC-MS ist das Griffin™ G510 der Firma FLIR. Das 16,3 kg schwere Gerät ist IP65 klassifiziert und akkubetrieben für vier Stunden im Survey-Modus einsetzbar, kann aber auch über das Stromnetz stationär betrieben werden. Das lineare Quadrupol-Massenspektrometer erfasst den Bereich 15–515 u und die Trennung erfolgt über eine 15 m DB-5MS Säule. Als Trägergas können Helium oder Wasserstoff verwendet werden. Die Kapazität einer Gaskartusche ermöglicht etwa 75 bis 100 Messungen. Das Gerät verfügt über USB, WiFi und Bluetooth-Schnittstellen und ein integriertes GPS.

Die Probenaufgabe ist für luftgetragene Proben über eine beheizte Probensonde möglich. Für Flüssigkeiten ist eine direkte Injektion (split/splitless) vorgesehen. Für Flüssigkeitsextraktionen besteht die Möglichkeit eine SPME-Faser einzuführen. Feststoffe können über einen Wischtest zur Untersuchung gebracht werden. Als Referenzdatenbank dient die NIST/EPA/NIH Massenspektralbibliothek mit ca.

270 000 Einträgen. Im Spürmodus erfolgt die Ergebnisausgabe in wenigen Sekunden, wird das Gerät im Survey-Modus betrieben, dauert die Identifikation 4 – 15 Minuten.

Bei der Auswahl des geeigneten GC-MS-Systems sind folgende Faktoren zu berücksichtigen:

- Laufende Kosten: Je nach Gerätetyp sind diese von der Zahl der zu erwartenden Messungen abhängig. Insbesondere Verbrauchsartikel wie Pumpensysteme können erhebliche Kosten verursachen.
- Einsatztaktik: Im Gegensatz zu den Bruker-Geräten ermöglichen es tragbare GC-MS-Systeme, eine Messung direkt vor Ort durchzuführen.

Bei nicht tragbaren Geräten müssen die Proben vor Ort genommen und dann dem Messgerät zugeführt werden. Bei vielen Messpunkten, die womöglich weit auseinander liegen, kann es ein erheblicher Zeitvorteil sein, die Probenahme durch mehrere Trupps vorgenommen wird und eine zentrale Auswertung erfolgt. Im alternativen Fall müssen die Messpunkte nacheinander von dem mobilen Gerät angefahren werden.

- Anreicherung: Das GC-MS-System sollte in jedem Fall über ein integriertes Desorbermodul verfügen, um auch geringe Stoffmengen durch Anreicherung auf einem geeigneten Adsorptionsmaterial noch sicher nachweisen zu können.
- Sprache der Bedienungsoberfläche: Die Bedienungsoberflächen, die für die Steuerung des Gerätes im Einsatzfall benötigt werden, müssen in Deutsch abgefasst sein, um bei den Bedienern keinen unnötigen Stress zu erzeugen.
- Kontamination: Es ist zu überlegen, inwieweit es sinnvoll ist, ein GC-MS in ein kontaminiertes Gebiet zu transportieren, mit dem Risiko, dass es anschließend erst dekontaminiert werden muss und in diesem Zeitraum nicht für Messungen zur Verfügung steht.

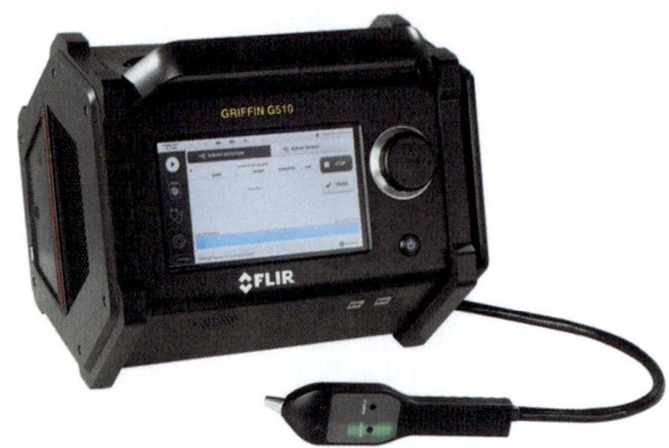

Bild 64: ***GC-MS-System Griffin 400 (Quelle: ICX Technologies GmbH – Werkfoto)***

Literatur

[18.1] Matz, G., Harder, A., Schillings, A., Rechenbach, P.: Mobiles Massenspektrometer im Feuerwehreinsatz, Schnelle Analyse von Gefahrstoffen – Einsatzkonzept, BRANDSCHUTZ/Deutsche Feuerwehr-Zeitung 1/1995, S. 41 ff.

Weiterführende Literatur zu Kapitel 18

Budzikiewicz, H., Schäfer, M.: Massenspektrometrie – Eine Einführung, 5. Auflage, Wiley-VCH, Weinheim, 2005.

Föhl, A., Basmer, P.: Untersuchung der Löschverfahren und Löschmittel zur Bekämpfung von Bränden gefährlicher Güter – GC-MS-Rauchgasanalyse-Forschungsbericht Nr. 81, Forschungsstelle für Brandschutztechnik an der Universität Karlsruhe (Hrsg.), Karlsruhe, 1992.

Matz, G., Schröder, W.: Schnelle Vor-Ort Analytik mit einem mobilen Massenspektrometer, Technische Universität Hamburg-Harburg: Forschungsbericht, BMFT-Forschungsprojekt, Projektträger Umweltbundesamt, Neue Verfahren und Methoden zur Sanierung von Altlasten am Beispiel der Deponie Georgswerder, Hamburg, Förderkennzeichen 144035914/0, 1990.

Petter, F.: Bewertung von Brandrückständen, BRANDSCHUTZ/Deutsche Feuerwehr-Zeitung 1/1994, S. 10 ff.

Oehme, M.: Praktische Einführung in die GC/MS-Analytik mit Quadrupolen, Wiley-VCH, Weinheim, 1999.

Hesse, M., Meier, H., Zeeh, B.: Spektroskopische Methoden in der organischen Chemie, Thieme Verlag, 2005.

19 Röntgenfluoreszenz

19.1 Funktionsprinzip

Bei der Röntgenfluoreszenzanalytik (RFA) wird in einer Röntgenröhre, vergleichbar mit der Anwendung in der Medizin, Röntgenstrahlung erzeugt. Röntgenstrahlung ist der γ-Strahlung sehr ähnlich, sie hat aber eine längere Wellenlänge und damit eine geringere Energie. Die Energie eines solchen Röntgenquants ist aber ausreichend, um Elektronen aus den inneren Schalen (K-, L-, M-Schale) eines Atoms herauszulösen und auf ein höheres Energieniveau anzuheben (▶ Bild 65).

Dieser Zustand ist aber instabil und ein Elektron aus einer höheren Schale füllt die Lücke auf einem niedrigeren Niveau wieder auf. Dabei wird die bei diesem Prozess freiwerdende Energie in Form längerwelliger und damit energieärmerer Röntgenstrahlung wieder abgegeben. Die abgegebene Energie wird als sekundäre Röntgenstrahlung oder auch Fluoreszenzstrahlung bezeichnet. Der Vorgang ist direkt mit dem Phänomen der Fluoreszenz bei sichtbarem Licht zu vergleichen. Diese längerwellige, reflektierte Röntgenstrahlung wird von einem Detektor energieaufgelöst erfasst und auf seine Wellenlänge hin untersucht. Die Wellenlänge der fluoreszierten Röntgenstrahlung ist für bestimmte Übergänge, die sich je nach Element unterscheiden, atomspezifisch. Damit können viele Atome, besonders der höheren Ordnungszahlen, gezielt identifiziert werden. Da die Strahlungsintensität wiederum auch von der Menge an Atomen abhängig ist, die diesen Prozess ermöglichen, kann so auch die Konzentration des identifizierten Elementes bestimmt werden. Darüber hinaus sind noch drei weitere Wechselwirkungen der Röntgenstrahlung mit der Matrix möglich, was Auswirkungen auf das gemessene Spektrum hat. Der Photoeffekt, die Rayleigh- und Compton-Streuung sollen hier aber nicht näher betrachtet werden.

Der Detektor des nachfolgend beschriebenen Gerätes befindet sich in einem Winkel von 47,3° zur Röntgenröhre, damit sie nicht direkt von der Röntgenstrahlung getroffen wird. Je nach Messmodus kann durch eine hinter den Ausgang der Röntgenröhre geschaltete Molybdänfolie niederenergetische Strahlung gefiltert werden.

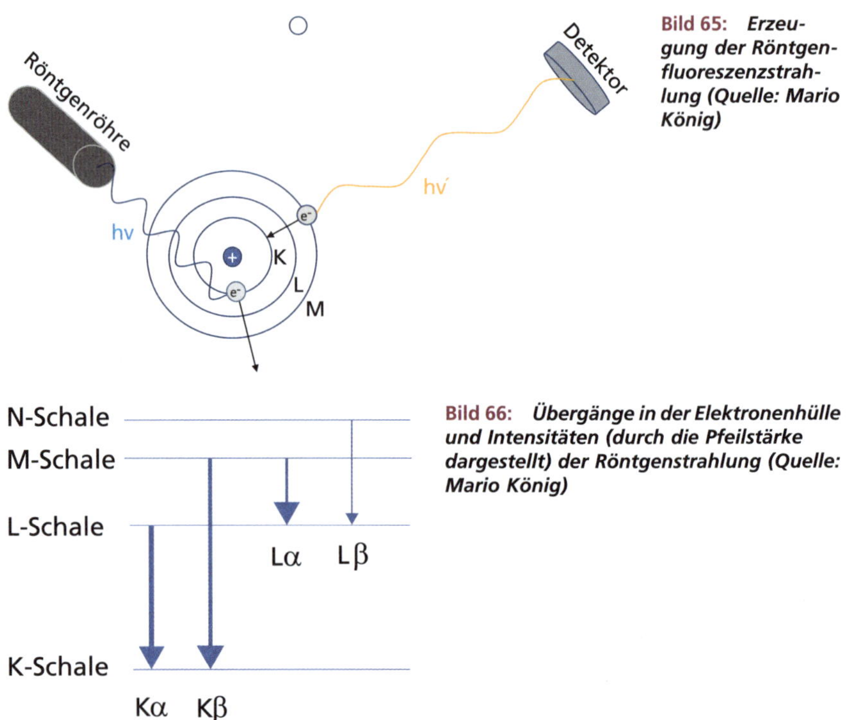

Bild 65: ***Erzeugung der Röntgenfluoreszenzstrahlung (Quelle: Mario König)***

Bild 66: ***Übergänge in der Elektronenhülle und Intensitäten (durch die Pfeilstärke dargestellt) der Röntgenstrahlung (Quelle: Mario König)***

19.2 Gerätetechnik

Als praktisches Beispiel für die Gerätetechnik dient das Niton XL2 (Thermo Scientific), das vor mehreren Jahren bei den ATF-Standorten eingeführt wurde.

Das Messprinzip eines Siliziumdriftdetektors beruht auf der Drift von Elektronen von einer p^+-dotierten Kontaktseite zu einer n^+-Anode (beim beschriebenen Gerät aus Silber) durch einen n^--dotierten Halbleiter aus Silizium.

Das Gerät verfügt über mehrere Messprogramme, in denen die jeweils optimierten Stoffbibliotheken hinterlegt sind. Die Messdaten können über einen USB-Anschluss, Bluetooth oder über eine RS-232 Schnittstelle auf einen externen Rechner übertragen werden. Durch die Bluetooth-Schnittstelle ist z. B. auch die Verbindung mit einem externen GPS-Sensor möglich.

Das Gerät kann sowohl batteriebetrieben mobil eingesetzt werden oder aber auch stationär mit einem Anschluss an das Stromnetz. Im abgesetzten Modus ist ein mobiler Einsatz für vier bis acht Stunden möglich. Die Steuerung erfolgt über einzelne Funktionstasten oder aber über ein LCD-Touchscreen, insbesondere zur Eingabe alphanumerischer Zeichen. Auf dem Touchscreen kann auch ein erster Eindruck des gemessenen Spektrums gewonnen werden.

Vor der eigentlichen Messung wählt man den für die geplante Messaufgabe geeigneten Modus aus, um ein optimales Messergebnis zu erhalten. Sogenannte Mehrfachfiltermessungen ermöglichen den Nachweis spezifischer Elemente mit erhöhter Empfindlichkeit. Alternativ kann dadurch auch ein größerer Elementbereich abgedeckt werden.

Ein Zusatzbauteil ist die mobile Messkammer, womit die Messung ferngesteuert gestartet wird.

Bild 67: ***Das Niton™ XL2 Röntgenfluoreszenzspektrometer von Thermo Scientific (Quelle: Mario König)***

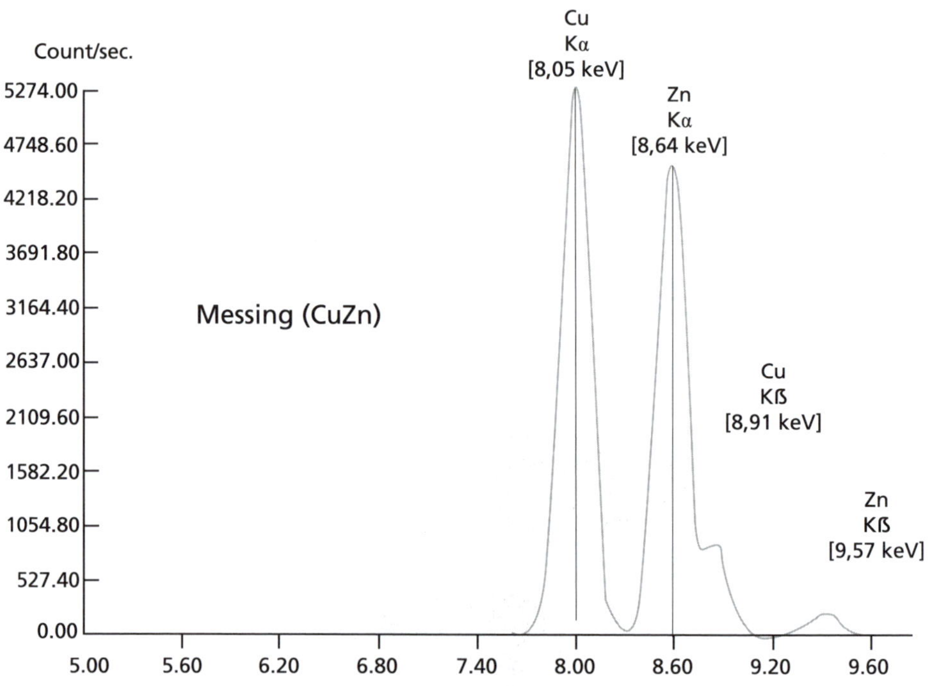

Bild 68: ***Röntgenspektrum am Beispiel einer Messinglegierung (Quelle: analyticon)***

Tabelle 13: ***Technische Daten***

Gewicht	1,5 kg
Abmessungen	25,6 cm x 27,5 cm x 10,0 cm (B x T x H)
Röntgenröhre	Ag-Anode mit max. 45 kV Spannung
Detektor	Siliziumdriftdetektor (SDD)
Standard Elementanalytik	>25 Element Cl bis U
Optionale Elementanalytik	zusätzlich Mg, Al, Si, P, S
Datenspeicher	ca. 10 000 Einträge inkl. Spektren

19.3 Anwendung

Die RFA ist in vielen Bereichen ein schon lange etabliertes Verfahren der Elementaranalytik. Eine der großen Stärken ist die Elementanalyse in Metalllegierungen. Die praktische Anwendung dafür sind das Altmetallrecycling und die Werkstoffprüfung bei der Schichtdickenbestimmung. Auch in Kunststoffen hilft die Elementanalyse dabei im Rahmen der Produktsicherheit Schwermetalle in Spielzeug oder Kunststoffbauteilen zu identifizieren. Eher unbekannt ist die Anwendung in der Archäologie und Kunst bei der Untersuchung der Farbe von Gemälden und historischen Fundstücken. Nicht zuletzt hat das Verfahren Bedeutung im Bereich Umweltschutz bei der Bodensanierung.

Im Aufgabenbereich des Brandschutzes kann die RFA eingesetzt werden, um Schwermetalle nach einem Brand z. B. in einem Galvanikbetrieb nachzuweisen. Auch in Böden können größere Konzentrationen an Schwermetallen nach einer Kontamination mit z. B. Löschwasser nachgewiesen werden. Darüber hinaus ist eine Identifikation von Stoffen möglich, die mit den anderen spektroskopischen Verfahren so nicht erfasst werden können. Insbesondere bei anorganischen Feststoffen scheitern die meisten der anderen in diesem Buch beschriebenen Verfahren.

Im Zusammenhang mit den Anwendungsmöglichkeiten ist es wichtig zu wissen, dass die im RFA-Gerät erzeugte Röntgenstrahlung nur eine beschränkte Eindringtiefe, insbesondere bei sehr dichten Proben, besitzt. Es handelt sich also vorwiegend um eine Untersuchung der Oberfläche des zu untersuchenden Gegenstandes. In der Praxis reicht dies von wenigen Millimetern bis in den Mikrometerbereich. Bei sehr weichen Materialien wie z. B. Holz oder Kunststoffe sind auch Eindringtiefen von bis zu 40 cm möglich. Je nach Matrix, die untersucht werden soll, arbeiten die Hersteller mit Korrekturfaktoren, um insbesondere die quantitative Auswertung zu optimieren.

Ein weiterer Faktor, der die Anwendung einschränkt, ist die Stellung des nachzuweisenden Elements im Periodensystem. Die Elemente der ersten beiden Perioden, bis zum Neon, sind im Spektrum nicht sichtbar.

Die Nachweisgrenzen der RFA liegen in Abhängigkeit von der Matrix und dem nachzuweisenden Element im ein- bis dreistelligen ppm-Bereich.

Wichtig im Umgang mit einem RFA-Gerät ist das Verständnis über die Gefahr, die von dem Gerät, aufgrund der verwendeten Röntgenstrahlung, ausgeht. Für den Betrieb ist eine gültige Betriebsgenehmigung und die ausschließliche Anwendung durch unterwiesenes Personal notwendig. So darf sich keine Person in der Richtung des Primärstrahls aufhalten und auch außerhalb dieses Bereichs ist ein vom Hersteller vorgegebener Abstand einzuhalten. Der Betrieb des Gerätes ist daher auch nur passwortgeschützt möglich, um eine unbefugte Verwendung zu vermeiden. Sobald die Messung aktiv läuft, ist das an entsprechenden Leuchtdioden erkennbar, die den Betreiber warnen. Zusätzlich muss auch ein Strahlenschutzbeauftragter bestellt werden.

Weiterführende Literatur zu Kapitel 19

A. Gödde, Schwermetallbestimmung mittels Röntgenfluoreszenz in komplexer Matrix, Bachelorthesis, FH Aachen, 2017.

P. Hahn-Weinheimer, A. Hirner, K. Weber-Diefenbach, Röntgenfluoreszenzanalytische Methoden Grundlagen und praktische Anwendung in den Geo-, Material und Umweltwissenschaften, Vieweg, 2. Auflage, 1995.

20 Gefahrstoffdetektorarray

Die Entwicklung eines Gefahrstoffdetektorarrays (GDA) wurde durch einen Forschungsauftrag der Zentralstelle für Zivilschutz (ZfZ) des Bundesverwaltungsamtes (heutiges BBK) veranlasst und gefördert [20.1]. Der erste Prototyp, das GDA-1, wurde von der Technischen Universität Hamburg-Harburg entwickelt. Das Ziel bestand darin, ein Messgerät zu entwickeln, mit dem durch kontinuierliche Messung sowohl chemische Kampfstoffe als auch eine große Anzahl von Industriechemikalien detektiert werden können. Als Grundlage zur Stoffauswahl für die Industriechemikalien wurde die Einsatztoleranzwert-Liste (ETW-Liste, ▶ Kapitel 4.2.2) herangezogen. Nach einer eingehenden Erprobung bei mehreren Feuerwehren, die sich intensiv mit Fragen der mobilen Analytik befassten, wurden die bei der Erprobung gewonnenen Erkenntnisse in einem zweiten Gerät, dem GDA-2, umgesetzt (▶ Bild 69).

Bild 69: ***Ansicht des GDA-2 (Quelle: Mario König)***

20.1 Messprinzip

Die Idee dieses Gerätes besteht darin, durch die Kombination mehrerer sehr unterschiedlicher Sensoren für viele Substanzen ein sogenanntes Muster zu erhalten, das es erlaubt, Gefahrstoffe zu identifizieren bzw. Stoffgruppen zuzuordnen. Das vernetzte Sensorsystem ist aufgrund der verwendeten Auswertealgorithmen mehr als nur eine Ansammlung von Detektoren, Im Gegensatz zu bisherigen Messgeräten, die mit mehreren Detektoren bestuckt sind. Die analytischen Bausteine des Gerätes bestehen aus einem Ionenmobilitätsspektrometer, einem Photoionisationsdetektor, zwei Halbleitergassensoren mit unterschiedlicher Empfindlichkeit und einer elektrochemischen Zelle (Phosgen). Das Messprinzip eines Halbleitergassensors beruht auf einer Leitfähigkeitsänderung der gasempfindlichen Sensorschicht. Neben der Identifikation eines Stoffes aus der ETW-Liste ist es auch das Ziel, einen Gefahrstoff halbquantitativ zu erfassen und eine Aussage darüber zu ermöglichen, ob eine vorher festgelegte Alarmschwelle (üblicherweise AGW, ETW oder ERPG-Werte) überschritten wird und damit ein optischer und akustischer Alarm ausgelöst werden soll (► Kapitel 4). Es ist Bestandteil der Gerätephilosophie, möglichst kein »falsch negatives Ergebnis« zu produzieren. Ein falsch negatives Ergebnis bedeutet die Anwesenheit eines Stoffes, ohne dass er angezeigt wird.

20.2 Gerätetechnik

Das GDA-2 ist als mobiles, etwa 4,5 Kilogramm schweres, handgehaltenes Messgerät ausgelegt, das kontinuierlich Messungen durchführen kann. Die gerätetechnische Grundlage stellt das RAID-M100 (Ionenmobilitätsspektrometer) der Firma Bruker dar, welches um zusätzliche Sensoren, eine Verdünnungstechnik und eine Steuerungselektronik erweitert wurde (► Bild 70). Die Energieversorgung erfolgt über einen gerätespezifischen 12-Volt-Akku, der in einer separaten Ladestation geladen wird. Die Steuerung im abgesetzten Betrieb erfolgt über zwei Taster und ein beleuchtetes LCD-Display. Für den Einsatz in Fahrzeugen wurden mehrere Halterungen erprobt. Beim Fahrzeugbetrieb ist der Anschluss des GDA-2 an einen Rechner möglich, was eine erheblich gesteigerte analytische Aussagekraft des Gerätes ermöglicht. Nach der Inbetriebnahme führt das Gerät auf allen eingebauten Sensoren einen automatischen Nullabgleich durch, bevor das Gerät in den Messmodus geht.

Das GDA-2 wurde mittlerweile um die Variante GDA-P (► Bild 71) erweitert. Dieses Gerät verfügt grundsätzlich über ein IMS auf Ni-63 Basis, der durch ein PID oder einen elektrochemischen Detektor erweitert werden kann. Das Gerät arbeitet mit handelsüblichen Batterien bzw. Akkus, verfügt über RS-232 und Bluetooth Schnittstellen. Das 1,5 kg schwere Gerät erfüllt MIL-Standards und die Schutzart IP65. Bei Bedarf kann das GDA-P in eine Docking-Station eingebaut werden und in Bauwerken, Fahrzeugen oder auch im Freien über einen längeren Zeitraum betrieben werden.

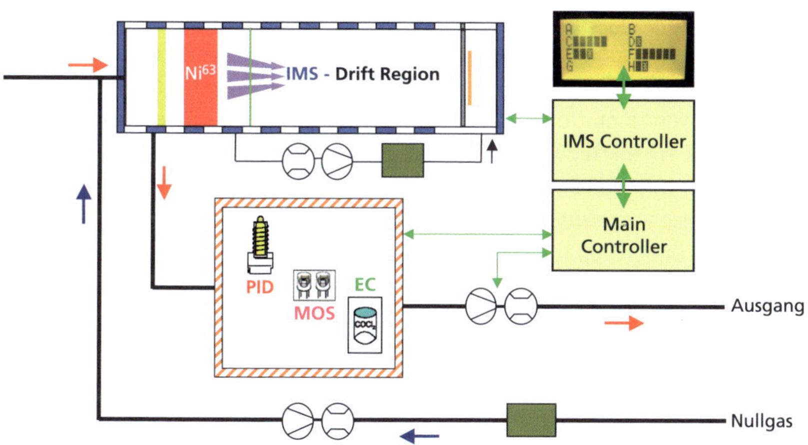

Bild 70: *Skizze des Gasflusses und der Sensoren in einem GDA-2 (Quelle: Airsense Analytics GmbH)*

Bild 71: *Ansicht des GDA-P (Quelle: Airsense Analytics GmbH)*

20.3 Stoffe der ETW-Liste und das Problem ihrer Erfassung

Die ETW-Liste umfasst 44 Substanzen, die als für den Feuerwehreinsatz besonders relevant eingestuft wurden. Daher sollte das GDA-2 möglichst alle diese Substanzen detektieren können, was mit Ausnahme des CO_2 auch erreicht wurde. Ein Problem der ETW-Liste liegt darin, dass sie sehr unterschiedliche Stoffklassen enthält, die Konzentrationsbereiche von 0,02 ppm bis zu 10 000 ppm umfassen. Ein so großer dynamischer Bereich kann nur mit verschiedenen Detektionstechniken und einer

Verdünnungseinheit erfasst werden. Vor dem eigentlichen Sensorarray befindet sich eine Verdünnungseinheit, die einen Verdünnungsfaktor des Gasstroms bis 1:50 in mehreren Schritten zulässt. Dabei wird das Probengas durch mit Aktivkohle gefilterte Luft verdünnt. Durch diese Verdünnungseinheit ist es möglich, den Messbereich des GDA erheblich zu erweitern. Insbesondere für den Einsatz des IMS im Zusammenhang mit Industriechemikalien ist das wesentlich, da ein IMS einen dynamischen Bereich von nicht mehr als zwei Dekaden besitzt, die je nach Substanz zwischen 10 ppb und 10 ppm liegen. Diese Verdünnungseinheit kann entweder vom Bediener eigenständig aktiviert werden oder aber das GDA-2 schaltet automatisch in den Verdünnungsmodus, wenn die detektierten Signale auf eine Überflutung des Gerätes mit einem Gas hindeuten. Dabei wird der Verdünnungsfluss zuerst im Bereich der maximalen Verdünnung betrieben und dann schrittweise wieder reduziert.

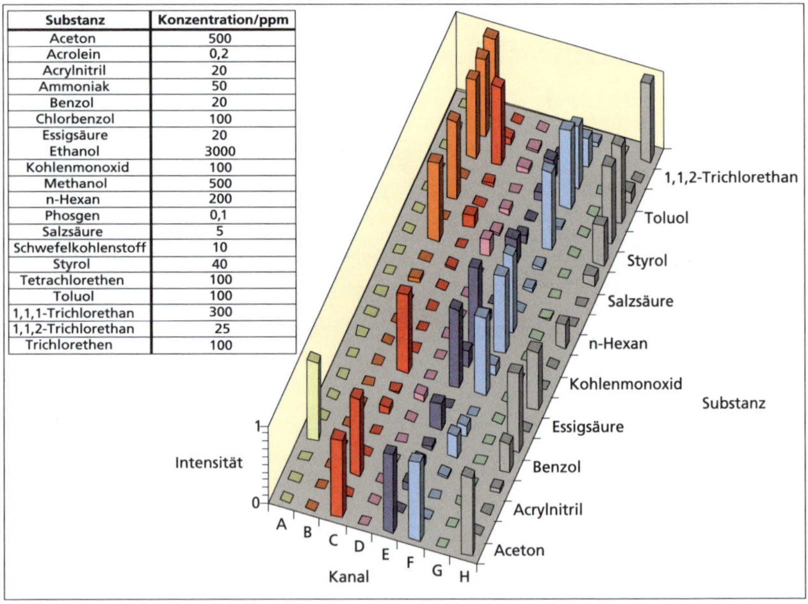

Substanz	Konzentration/ppm
Aceton	500
Acrolein	0,2
Acrylnitril	20
Ammoniak	50
Benzol	20
Chlorbenzol	100
Essigsäure	20
Ethanol	3000
Kohlenmonoxid	100
Methanol	500
n-Hexan	200
Phosgen	0,1
Salzsäure	5
Schwefelkohlenstoff	10
Styrol	40
Tetrachlorethen	100
Toluol	100
1,1,1-Trichlorethan	300
1,1,2-Trichlorethan	25
Trichlorethen	100

Bild 72: ***Signalmuster des GDA-2 zur Stoffidentifikation für die Substanzen der ETW-Liste bei ihrem jeweiligen Einsatztoleranzwert (Quelle: Airsense Analytics GmbH)***

Die Detektierbarkeit eines Teils der Stoffe der ETW-Liste durch ein IMS zeigt ▶ Bild 72. Insgesamt können 22 dieser Stoffe mit diesem Verfahren nachgewiesen werden. Das in einem getrennten Gasweg geschaltete PID vermag die meisten noch fehlenden Substanzen zu detektieren. Nur Phosgen und Phosphin müssen mit einer elektrochemischen Zelle nachgewiesen werden. Die noch fehlenden Stoffe Acrolein, Formaldehyd und Kohlenstoffmonoxid werden letztendlich über die Halbleitergassensoren (MOS) detektiert. Zusammen mit den MOS-Sensoren stehen vier Detektionsverfahren zur Verfügung, die nach völlig verschiedenen physikalischen Prinzipien arbeiten. Dem IMS werden vier Signalkanäle zugeordnet. Im positiven und negativen Modus je ein Kanal vor und einer hinter dem Reaktantionenpeak (Kanäle A-D). Die Werte der Halbleitergassensoren werden durch die Kanäle E und F, die elektrochemische Zelle durch den Kanal G und der PID durch den Kanal H dargestellt (▶ Bild 73). Die Darstellung der Messergebnisse je Kanal erfolgt in Balkendiagrammen mit bis zu acht Balken und kann je nach Bedarf linear oder logarithmisch erfolgen.

Die Steuerung des Gerätes erfolgt mit zwei verschiedenen Programmen. Die im Gerät hinterlegte Software dient zum Betrieb des GDA-2 im abgesetzten Modus. In diesem Modus stehen nur zwei Druckknöpfe zur Verfügung, um über ein kleines LCD-Display eine grundlegende Steuerung der wesentlichen Funktionen, wie die Wahl des Betriebsmodus, Anzeige von Messwerten oder Informationen über den integrierten Datenlogger zu ermöglichen. Mit der Betriebssoftware WinMuster-GDA kann das GDA-2 mit einem externen PC über eine serielle Schnittstelle im stationären Betrieb gesteuert und ausgewertet werden. In diesem Programm lassen sich alle Sensoren getrennt ansteuern und auswerten.

Das GDA-2 kennt drei grundsätzlich verschiedene Betriebszustände. Einmal den **GDA-Modus**, dieser wird verwendet, um Stoffe zu detektieren bzw. Substanzen aus der ETW-Liste zu identifizieren und halbquantitativ zu bestimmen. Im **IMS-Modus** entspricht die Anzeige der des normalen RAID-M100, das die Grundlage für das GDA-2 darstellt. In diesem Modus übernimmt der Controller des IMS alle Steuerungen. Hier erfolgt eine Darstellung von Signalen aus zwei Datenbanken (CWA, Chemical Warfare Agents – Kampfstoffe und ITOX Industrial Toxicants – toxische Industriechemikalien) in Form einer Namensnennung und mit einer Balkenanzeige für die quantitative Information. Im **PID-Modus** wird nach Auswahl einer Substanz aus einer im Gerät hinterlegten Tabelle ein Kalibrierfaktor für das PID eingesetzt und eine Konzentration zusammen mit dem Stoffnamen direkt in ppm angegeben. Das Bedienmenü ist in mehrere hierarchische Ebenen gegliedert, die mit Passwort geschützt werden können. Dadurch kann sichergestellt werden, dass wesentliche Grundeinstellungen nicht aus Versehen vom Gerätebediener verstellt werden können.

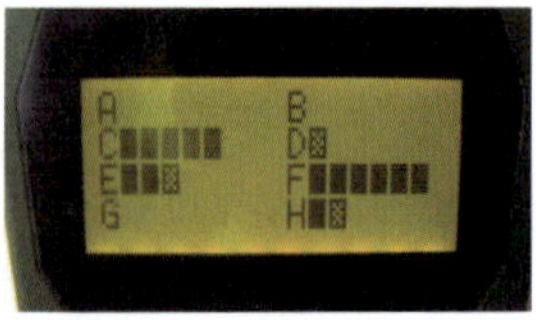

GDA-2 Kanäle		Charakteristische Substanzen
A	IMS	Ammoniak
B	IMS	anorganische saure Gase, chlorierte Stoffe
C	IMS	polare Substanzen, elektropositiv
D	IMS	polare Substanzen, elektronegativ
E,F	MOS	oxidierbare und reduzierbare Stoffe
G	EZ	elektrolytisch dissoziierbare Stoffe
H	PID	aromatische, ungesättigte Kohlenwasserstoffe

Signal des Sensors

Bild 73: ***Anzeige der Kanäle, der dahinterstehenden Detektoren und der für diesen Kanal charakteristischen Substanzen (Quelle: Airsense Analytics GmbH)***

20.4 Identifikation

Die Identifikation eines Stoffes stellt eine der Stärken des Gerätes dar, sie ist aber auch die mit Abstand problematischste Fähigkeit des GDA-2. Der Gedanke der Stofferkennung beim GDA-2 beruht darauf, dass verschiedene Stoffe in den einzelnen Kanälen eine unterschiedliche Signalintensität verursachen. Bei der Geräteentwicklung wurden die nachzuweisenden Substanzen unter Laborbedingungen bei verschiedenen Konzentrationen vermessen. Denn die gleiche Substanz erzeugt in Abhängigkeit von ihrer Konzentration unterschiedliche Muster. Diese Muster wurden anschließend in einer Bibliothek abgelegt. Bei einer Messung im Einsatz wird dann das gefundene Muster mit den bekannten Daten unter Einbeziehung verschiedener mathematischer Verfahren verglichen.

Im positiven Fall gibt das Gerät einen Namen an und da die Spektren bei verschiedenen Konzentrationen aufgenommen wurden, kann auch noch eine halbquantitative Mengenangabe durchgeführt werden. Sofern die Substanz im PID ein Messsignal erzeugt, wird dieser Messwert zur Quantifizierung verwendet. Um die Qualität der Identifikation zu verbessern, wird auch der K_0-Wert des IMS-Signals zur Auswertung mit herangezogen (▶ Kapitel 14.3). Im Routinebetrieb haben jedoch noch eine ganze Reihe von weiteren gerätespezifischen Einflüssen (Alterungsprozesse, Memoryeffekte) Auswirkungen auf das Messergebnis, welche die qualitative Aussagekraft des Gerätes beeinflussen. Die Identifikation der reinen Substanzen führt unter optimalen Bedingungen bereits zu akzeptablen Ergebnissen. Unmöglich ist dagegen die Stoffidentifikation in dem Augenblick, in dem Stoffgemische auftauchen.

20.5 Einsatztaktik

Das GDA-2 wurde für drei verschiedene Aufgaben entwickelt:

1. Monitoring oder auch Luftspüren: Darunter ist das kontinuierliche Messen einer möglichen Kontamination von Umgebungsluft zu verstehen.
2. Quellenspüren: Das bedeutet Aufspüren einer Emissionsquelle bzw. einer Leckage.
3. Bestimmung einer oberflächlichen Kontamination, z. B. auf Schutzbekleidung.

20.5.1 Monitoring

Wenn dieses Verfahren eingesetzt werden soll, wird das Gerät kontinuierlich im Fahrzeug eingebaut und mit einer Außensonde versehen oder im abgesetzten Zustand außerhalb des Fahrzeugs betrieben. Das zu untersuchende Gelände wird auf mögliche Schadstoffbelastung untersucht. In diesem Modus ist nicht mit allzu plötzlichen Konzentrationsanstiegen zu rechnen. Das Gasverdünnungssystem wird im Automatikmodus betrieben. Falls es zu einer starken Erhöhung der Schadstoffkonzentration kommen sollte, kann sich das Gerät selbstständig schützen.

20.5.2 Quellenspüren

Beim Quellenspüren wird das Gerät immer handgehalten im Freien oder in einem Gebäude eingesetzt. Um das Gerät in einer unklaren Situation vor einer schlagartigen Überlastung zu schützen, sollte es immer mit der maximalen Verdünnung betrieben werden, bis ein erstes Signal erscheint. Sollte dies nach mehreren Sekunden nicht der Fall sein, kann der Verdünnungstaktor schrittweise reduziert werden. Soll eine Stoffidentifikation durchgeführt werden, ist darauf zu achten, dass über einen Zeitraum von etwa 15 Sekunden eine annähernd konstante Gaskonzentration herrschen muss, damit eine Stoffidentifikation möglich ist. Dazu sollte der Abstand zur Quelle konstant gehalten und Luftbewegungen soweit wie möglich vermieden werden.

20.5.3 Einsatz als Kontaminationsnachweisgerät

Als Zusatzmodul verfügt das GDA-2 über einen Infrarot-Thermodesorber, der vor dem Gaseinlass des Gerätes angebaut wird. Man spricht dann auch vom Betrieb des GDA-2 im sogenannten Kontaminationsnachweisgerät-Modus (KNG-Modus). Durch diesen Thermodesorber wird die zu untersuchende Oberfläche erwärmt, wobei höher siedende Chemikalien verdampft werden, die anschließend vom Gaseinlass aufgenommen werden. Die Erfahrungen zeigen, dass sich dieses Verfahren besonders zur Untersuchung von polymeren oder nichtporösen Oberflächen eignet. Im KNG-Modus kann das Gerät allerdings aufgrund des hohen Strombedarfs der Lampe nicht mehr mit einem Akku betrieben werden, sondern muss an eine 230 V Spannungsquelle angeschlossen werden.

20.6 Funktionsüberprüfung und Service

Die Funktionsüberprüfung auf spezifische Gase bzw. ein Schnellfunktionstest erfolgt durch Permeationsröhrchen. Dabei handelt es sich um Glasfläschchen, die die nachzuweisende Substanz enthalten und die mit einer speziellen Polymermembran verschlossen sind, die eine definierte Stoffmenge freisetzen. Zum Testen wird das Fläschchen auf den Gaseinlass des GDA-2 angeflanscht. Da die Ansaugmenge des Gerätes bekannt ist, entsteht so eine reproduzierbare Testkonzentration. Zur grundlegenden Überprüfung aller Sensoren dient eine eigens entwickelte Prüfvorrichtung (Kalibrator), die es erlaubt, mit einer Prüfflüssigkeit alle Sensoren auf einwandfreie Funktion zu kontrollieren. Der Kalibrator wird an der Frontklappe des Gerätes mit einem Schnappverschluss montiert. Als Referenzsubstanz zum Kalibrieren wird 1,1,1-Trichlorethan eingesetzt. Die Referenzsubstanz befindet sich in einem der oben beschriebenen Permeationsröhrchen. Die Kalibrierung beginnt mit einem Nullabgleich und einem mehrstufigen Verdünnungsprozess, bei dem eine Verdünnungskennlinie für alle Sensoren ermittelt wird. Im letzten Schritt erfolgt die Prüfung der elektrochemischen Zelle, wozu der integrierte Phosgen-Generator aktiviert wird, der die Prüfflüssigkeit durch Thermolyse in Phosgen umwandelt. Neben der Überprüfung der Sensoren müssen auch die beiden in dem Gerät verbauten Filter regelmäßig gewechselt werden. Der Trockenfilter, auch Kreislauffilter genannt, dient dazu, im Inneren des Gerätes eine konstante Wasserdampfkonzentration zu erzeugen, damit die Ionisierung des IMS unter reproduzierbaren Bedingungen abläuft. Eine andere Aufgabe dieses Filters besteht darin, gemessene Substanzen, die durch die Einlassmembran in das IMS gelangt sind, wieder aus dem Messkreislauf zu entfernen. Ein Austausch erfolgt auf Anweisung durch das Gerät selbst oder wenn sich Memoryeffekte anders nicht beseitigen lassen. Der Verdünnungsgas- oder auch Rückspülfilter reinigt die durch die Verdünnungspumpe angesaugte Luft. Ein Wechsel wird nötig, wenn auch bei maximaler Verdünnung über längere Dauer keine Reinigung des GDA auftritt.

Literatur

[20.1] Matz, G., Rusch, P., Ollesch, T.: Automatische Identifikation von Gefahrstoffen mittels Gefahrstoffdetektorarray (GDA) und dessen Verwendung als Kontaminationsnachweisgerät (KNG), 31. August 2003.

Weiterführende Literatur zu Kapitel 20

Schuppe, F.: Gasdetektorarray GDA-1, Funktionsprüfung und Bewertung der Feuerwehrtauglichkeit, Institutsbericht Nr. 374, Institut der Feuerwehr Sachsen- Anhalt, 1999.

21 Wasseranalytik

21.1 Gewässerverschmutzung

Bei der Analytik von Wasser muss im Vorfeld überlegt werden, bei welchen Fällen eine Feuerwehr überhaupt eingesetzt werden kann. Bei dem natürlich vorkommenden Wasser mit dem höchsten Reinheitsgrad, dem Trinkwasser, sind Feuerwehren definitiv überfordert. Schon alleine die strengen Vorgaben zur Probenahme von Trinkwasser übersteigen die Ausstattung und Fähigkeiten der Feuerwehren. Von den notwendigen Aufarbeitungs- und aufwändigen Analyseverfahren abgesehen.

Anders sieht es bei fließenden oder stehenden Oberflächengewässern aus. Hier kann der Einsatz einer Feuerwehr einmal durch Beobachtungen von Dritten notwendig werden, die eine Veränderung des Gewässers bemerken, oder aber durch einen Einsatz der Feuerwehr in der Nähe des Gewässers als Folge eines Brandes oder eines Einsatzes mit Gefahrstoffen.

Die chemische und biologische Beschaffenheit von Oberflächengewässern schwankt sehr stark und ist in besonderem Maße von Art und Menge der eingeleiteten Stoffe abhängig. Seen, in die keine Abwässer eingeleitet werden, sind meist elektrolytarm, weich und durch einfache Aufbereitung für die Trinkwasserversorgung gut geeignet. Sie stehen somit unter besonderem Schutz.

Jedes, nach häuslichem oder gewerblichem Gebrauch veränderte, verunreinigte und in die Kanalisation gelangende Wasser wird als Abwasser bezeichnet. Dazu gehört auch das von Niederschlägen stammende Wasser. Das Einleiten von wassergefährdenden Stoffen ist nach dem Strafgesetzbuch (§ 324 StGB) strafbar. Die Zuständigkeiten sind im Wasserrecht geregelt. Einzelheiten regeln örtliche Boden- und Gewässerschutzalarmpläne.

Gewässerverschmutzungen, zu denen die Feuerwehr alarmiert wird, machen meist durch auffallende Veränderungen auf sich aufmerksam, z. B. Verfärbungen, Ölfilm, Schaumbildung oder Tiersterben (Amphibien, Fische, Vögel). Fischsterben kann aufgrund von Sauerstoffmangel im Gewässer, der Einwirkung von Düngemitteln, Fäkalien, Pestiziden oder der Einleitung von Schadstoffen verursacht werden. Es gibt aber auch eine ganze Reihe natürlicher Ursachen, die zu einer negativen Veränderung eines Gewässers beitragen können, wie Fischkrankheiten und Fischparasiten, der starken Vermehrung toxischer Algen oder anaeroben sauerstoffzehrenden Prozessen in einem Gewässer.

Sauerstoffmangel kann als Ursache ausgeschlossen werden, wenn auch niedere, sesshafte Wassertiere (unter Steinen), Amphibien (Frösche, Kröten, Lurche) oder

Wasservögel betroffen sind. Bei Fließgewässern besteht zusätzlich das Problem, dass der momentane Standort der Schadstoffquelle unbekannt ist. Hier besteht die schwierige Aufgabe darin, zum einen die mögliche Emissionsquelle und damit den Verursacher zu identifizieren und zum anderen abzuschätzen, wie lange der Beginn der Einleitung zurückliegt und daraus mit der Fließgeschwindigkeit des Gewässers abzuleiten, wo sich die Schadstofffront mittlerweile bewegt. Insbesondere bei kleinen, langsam fließenden Gewässern kommt es nur zu einer geringen Verdünnung und damit Verringerung der Gefahren durch den eingeleiteten Stoff.

Löschwasser ist ein besonders brisantes Abwasser, dessen unkontrolliertes Einlaufen in Oberflächengewässer oder unbefestigte Oberflächen und dadurch in das Grundwasser unbedingt verhindert werden muss. Beim Einleiten in Abwasserkanäle sind die betroffenen Kläranlagen sofort zu verständigen, da durch toxische Inhaltsstoffe im Löschwasser und Löschschaum die Mikroorganismen in einer biologischen Kläranlage in ihrer Reinigungsfunktion gestört werden. Hier besteht eventuell die Möglichkeit den Kanal zu verschließen oder das kontaminierte Abwasser in einem Becken zwischenzulagern und dann verdünnt dem Abwasserstrom wieder zuzuführen. Solche Maßnahmen sind unverzüglich mit den Abwasserbetrieben abzustimmen [21.1].

Parallel zu den ersten Erkundungsmaßnahmen muss so früh wie möglich eine Probenahme stattfinden. Da die Feuerwehr meistens vor der Wasserbehörde am Ereignisort eintrifft, muss der Standard der Probenahme und das weitere Vorgehen der Feuerwehr mit der örtlich zuständigen Behörde geklärt werden. Oftmals ist den zuständigen Behörden nicht bekannt, über welche Möglichkeiten zum Gefahrstoffnachweis die örtliche Feuerwehr verfügt.

Bei Gewässerverschmutzungen aus einem Kanaleinlauf sind aktuelle Pläne der Abwasser- und Regenwasserkanäle erforderlich, um die Einleitungsstelle zu lokalisieren. Regenwasserkanäle münden oft in sogenannte Vorfluter. Das können kleinere Bäche oder auch Flüsse sein. Das Niederschlagswasser von Bundesautobahnen und Straßen außerhalb des kommunalen Kanalnetzes wird größtenteils über Entwässerungsgräben und Rohrleitungen direkt in Oberflächengewässer geleitet. Bei unsachgemäßer Einleitung oder durch Unfälle kommt es zu großflächigen Gewässerverschmutzungen. Die Autobahnmeistereien verfügen über Kartenmaterial mit den Entwässerungsvorrichtungen und Einleitungspunkten.

Bevor sich eine Feuerwehr mit Material zur Wasseranalytik ausstattet, sollte sie sich kritisch fragen, ob nicht andere Behörden, allen voran die Abwasserbetriebe, mit ihren Laboratorien geeigneter sind, eine aussagekräftige Analytik sicherzustellen, zumal die Abwasserbetriebe oftmals eine Rufbereitschaft besitzen. Die für eine hochwertige Wasseranalytik notwendige Ausstattung mit einem Photometer und den dazugehörenden Reagenzienkits verursacht erhebliche, insbesondere laufende Kosten. Auch das notwendige Training darf nicht unterschätzt werden. Alles in allem sehr viel Aufwand für eine Einsatzlage, die nur sehr selten eintritt. Ein sinnvoller Kompromiss könnte die Beschaffung von Schnelltests auf Basis von Teststäbchen darstellen, wie man sie auch im Aquariumsbereich einsetzt. Diese Lösung ist zum einen wirtschaftlicher und zum anderen mit minimalem Trainingsaufwand verbunden.

21.2 Probenahme

Eine zeitnahe und korrekte Probenahme durch die Feuerwehr ist der wesentlichste Anteil an einer Wasseruntersuchung, den eine Feuerwehr leisten kann. Die dazu notwendigen Materialien und Anleitungen finden sich in den Probenahmerucksäcken, die Beladung des CBRN-ErkW sind. Näheres dazu findet sich im ▶ Kapitel 5. Bei einer Untersuchung von Oberflächengewässern ist es im Vorfeld wichtig zu klären, welches Labor die Analytik übernimmt, um den Zeitpunkt zwischen der Probenahme und der Analyse so kurz wie möglich zu halten. Kommt es zur Probenahme an fließenden bzw. riskanten stehenden Gewässern, muss immer auch die Eigensicherung des probenehmenden Trupps beachtet werden.

21.3 Bestimmbare Parameter

Mithilfe der auf dem Markt erhältlichen Analysesätze und Messgeräte lässt sich eine Vielzahl sehr unterschiedlicher Parameter bestimmen, von denen aber nur wenige für den Feuerwehreinsatz von Bedeutung sind [21.2].

21.3.1 pH-Wert

Der pH-Wert ist ein Maß für den sauren oder basischen Charakter von wässrigen Lösungen. Der pH-Wert lässt sich mit Teststäbchen schnell und für den robusten Feuerwehreinsatz ausreichend genau bestimmen. Hier stehen auch vergleichsweise einfach anwendbare pH-Meter zur Verfügung, die aber immer in einer Pufferlösung aufbewahrt werden sollten.

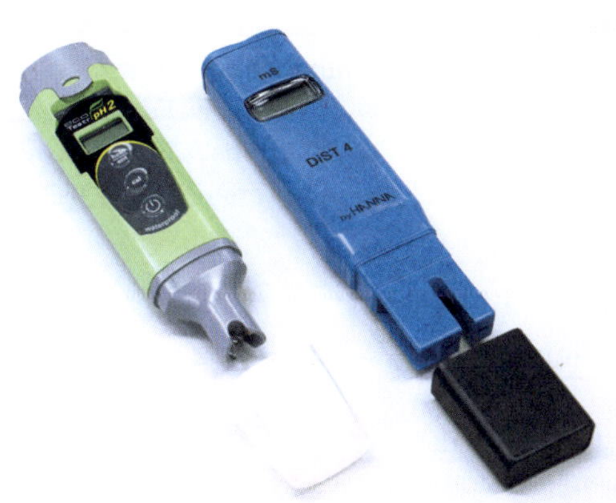

Bild 74: ***Für den Feldeinsatz entwickelter pH-Meter und Leitfähigkeitsmesser***

21.3.2 Leitfähigkeit

In wässrigen Lösungen wird Strom durch gelöste Ionen (Salze, Säuren, Laugen) geleitet. Je mehr Ionen in der wässrigen Lösung enthalten sind, umso besser leitet dieser Elektrolyt den elektrischen Strom. Einheit der spezifischen Leitfähigkeit ist das Siemens (1 S = 1/Ω × cm). Vor der Messung ist eine Kalibrierung der Leitfähigkeitsmesszelle mit einem Elektrolyten bekannter Leitfähigkeit erforderlich. Mit der Messung der elektrischen Leitfähigkeit können schädigende hohe Salzkonzentrationen in einem Gewässer festgestellt werden, die keine pH-Wert-Veränderung hervorrufen.

Tabelle 14: ***Leitfähigkeiten***

Wasserart	Leitfähigkeit [mS/cm]
Trinkwasser	0,5 bis 1
Flusswasser	2 bis 3
Abwasser	bis 200
Säuren, Laugen	bis 1 000

21.3.3 Chemischer Sauerstoffbedarf

Der Chemische Sauerstoffbedarf (CSB) ist ein Summenparameter für organische Stoffe im Wasser. Er gibt die Menge Sauerstoff an, die erforderlich ist, um alle organischen Inhaltstoffe einer Wasserprobe chemisch zu oxidieren. Der CSB-Wert stellt eine wichtige Kenngröße für die Gesamtbelastung des Gewässers dar und steht mit anderen Summenparameterwerten in Wechselbeziehung, wie z. B. dem TOC (Gesamter organischer Kohlenstoff [21.3]). Im Normalfall dauert eine CSB-Bestimmung 120 Minuten. Sie ist ein klassisches Laborverfahren und nicht für den Feldeinsatz konzipiert.

21.3.4 Leuchtbakterientest

Der Leuchtbakterientest gehört zu den empfindlichen Toxizitätstests, die schnell mit lagerbaren, standardisierten Testorganismen eine gute Reproduzierbarkeit ermöglichen. Bei dem Biotest wird das von Leuchtbakterien (Vibrio fischeri oder Photobacterium phosphoreum) ausgesandte Licht elektronisch gemessen und ausgewertet. Dazu versetzt man die inaktiven, tiefgekühlt gelagerten Bakterien mit einer Nährlösung. Die Leuchtkraft nimmt ab, wenn die Bakterien mit einer verunreinigten Wasserprobe in Berührung kommen. Je stärker die Hemmung der Leuchtkraft, desto toxischer die Probe. Extrem nachteilig wirkt sich aus, dass die Leuchtbakterien bei -20 °C gelagert werden müssen und maximal ein Jahr verwendbar sind. Die Tests werden durch die Firma Hach (ehem. Dr. Lange) angeboten. Hier sollte eine Verwendung durch Feuerwehren kritisch geprüft werden.

21.3.5 Sauerstoffgehalt

Der Sauerstoffgehalt ist von den im Wasser lebenden Pflanzen und Mikroorganismen und besonders von der Wassertemperatur abhängig. Bei zunehmender Wassertemperatur nimmt der Sauerstoffgehalt ab. Normalerweise findet man in Flüssen einen Sauerstoffgehalt von 9 mg/l bis 12 mg/l. Für das Leben der Fische in Oberflächengewässern ist ein Mindestgehalt von 5 mg/l erforderlich. Moderne Sauerstoffmessgeräte kompensieren die Abhängigkeit der Temperatur mit der Sauerstoffsättigungskonzentration und geben die Messwerte direkt in Prozent-Sauerstoffsättigung an. Im mobilen Bereich sind hier optische und galvanische Sensoren verfügbar.

21.3.6 Teststäbchen

Der einfachste, gezielte Nachweis nach einzelnen Stoffen im Wasser ist mit Teststäbchen möglich. Deren Wirkungsprinzip ist von den pH-Stäbchen bekannt. Dabei handelt es sich um ein Kunststoffträgermaterial, auf das ein mit Reagenzienlösung getränktes Papier aufgeklebt wurde. Beim Eintauchen in Wasser reagieren die Reagenzien mit den Analyten, die sich im Wasser befinden und bewirken einen Farbumschlag, der anhand einer Farbskala abgelesen und in einen Konzentrationsbereich umgerechnet werden kann. Die in einem Feuerwehreinsatz möglicherweise relevanten Tests sind in ▶ Tabelle 15 aufgelistet. Ein Anbieter ist hier die Firma Merck (Merckoquant®-Teststäbchen [21.4]) deren Produkt auch in der Tabelle bezüglich des erfassten Messbereichs angegeben wird.

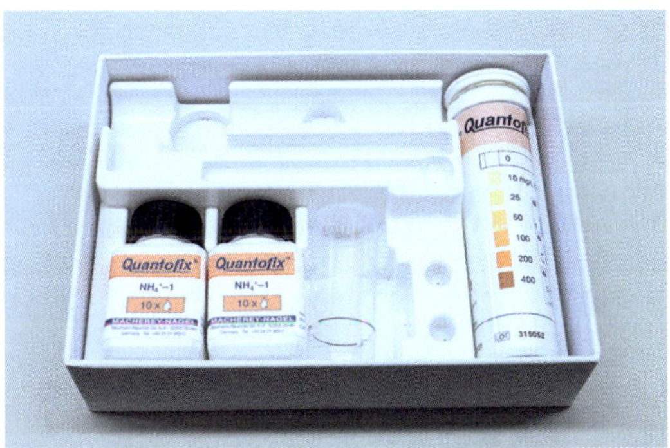

Bild 75: ***Beispiel eines Schnelltests auf Ammonium-Ionen (Quelle: Mario König)***

Tabelle 15: ***Für eine erste Gewässeruntersuchung relevante Teststäbchen (Merckoquant)***

Analyt	**Erfassbarer Nachweisbereich**
Ammonium (NH_4 $^+$)	10 – 30 – 60 – 100 – 200 – 400 mg/l NH_4^+
Cyanid (CN^-)	1 – 3 – 10 – 30 mg/l CN^-
Nitrat (NO_3^-)	10 – 25 – 50 – 100 – 250 – 500 mg/l NO_3^-
Nitrit (NO_2^-)	0,1 – 0,3 – 0,6 – 1 – 2 – 3 g/l NO_2^-
Phosphat (PO_4^{3-})	10 – 25 – 50 – 100 – 250 – 500 mg/l PO_4^{3-}

21.3.7 Analyse über Gaschromatographie-Massenspektrometrie

Sofern der Verdacht besteht, dass sich organische Verbindungen in dem zu untersuchenden Gewässer befinden, besteht noch die Möglichkeit diese über eine Messung mit einem Gaschromatograph-Massenspektrometer zu identifizieren. Durch verschiedene Aufbereitungsverfahren können diese aus dem Wasser extrahiert (Purge & Trap ▶ Kapitel 18.2.1) und auf Tenax® angereichert oder einer SPME-Faser der Messung zugeführt werden. Insbesondere bei Lösungsmitteln ist das ein sehr praktikables Verfahren.

Literatur

[21.1] Besslich S.: Löschwasserbeurteilung in der Gefahrenabwehr Erprobung unterschiedlicher Verfahren zur schnellen Aussage, BRANDSCHUTZ/Deutsche Feuerwehr-Zeitung, 01/2023, S. 24-27.
[21.2] Merck (Hrsg.): Die Untersuchung von Wasser, 1970. (nur noch antiquarisch verfügbar)
[21.3] Spectroquant CSB-Küvettentest, Merck, Darmstadt, 2021.
[21.4] Merckoquant Teststäbchen-Analysensets für Nitrat, Nitrit, Chlor, Cyanid, Ammonium, Merck, Darmstadt.

Weiterführende Literatur zu Kapitel 21

Landesfeuerwehrverband Sachsen e. V.: Fachempfehlung 6-500-902, Vorgehen bei Einsätzen mit Gewässerverunreinigung, 04/2022, online abrufbar unter: https://lfv-sachsen.de/wp-content/uploads/FE-6-500-902-Gewaesserverunreinigung-1.pdf, zuletzt aufgerufen am 21.12.2025.

22 Schnelltests

Vielfach lassen sich wichtige Informationen über einen Stoff bzw. dessen Verhalten gewinnen, ohne dass dazu eine aufwändige Analysetechnik notwendig ist.

Bei allen Tests sollte grundsätzlich eine Schutzbrille, chemikalienbeständige Schutzhandschuhe bzw., je nach Test, auch hitzebeständige Schutzhandschuhe und eine geeignete Oberbekleidung getragen werden. Alle Tests sollten auch immer mit möglichst geringen Substanzmengen durchgeführt werden. Häufig sind wenige Tropfen oder eine stecknadelkopf- bis maximal erbsengroße Menge völlig ausreichend.

22.1 pH-Papier

Der pH-Wert wird im Einsatzfall praktisch immer mit pH-Wert-abhängigen Farbstoffen (Indikatoren), die auf Papier aufgezogen sind, bestimmt. Diese Farbstoffe verändern je nach pH-Wert ihre Farbe. Die pH-Teststäbchen bestehen aus einem Kunststoffträger, auf dem das pH-Papier aufgeklebt ist, das mit verschiedenen Farbstoffen getränkt ist. Da hier mehrere Farbveränderungen parallel beobachtet werden können, ist es möglich, den pH-Wert genauer zu bestimmen.

Beim Umgang mit pH-Papier ist es grundlegend wichtig, dass das Papier zuerst mit destilliertem Wasser befeuchtet wird, bevor es zum Einsatz kommt. Andernfalls kann es passieren, dass das Papier beim Einsatz mit einer wasserfreien organischen Säure oder Lauge keinen Farbumschlag zeigt.

Auch der Nachweis saurer und basischer Gase wie Chlorwasserstoff/Salzsäure HCl oder Ammoniak NH_3 gelingt nur mit einem angefeuchteten pH-Papier. Das Papier ist direkt nach der Reaktion mit der Farbskala auf der Verpackung zu vergleichen, um den pH-Wert bestimmen zu können. Zur Dokumentation macht es keinen Sinn das Papier aufzuheben. Am besten wird in einem solchen Fall ein Foto angefertigt.

Falls sich das pH-Papier schwarz oder braun verfärbt, handelt es sich mit hoher Wahrscheinlichkeit um konzentrierte Schwefelsäure oder im Fall der Braunfärbung um Salpetersäure. Hier hilft ein starkes Verdünnen einer kleinen Probe, die dann sauer reagieren sollte.

Bei stark färbenden Feststoffen hilft es zuweilen auf der Rückseite des pH-Papiers den Farbumschlag abzulesen. Ansonsten wird der Feststoff in destilliertem Wasser gelöst und der pH-Wert der Lösung bestimmt. Falls die Substanz heftig mit Wasser reagiert, wird in einem Uhrglas eine streichholzgroße Menge des Feststoffes mit wenigen Tropfen Wasser benetzt und nach Reaktionsende der pH-Wert der Lösung bestimmt.

Tabelle 16: ***pH-Werte***

pH	Beispiele
0	Sehr starke Säure, z. B. Salpetersäure, Schwefelsäure
1	Starke Säure
2	Meist organische Säure z. B. Zitronensäure, Essigsäure
3–4	Verdünnte oder schwache Säure
5	Phenol, Borsäure
6–8	Wasser
9–10	Seifen
11	Ammoniak
12	Cyanide
13–14	Natronlauge, Kalilauge

22.2 Bleiacetatpapier

Das Reagenzpapier wurde mit dem Schwermetallsalz Bleiacetat imprägniert. Dieses Salz reagiert mit Schwefelwasserstoff und das Papier verfärbt sich dabei von weiß

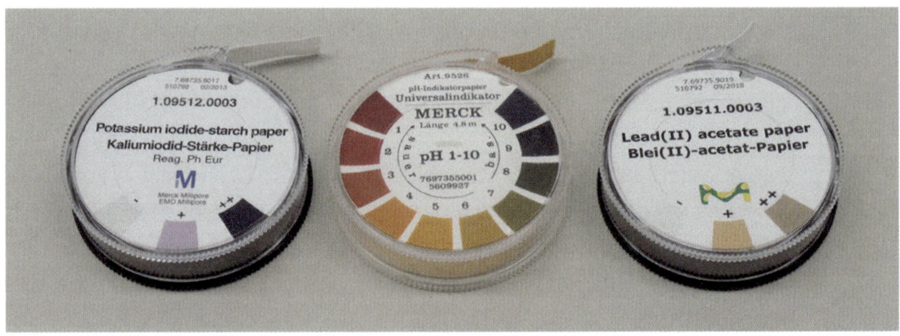

Bild 76: ***Von links nach rechts: Kaliumjodid-Stärke Papier zum Nachweis von Peroxiden (▶ Kapitel 22.1), pH-Papier und Bleiacetatpapier zum Nachweis von Schwefelwasserstoff (▶ Kapitel 22.2) (Quelle: Mario König)***

nach braun. Nach Anfeuchten ist der Nachweis von Schwefelwasserstoff (H_2S) in der Luft möglich und in der wässrigen Phase der Nachweis von Sulfid-Ionen (S^{2-}).

22.3 Öltestpapier

Das blaue Öltestpapier besteht aus imprägniertem Papier mit einer hellblauen Grundfarbe, die sich dunkelblau verfärbt, sobald ein unpolares Lösungsmittel (z. B. Diesel oder Schmieröl) mit dem Papier in Kontakt kommt. Das Papier wird bei Wasserflächen am besten auf die Oberfläche gehalten, da die organische Phase aufschwimmt oder es werden einige Tropfen des Wassers auf das Papier gegeben. Bei Bodenproben wird das Papier auf die Probe gedrückt und dann mit destilliertem Wasser abgespült. Bei großen Mengen an Kohlenwasserstoffen kann die Farbe auch auf die Rückseite des Papiers durchschlagen. Die Empfindlichkeit des Papiers hängt vom vorliegenden Kohlenwasserstoff, insbesondere von dessen Löslichkeit in Wasser ab. Bei leichtflüchtigen Kohlenwasserstoffen verschwindet die Farbreaktion wieder, da diese verdampfen.

Tabelle 17: ***Farbreaktion des Öltestpapiers (Angaben des Herstellers)***

Substanz	Gerade erkennbar (mg/L Wasser)	Ganz klar erkennbar (mg/L Wasser)
Petrolether (Siedepunkt 40–80 °C)	250	400
Vergaser-Kraftstoff (Super)	10	25
Heizöl	5	10
Schmieröl	1	5

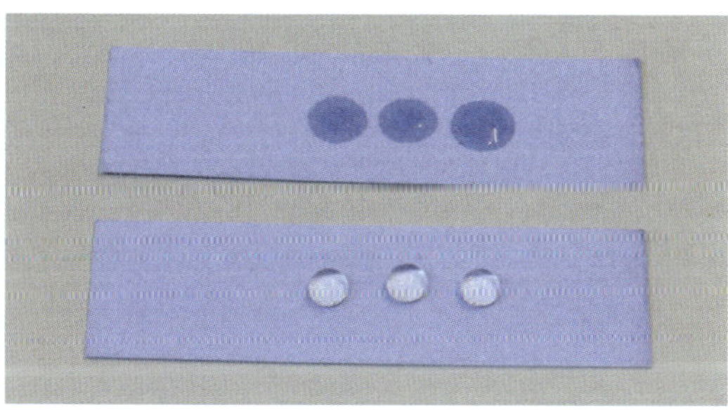

Bild 77: ***Reaktion des Öltestpapiers mit Wasser (unten) und einem Kohlenwasserstoff (oben) (Quelle: Mario König)***

22.4 Wassernachweispaste

Die Wassernachweispaste besteht aus einer grauen Paste, die sich rosa-violett verfärbt, sobald sie mit Wasser oder einer wässrigen Lösung in Kontakt kommt. Das Wirkprinzip beruht auf der Reaktion von in der Paste enthaltenem Natriumcarbonat und dem Indikatorfarbstoff Phenolphtalein. Wird die Paste auf einen Stock gestrichen, der in ein Gefäß gesteckt wird, in dem sich ein Öl-Wasser-Gemisch befindet, kann nach dem Herausziehen an der unteren verfärbten Paste abgelesen werden, wieviel Wasser sich unter der organischen Schicht befindet.

22.5 Kampfstoffspürpapier

Das Kampfstoffspürpapier, oft auch nur Spürpapier genannt, befindet sich in Form eines kleinen Blocks im Probenahmerucksack des CBRN-ErkW. Bei Kontakt des Papiers mit einem chemischen Kampfstoff verfärbt sich das beige Papier.

Das Papier ist sehr empfindlich, es gibt aber eine Vielzahl von Querreaktionen, weshalb unter nichtmilitärischen Bedingungen von einer Querempfindlichkeit auszugehen ist. Das Papier enthält zwei Farbstoffe und einen pH-Indikator. Sobald ein Kampfstoff auf das Papier trifft, wird der entsprechende Farbstoff aus dem Papier herausgelöst. Beim Kampfstoff VX erfolgt zusätzlich eine pH-Veränderung. Daher entsteht eine grüne Färbung als Mischung aus gelb und blau. Das Papier gibt es auch mit einer Klebeschicht auf der Rückseite. Diese Papiere werden dann auf der Schutzbekleidung im Bereich der Schuhe und dem Knie aufgeklebt, um so eine mögliche Kontamination erkennen zu können.

Tabelle 18: ***Farbumschlag von Kampfstoffspürpapier***

Farbumschlag	Kampfstoff
gelb-ocker	H-Kampfstoff (Nervenkampfstoff)
rot	G-Kampfstoff (Hautkampfstoff)
dunkelgrün	VX-Kampfstoff

Bild 78: ***Kampfstoffspürpapier, das über eine Querempfindlichkeit einen »Hautkampfstoff« identifiziert hat (Quelle: Mario König)***

22.6 Spürpulver

Das Spürpulver ist Bestandteil der Beladung des Erkundungskraftwagens (Probenahmerucksack). Die Dose ist beschriftet mit »Detektor chemische Agenzien«. Das gelbliche Pulver besteht aus einem mineralischen Trägermaterial, das mit Natriumcarbonat und einem pH-Indikatorengemisch (Methylrot/Methylorange) belegt ist. Das Pulver wird über eine Streuvorrichtung auf die zu untersuchende Fläche aufgetragen. Sobald es auf eine Säure trifft, verfärbt sich das Pulver rot. Diese Reaktion findet auch beim Auftreffen des Pulvers auf chemische Kampfstoffe statt. Das Wirkprinzip lässt sich aber auch sehr gut bei Säurefreisetzungen auf z. B. einer Straße anwenden. Es kann so gut kontrolliert werden, ob sich noch Säurereste auf einer gereinigten Fahrbahn befinden. Nachdem der Hersteller nicht mehr am Markt ist, bleibt abzuwarten, wie eine zukünftige Versorgung möglich ist

22.7 Allgemeine Testverfahren

Neben den bisher vorgestellten Testverfahren zur Abschätzung des Gefährdungspotentials einer unbekannten Substanz können die nachfolgend beschriebenen Verfahren mit vergleichsweise einfachen Mitteln und ohne große messtechnische Ausstattung herangezogen werden.

Als Voruntersuchung, auch eines geschlossenen Gefäßes ohne jeglichen Hinweis auf dessen Inhalt, eignet sich zuerst die Suche nach einem γ- oder Neutronen-Strahler mit einem dafür geeigneten Messgerät. Liegt die Substanz offen vor, ist mit einem Kontaminationsmonitor eine Untersuchung auf α- und β-Strahler möglich. Nachdem eine Gefährdung durch einen Strahler ausgeschlossen werden kann, können nun das weitere physikalische bzw. chemische Verhalten der Substanz untersucht werden.

Folgende Eigenschaften können untersucht werden:

- Flüchtigkeit,
- Entzündbarkeit,
- Explosionsneigung,
- Reaktionsverhalten mit Wasser,
- Peroxidtest (Oxidationsfähigkeit).

22.8 Flüchtigkeit

Versuch:

Material:
Uhrglas, Unterlageblatt mit konzentrischen Kreisen 1,0 und 2,5 cm Durchmesser, Pipette, Uhr.

Vorgehensweise:
Das Uhrglas wird mittig auf das Unterlageblatt mit den zwei konzentrischen Kreisen gestellt. Mit der Pipette wird so viel Flüssigkeit eingefüllt, dass der 2,5 cm Ring gefüllt ist. Es wird die Zeit gestoppt, die benötigt wird, bis die Flüssigkeit den Rand des 1 cm Kreises berührt.

Tabelle 19: ***Bestimmung der Flüchtigkeit***

Verdunstungszeit [min]	Siedepunkt [°C]	Beispiele	Eigenschaft
2–7	40–70	Aceton, Ether, Ester kleiner organischer Säuren, Methanol, chlorierte aliphatische Kohlenwasserstoffe, Hexan	Leicht flüchtige Substanz mit hohem Dampfdruck
bis zu 15	70–90	Alkohole (Ethanol, Iso-Propanol), Tetrachlormethan, Trichlorethylen	Flüchtige Substanz
Über 40	>100	Isoamylalkohol, Toluol, höhere Alkohole, Wasser, Tetrachlorethylen	Langsam verdampfende Substanz mit niedrigem Dampfdruck

22.9 Entzündbarkeit

Versuch:

Material:
Pipette, Uhrglas, Holzspieß, Feuerzeug/Brenner, Maß-Skala

Vorgehensweise:
Mit einer Pipette wird die Flüssigkeit in das Uhrglas gegeben, bis es halb gefüllt ist. Die Skala wird am Rand des Uhrglases platziert. Dann den Holzspieß entzünden und aus einer Entfernung von 10 cm beginnend dem Uhrglas nähern. Die Entfernung beobachten, in der der Spieß die Flüssigkeit entzündet.

Tabelle 20: ***Bestimmung der Entzündbarkeit***

Abstand [cm]	Zündtemperatur [°C]	Beispiele	Gefährdung
10 – 7	–60 bis –30	Ether, Schwefelkohlenstoff, kleine Kohlenwasserstoffe	Extrem leicht entzündlich Ex-Gefahr
5 – 0	–30 bis –10	Ester, Aromaten	Extrem leicht entzündlich
0	–10 bis +15	Methanol, Alkane mit C > 5	Leicht entzündlich
Kontakt mit der Probe über Flüssigkeitsoberfläche	+15 bis +30	Alkohole, Xylol,	Entflammbar
Dochteffekt	über +40		Schwer entflammbar
Flamme erlischt		Wasser, Glycerin	Nichtbrennbar

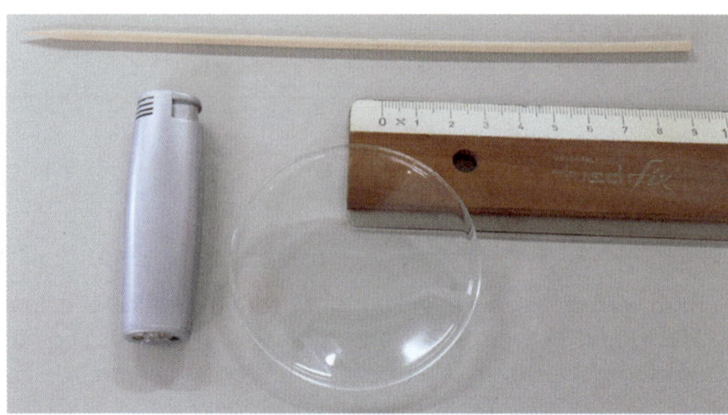

Bild 79: ***Bestimmung der Entzündbarkeit mit einem Uhrglas und einer Zündquelle (Quelle: Mario König)***

22.10 Explosionsneigung/Verkohlungstest

Versuch:

Material:
Uhrglas, Nähnadel mit großer Öffnung, Kork, Feuerzeug/Brenner, Salzsäure

Vorsicht, den Test nur mit einer kleinen Stoffmenge durchführen!

Vorgehensweise:
Eine kleine Menge Feststoff (1/2 Erbsengröße) oder wenige Tropfen auf ein Uhrglas geben.
Die Nähnadel in den Korken spießen und über dem Feuerzeug/Brenner erhitzen bis der Kopf dunkelrot glüht. Dann die glühende Nadel in die Probe tauchen und Reaktion beobachten.
Falls es zu keiner Reaktion kommt, die Nadel mit etwas von der aufgenommenen Substanz, über die Flamme halten und die Reaktion beobachten.
Falls es immer noch zu keiner Reaktion kommt, die Probe auf dem Uhrglas mit wenigen Tropfen 10 % Salzsäure ansäuern und den Test mit dem rotglühenden Draht in der Flamme wiederholen.

Bild 80: ***Bestimmung der Explosionsneigung mit einer Zündquelle, Salzsäure und Nähnadel (Quelle: Mario König)***

Tabelle 21: ***Bestimmung der Explosionsneigung***

Beobachtung	Beispiel	Gefahr
Sofortige Zündung, orangene Funken in der Flamme, der Brennvorgang wird von einem zischenden Geräusch begleitet	Rauchlose Nitroglycerin-Nitrocellulose	Explosionsgefahr
Dumpfer Schlag, dann Zündung, orangene Funken in der Flamme, der Abbrand begleitet von einem zischenden Geräusch	Rauchloses Pulver auf Nitrocellulose-Basis	Explosionsgefahr
Nach Einbringen in die Flamme funkelt die Probe und zündet dann; orangene Flamme, die brennt wie eine Wunderkerze	Brennbare Lunte, Schwarzpulver	Explosionsgefahr
Es sprüht und brennt, weiße Flammen wie bei einer Wunderkerze, Rückstand als weiße Schmelze	Elektron	Bei hoher Temperatur Brandgefahr
Abbrand mit leicht lila Flamme, einem knackenden Geräusch, nach einer Weile Schmelzen der Substanz	Bromat, Kalium, Kaliumsalze	Explosionsgefahr
Das Abbrennen wird von einem zischenden Geräusch begleitet, weißer Rauch, die Substanz schmilzt	Perjodate	Explosionsgefahr

Tabelle 21: ***Bestimmung der Explosionsneigung – Fortsetzung***

Beobachtung	Beispiel	Gefahr
Gelbes Zünden	Nitrate, Nitrite, organische Hydrazine und Peroxide, Pikrinsäure, Natriumsalze	Explosionsgefahr
Rotes Zünden	Lithium und seine Salze	
Weiße Funken in der Flamme	Magnesium	
Anhaltende orangene Funken in der Flamme	Kohlenstoff oder Eisen bei einer schwarzen Probe	
Starkes Leuchten in der Flamme	Calcium-, Magnesium-, Wolfram- und Zirkoniumsalze	
Gelbes Puder, das mit kleiner blauer Flamme abbrennt	Schwefel	Leicht entflammbare Substanz
Brennt mit flackernder gelber Flamme	Die meisten organischen Verbindungen	
Schwarzer Ruß in der Flamme	Ungesättigte und aromatische Kohlenwasserstoffe	
Gelber, roter und orangener Rauch	Nitrate	
Lila Rauch	Jodsalze oder organische Jodide	
Weißer Ruß im Rauch	Metallhydride	
Selbstentzündliche Flüssigkeit	Extrem leicht entflammbare Substanz oder ein Stoff mit sehr niedriger pyrophorer Temperatur	Leicht entflammbare Substanz
Flammenbeständige Substanz	Meist anorganische Verbindungen	

22.11 Reaktionsverhalten mit Wasser

Vorsicht, wenn die Substanz unter einer Kohlenwasserstofflösung aufbewahrt wird, deutet das auf ein Alkalimetall hin. In einem solchen Fall besonders vorsichtig sein und nur kleinste Mengen verwenden.

Versuch:

Material:
Reagenzglas mit Gummistopfen, Reagenzglasständer, Spatel, Pipette

Vorgehensweise:
Das Reagenzglas ungefähr 1 cm hoch mit Wasser füllen. Etwa die Menge einer Viertel Erbse an Feststoff oder etwa 0,5 ml an Flüssigkeit dazugeben. Die Reaktion abwarten. Beobachten, ob sich die Temperatur während der Reaktion erhöht. Falls es zu keiner Reaktion kommt, das Reagenzglas mit dem Gummistopfen verschließen und bei der Flüssigkeit vorsichtig schütteln, beim Feststoff auch etwas intensiver.

Tabelle 22: ***Testung des Reaktionsverhaltens mit Wasser***

Art der Probe	Beobachtung	Beispiele	Gefahr
fest	Sofortige Reaktion mit Erwärmung und ohne Sprudeln	Üblicherweise anorganische Stoffe, Hydride, Alkalimetalle	Unbedingt Kontakt mit Wasser vermeiden, ätzende Substanz, Zündgefahr (Wasserstoff)
fest	Lösung siedet	Sehr starke Lauge oder Säuren (Natriumhydroxid, Phosphorpentoxid)	Unbedingt Kontakt mit Wasser vermeiden, ätzende Substanz
fest	Lösung wird heiß	Lauge oder Säuren, Lithiumchlorid	
fest	Lösung sprudelt mit kleinen Blasen	Erdalkalimetalle (Calcium, Barium)	Zündgefahr (Wasserstoff)
fest	Lösung sprudelt (kleine Blasen), es entstehen kleine Rußteilchen	Carbid	Zündgefahr (Acetylen)
flüssig	Unverzügliche heftige Reaktion mit Wärmefreisetzung	Anorganische Säure	Kontakt mit Wasser vermeiden, ätzende Substanz
flüssig	Allmähliche Reaktion und Rauchbildung, danach Sieden mit großen Blasen	Stoffe, die zu einer starken Säure oder Lauge hydrolysieren	Kontakt mit Wasser vermeiden, ätzende Substanz

22

Tabelle 22: *Testung des Reaktionsverhaltens mit Wasser – Fortsetzung*

Art der Probe	Beobachtung	Beispiele	Gefahr
flüssig	Lösung kocht	Säure	Kontakt mit Wasser vermeiden, ätzende Substanz
flüssig	Lösung ist heiß	Säure oder Lauge	Ätzende Substanz
flüssig	Lösung kühlt sich ab	Essigsäure	Ätzende Substanz
flüssig	Mischt sich mit Wasser, nach Zugabe von 1 cm der Substanz schwimmt diese auf der Oberfläche	Methylethylketon	
flüssig	Schwimmt auf der Oberfläche und löst sich, wenn geschüttelt wird	Nitrile	
flüssig	Probe schwimmt auf dem Wasser und bildet eine scharf abgegrenzte Trennschicht	Petroleumprodukte, langkettige Alkohole, Ketone, pflanzliche Öle	
flüssig	Probe sinkt auf den Boden und bildet eine scharf abgegrenzte Trennschicht	Chlorierte Lösungsmittel, einige Öle (Schweröle)	
flüssig	Probe bildet klare Kugeln, die teilweise schwimmen und teilweise auf den Boden sinken	Silikonöle und -gele	

22.12 Peroxidtest

Versuch:

Material:
Uhrglas, Reagenzglas, Merck Peroxid-Teststäbchen 1-100 mg/l H_2O_2

Vorgehensweise:
Das Enzym Peroxidase überträgt den Sauerstoff des Peroxids auf einen organischen Redox-Indikator. Als Folge davon kommt es zu einer blauen Verfärbung. Weitere Details finden sich im Beipackzettel des Herstellers.

Eine kleine Menge des zu untersuchenden Feststoffs oder wenige Tropfen einer Flüssigkeit in ein Uhrglas geben. Wenn es sich um eine Flüssigkeit handelt, den Teststreifen in die Flüssigkeit eintauchen. Bei einem Feststoff den Teststreifen mit destilliertem Wasser anfeuchten und dann auf den Feststoff geben.
Nach wenigen Sekunden kommt es zu einem Farbwechsel ins Blaue.
Der Test eignet sich zum Nachweis von Wasserstoffperoxid und organischen Peroxiden.
Darüber hinaus gibt es Kaliumiodid-Stärke Papier, das mit Kaliumjodid und Stärke imprägniert wurde. Hiermit lassen sich Wasserstoffperoxid, Peroxide und salpetrige Säure nachweisen. Das Iodid-Ion wird durch den Analyten zu elementarem Iod oxidiert, das mit der Stärke einen blau gefärbten Komplex bildet.

Weiterführende Literatur zu Kapitel 22

Methodology for determination of hazardous properties of unknown chemical substances, Ministry of Interior General directorate of fire rescue Service of the Czech Republic population protection institute, 2011.

23 Nachweis biologischer Gefahren

23.1 Einleitung

Der Nachweis biologischer Gefahren wurde im Bereich des klassischen Zivil- und Katastrophenschutzes erst mit der Veränderung der globalen Sicherheitslage interessant, da auch außerhalb der bisher angedachten kriegerischen Szenarien der Einsatz pathogener Mikroorganismen, insbesondere unter dem Aspekt der asymmetrischen Kriegsführung, denkbar wurde. Im letzten Jahrhundert hatte es auch bereits eine ganze Reihe von Ereignissen gegeben, bei denen Mikroorganismen als Waffe zum Einsatz kamen, was aber, mit Ausnahme der Anschläge durch Anthrax-Briefe in den USA, der breiten Öffentlichkeit nicht so richtig zu Bewusstsein gekommen ist. Den Wenigsten dürften noch der Anschlag von Anhängern des Bhagwan Shree Rajineesch präsent sein, bei dem im September 1984 im Staat Oregon mehrere hundert Menschen durch die Ausbringung des Erregers Salmonella typhimurium geschädigt wurden. Das größte Aufsehen erregte mit Sicherheit der Einsatz von Briefen mit Milzbrand-Erregern gegen US-Einrichtungen im Jahr 2001 und einer darauf folgenden Vielzahl von Nachahmungstätern in Europa. Als Folge dieser Erkenntnisse setzte ab 2002 ein wahrer Boom auf die Entwicklung tragbarer und feldtauglicher Analysegeräte zur Detektion von Mikroorganismen ein. In welchem Umfang diese Technik letztendlich flächendeckend für den Feuerwehreinsatz von Bedeutung ist und Verwendung findet, bleibt abzuwarten. Bei der augenblicklichen Analyse relevanter B-Agenzien gilt das »Schmutzige Dutzend« als die Gruppe von Erregern und Toxinen, für die die meisten Tests entwickelt werden. Dazu gehören:

- Bakterien: Anthrax, Pest, Tularämie, Brucellose, Q-Fieber, Rotz,
- Viren: Pocken, Ebola, Venezuelanische Pferde Enzephalitis,
- Toxine: Botulin, Ricin, Staphylokokken-Enterotoxin.

Bei allen analytischen Nachweisverfahren ergibt sich das Problem der geeigneten Probenahme. Während die Verfahren der Beprobung bei lebenden Organismen wie Menschen und Tieren erprobt sind und die Probenahme üblicherweise von Fachleuten wie Medizinern oder Mikrobiologen vorgenommen werden, besteht bei einer absichtlichen Freisetzung die Problematik darin, den geeigneten Probenahmeort und das geeignete Probenahmeverfahren auszuwählen. Darüber hinaus müssen diese Proben dann auch noch von Einsatzkräften durchgeführt werden, die über eine eher geringe Erfahrung in der Entnahme von Proben zur mikrobiologischen Untersuchung besitzen. Einige Details zu diesem Thema werden im ▶ Kapitel 5 Probenahme behandelt.

23.2 Nachweisverfahren

Bei der Tauglichkeit der Nachweisverfahren muss beachtet werden, dass der Nachweis biologischer Gefahren in erster Linie die Gruppe der Bakterien und Viren, aber auch die der Toxine umfasst. Da sich diese Gruppen in ihrer Nachweisbarkeit sehr unterscheiden, existiert kein Verfahren, mit dem alle Gruppen sicher identifiziert werden können. Für die Aufgabenstellung, wie sie sich im Katastrophenschutz stellt, werden an die Nachweisverfahren folgende Anforderungen gestellt:

- Sensitivität: d. h. auch Nachweis kleinster Mengen,
- Spezifität: das bedeutet der Nachweis muss eindeutig sein, falsch positive Ergebnisse müssen vermieden werden,
- Robustheit: der Einfluss von Störkomponenten muss minimiert werden,
- Schnelligkeit: der analytische Zeitaufwand ist zu minimieren.

Mittlerweile stehen, neben den traditionellen Verfahren der Labordiagnostik, für die Analytik vor Ort molekularbiologische Methoden wie immunologische und genetische Verfahren zur Verfügung. Vom grundsätzlichen analytischen Vorgehen her ist ein dreistufiges Konzept denkbar. In einer ersten Stufe kommt es zu einem unspezifischen Monitoring der Atmosphäre. Hierzu werden LWIR-LIDAR-Systeme auf Fluoreszenz basierende Verfahren oder spezielle Massenspektroskopische Verfahren eingesetzt. In der zweiten Stufe, der Identifikationsphase werden Immunoassays und PCR-Geräte angewendet, mit denen genommene Proben innerhalb kurzer Zeit auf eine beschränkte Anzahl an Mikroorganismen oder Toxinen (hier auch mittels Massenspektroskopie) untersucht werden können (▶ Kapitel 23.5). In der dritten Stufe kommen dann die klassischen mikrobiologischen Untersuchungsverfahren zum Einsatz, die mit einem entsprechenden Zeitaufwand eine exakte Bestimmung praktisch aller Mikroorganismen zulassen.

Als Schnelldetektoren für den Nachweis von Mikroorganismen werden auch immer wieder Testverfahren angeboten, die auf dem (Adenosintriphosphat) ATP-Nachweis lebender Zellen mit dem Enzym Luciferase beruhen. Im Verlauf des Testes kommt es zu einer Leuchterscheinung, die mit einem Photometer ausgewertet wird. Das Verfahren ist aber sehr unspezifisch, da es auf alle Bakterien reagiert, ebenso wie auf ATP aus anderen Quellen. Toxine und Viren hingegen können mit diesem Test nicht erkannt werden. Somit eignet sich dieses Verfahren ausschließlich für die Voruntersuchung einer Probe.

23.3 Klassische Untersuchungsverfahren

Das älteste Verfahren zum Nachweis von Mikroorganismen besteht in der Anzucht von Kulturen der Erreger. Dazu werden diese auf verschiedenen, zum Teil sehr selektiven Nährmedien vermehrt, um eine ausreichende Menge an Untersuchungsmaterial für die weiterführende Untersuchung zur Verfügung zu haben. Bereits bei der Kultivierung kann durch die Auswahl mehr oder weniger spezifischer Nährmedien und Wachstumsvoraussetzungen eine erste Unterscheidung getroffen werden. Nach der Anzuchtphase erfolgt eine Untersuchung mit dem Lichtmikroskop und der Einsatz verschiedener Färbeverfahren, um die Erreger auf Grund ihrer Größe, Gestalt, Beweglichkeit und ihres Färbeverhaltens bestimmten Klassen zuzuordnen. Bei Viren findet die Untersuchung mithilfe eines Elektronenmikroskops statt. Diese Untersuchungsverfahren sind allerdings sehr zeitaufwändig (über 24 Stunden) und sie können nur in einem stationären Labor durchgeführt werden. Biologische Toxine sind auf diesem Weg grundsätzlich nicht nachweisbar. Im Fall der Analytik von Bakterien besteht noch zusätzlich die Möglichkeit, durch den Einsatz von Indikatormedien Besonderheiten des Stoffwechsels zu erkennen. Dabei handelt es sich um Nährböden mit spezifischen Substraten, die mit bestimmten Bakterienstämmen eine optisch auswertbare Farbreaktion erzeugen.

23.4 Immunologische Verfahren

23.4.1 Funktionsprinzip

Bei den immunologischen Methoden beruht der Nachweis von Bakterien, Viren oder Toxinen auf der Identifizierung von molekularen Oberflächenstrukturen. Es werden die spezifischen Erkennungs- und Bindungsfähigkeiten von Antikörpern ausgenutzt. Als erstes muss bei diesem Verfahren ein selektiver Antikörper für die Substanz (Antigen) gewonnen werden. Der Antikörper erkennt die Zielstruktur und bindet sich an diese an. Zur praktischen Anwendung wird der Antikörper auf einem Trägermaterial, wie z. B. einem Teststreifen, verankert. In einem Folgeschritt muss dieser Bindungsvorgang dann noch über ein chemisches oder physikalisches Verfahren nachgewiesen und ausgewertet werden. Meist wird dazu ein weiterer Antikörper eingesetzt, der sich an den fixierten Antikörper-Antigenkomplex bindet. Dieser zweite Antikörper trägt z. B. ein Enzym oder einen Farbstoff. Diese für die Markierung verwendeten Enzyme katalysieren in der Regel eine chemische Reaktion mit einem Substrat, bei der es zu einem sichtbaren Farbumschlag in einer Lösung kommt, der optisch ausgewertet werden kann (▶ Bild 81).

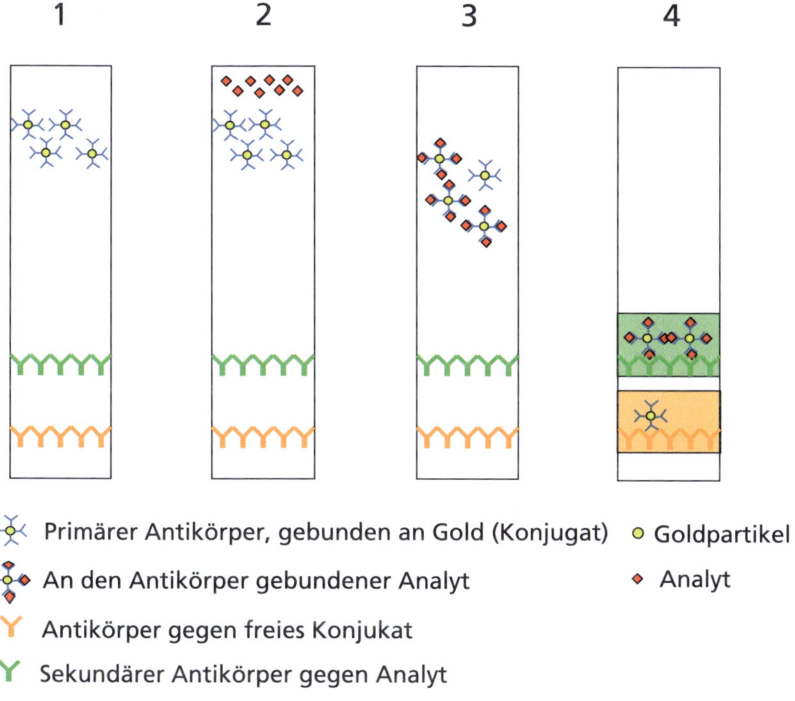

Bild 81: ***Prinzipieller Verfahrensablauf einer Identifikation über eine Antigen-Antikörperreaktion: Nach Aufgabe des Analyten (2) bindet sich dieser an den passenden Antikörper (3). Die gebundenen Analyten und die freien Antikörper werden dann in den entsprechenden Testfeldern gebunden (4) und erzeugen eine Farbreaktion. (Quelle: Mario König)***

Immunologische Verfahren stellen im Augenblick die einzige Möglichkeit dar, in einem feldtauglichen Verfahren sicher Toxine nachzuweisen. Die klassischen, immunologischen Laborverfahren sind relativ zeitaufwändig und benötigen einen erheblichen apparativen Aufwand. Für den schnellanalytischen Einsatz werden zurzeit zwei Wege beschritten. Zum einen werden sehr einfache Test-Kits erstellt, die an Stäbchentests zur Wasseranalytik erinnern, zum anderen wurden in den letzten Jahren apparative Verfahren mit einem hohen Automatisierungsgrad entwickelt, deren endgültige Bewährung aber noch aussteht. Im einfachsten Fall wird das Messprinzip auf den mittlerweile von mehreren Herstellern angebotenen Schnelltests realisiert. Dabei wird die mit physiologischer Kochsalzlösung aufgenommene Probe auf ein Trägermaterial getropft, das mit spezifischen Antikörpern belegt ist. Sind in der zu untersuchenden Probe die passenden Erreger/Toxine vorhanden, kommt es zu einer Farbreaktion (▶ Bild 82).

Neben technisch einfachen Ansätzen gibt es auch hochkomplexe technische Geräte. Der Nachweis erfolgt nach dem ELISA-(Enzyme Linked Immunosorbent Assay)Prinzip. Toxine werden dabei direkt in einer Antigen-Antikörperreaktion gebunden, die Bindung von Viren und Bakterien erfolgt durch DNA-gestützte Verfahren. In einem ersten Schritt erfolgt bei diesem Messgerät die Bindung des Toxins/Erregers an den Antikörper auf der Chip-Oberfläche. Das gebundene Antigen wird über einen Detektionsantikörper mit einer Enzym-Markierung versehen. Das Enzym wiederum bewirkt durch eine Reaktion mit einem Substratmolekül eine Veränderung des Redoxpotentials, was letztendlich zu einem auswertbaren elektrischen Signal führt. Der Vorteil dieser Systeme liegt im vollautomatischen Betrieb und in der Möglichkeit, bis zu 32 Substanzen gleichzeitig detektieren zu können.

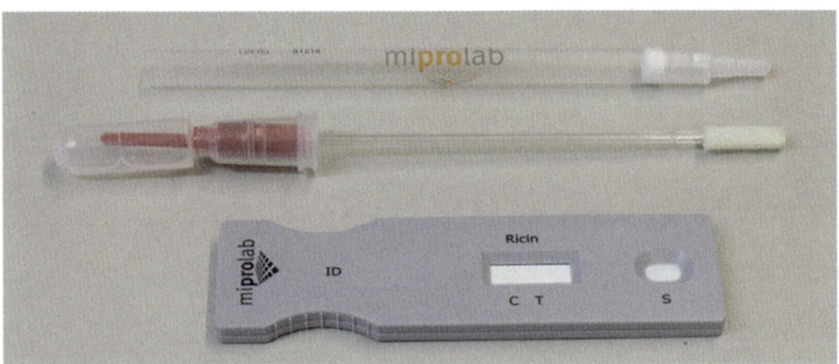

Bild 82: ***Simultantest-Kit miProtect® der Firma miprolab (Quelle: Mario König)***

23.4.2 Gerätetechnik

Aufgrund der Aufgabenstellung der Standorte der Analytischen Task Forces wurden von Seiten des Bundes die Schnelltests miProtect® der Firma miprolab eingeführt. Die optisch auslesbaren halbquantitativen Tests sind ausschließlich für die Untersuchung von Umweltproben und nicht für die medizinische Anwendung vorgesehen.

Es handelt sich dabei auch nur um Tests zum Nachweis biologischer Kampfstoffe. Die Tests müssen kühl gelagert werden. Im Test enthalten sind ein Pufferbehälter mit einem Tupfer, der nach Anfeuchten mit der Pufferlösung als Wischtest die Probe aufnimmt. Danach wird die Probe in die Pufferlösung überführt und die Lösung dann auf die Testkassette gegeben. Nach der vorgegebenen Zeit wird der Test ausgelesen (wie der mittlerweile hinlänglich bekannte Corona-Schnelltest).

Verfügbar sind die Schnelltests für:

- Ricin,
- Staphylokokken Enterotoxin B,
- Botulinum Neurotoxin A,
- Yersinia Pestis,
- Francisella Tularensis,
- Bacillus anthracis,
- Pockenvirus.

23.5 Genetische Verfahren

23.5.1 Funktionsprinzip

Die Identifizierung von Organismen erfolgt bei dieser Methode über die Analyse des Erbguts, der DNA. Dazu werden im Erbgut spezifische Genabschnitte gefunden und vervielfältigt. Das Verfahren findet auch Verwendung bei der Gewinnung des genetischen Fingerabdrucks. Die Methode nennt sich Polymerase-Kettenreaktion (Polymerase Chain Reaktion, PCR). Dabei wird aus Organismen bzw. Zellen gewonnenes Erbgut verwendet. Durch Datenbanken sind viele Genabschnitte von Organismen bekannt, die gezielt durch kleine DNA-Segmente (die sogenannten Primer mit ca. 30 Basenpaaren) gefunden werden können. Die Lücken zwischen den Primern können gezielt aufgefüllt werden. Die so gewonnenen, wieder kompletten DNA-Stränge, vergleicht und identifiziert man anschließend mit bekannten Strängen in Datenbanken. Bei der PCR werden die DNA-Abschnitte in mehreren Zyklen (20 bis 40) jeweils verdoppelt. Jeder Zyklus lässt sich bei einer Standard-PCR in drei Einzelschritte, die durch Temperaturänderungen für wenige Minuten durchlaufen werden, unterteilen.

Die einzelnen Schritte einer PCR sehen wie folgt aus:

Denaturierung

In diesem Schritt wird eine Lösung aus DNA, Primern, Nukleotiden, Enzym sowie Salzen stark erwärmt. Dabei trennt sich die DNA in ihre zwei Einzelstränge, indem die Bindungen der Basenpaare, die die Stränge zusammenhalten, aufgebrochen werden. Die DNA denaturiert (► Bild 83).

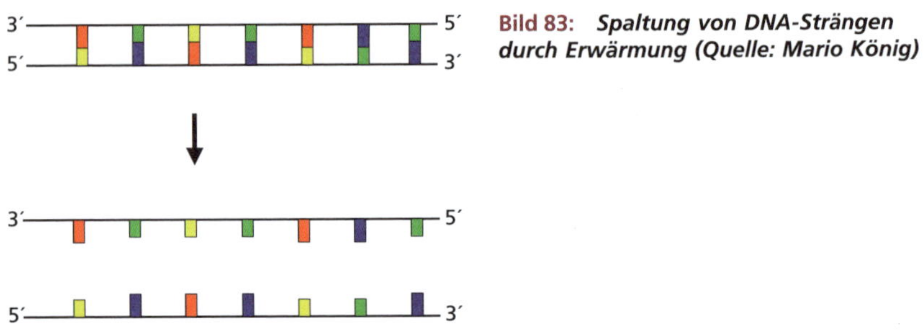

Bild 83: ***Spaltung von DNA-Strängen durch Erwärmung (Quelle: Mario König)***

Hybridisierung

Nach der Abkühlung lagern sich die Primer-Moleküle an den passenden Stellen der DNA an (▶ Bild 84).

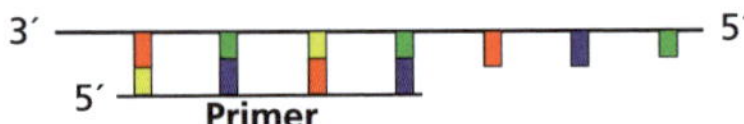

Bild 84: ***Anlagerung von Primer-Molekülen (Quelle: Mario König)***

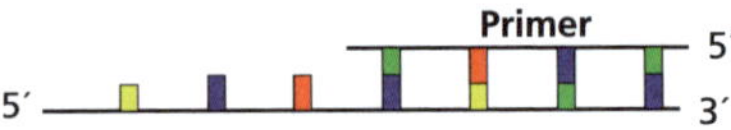

Verlängerung

Als nächstes wird erneut die Temperatur erhöht. Das Enzym Polymerase ergänzt nun die fehlenden Bausteine des DNA-Stranges. Dazu wird jeder Einzelstrang, von der mit dem Primer markierten Stelle beginnend, mit den jeweils passenden Bausteinen zu einem dem Einzelstrang passenden Gegenstrang in einer Art »Reißverschlussverfahren« zusammengebaut. Da dieser Prozess an beiden DNA-Strängen gleichzeitig abläuft, hat sich nach dem Durchlauf des dritten Schrittes die Menge an DNA-Strängen verdoppelt. Nach zwanzig Durchläufen sind so aus einem Strang nahezu eine Million Stränge entstanden (▶ Bild 85). Aufgrund der Zeitersparnis wird im Bereich der Schnellanalytik meist die Real-Time-PCR verwendet. Bei diesem Verfahren werden die gebildeten DNA-Stücke bereits während der laufenden Zyklen beobachtet. Durch die Verwendung von mit einem Farbstoff markierten Primern kann aus der Stärke der Fluoreszenz auf die Menge an gebildeten DNA-Molekülen geschlossen werden.

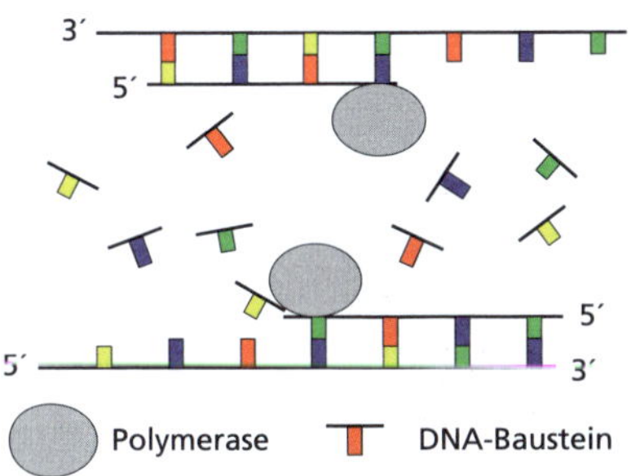

Bild 85: ***Auffüllen von noch fehlenden DNA-Bausteinen durch ein Enzym (Quelle: Mario König)***

23.5.2 Gerätetechnik

In der praktischen Anwendung der ATF findet sich der für den Feldeinsatz entwickelte Razor MK II des Herstellers BioFire Defense. Der feldtaugliche PCR-Analysator arbeitet mit Akkus. Die Bedienung und die Aufbereitung wurde soweit vereinfacht, dass ein Betrieb durch Einsatzkräfte möglich ist. Das Gerät ist innerhalb von fünf Minuten einsatzbereit und kann eine Probe auf zehn Erreger gleichzeitig untersuchen. Die Analysezeit liegt bei unter 30 Minuten. Mit einem Akkusatz können acht PCR-Läufe durchgeführt werden. Die verfügbaren Schnelltests lassen den Nachweis folgender Toxine/Erreger zu:

- Bacillus anthracis,
- Brucella melitensis,
- Botulismus A,
- Coxiella,
- E. coli 0157,
- Francisella Tularensis,
- Ricin,
- Salmonella,
- Variola (Pocken),
- Yersinia pestis.

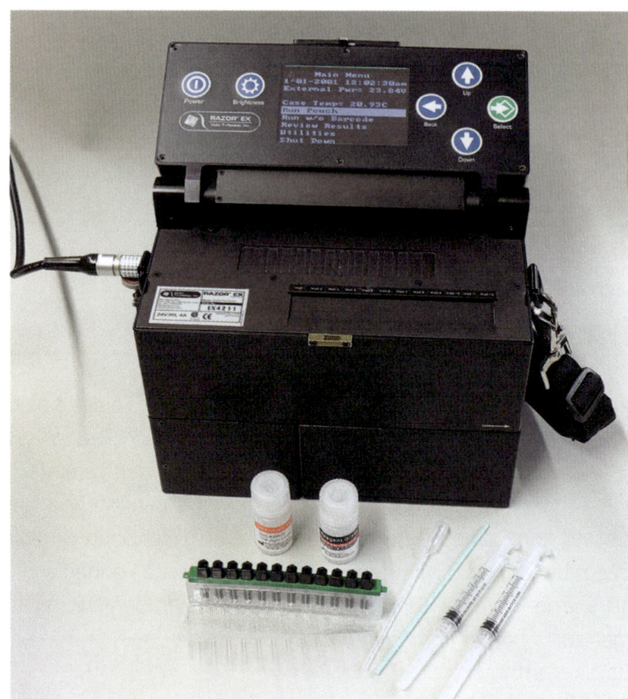

Bild 86: ***Mobiler PCR-Analysator Razor MK II (Quelle: Mario König)***

23.6 Massenspektrometrie

Mittlerweile steht ein massenspektroskopisches Verfahren von mehreren Herstellern zur Verfügung. Beim MALDI-TOF Massenspektrometer wird die in eine Matrix gebundene Probe (Matrix Assisted Laser Desorption/Ionisation) durch Laserbeschuss ionisiert. Die Auswertung der Fragmente erfolgt dann in einem sogenannten Flugzeit-Massenspektrometer (Time of Flight). Der Nachweis der einzelnen Mikroorganismen erfolgt durch die Identifikation charakteristischer Proteinfragmente.

Weiterführende Literatur zu Kapitel 23

Schwedt, G., Schreiber, J.: Taschenatlas der Analytik, 3. Auflage, Wiley-VCH, 2007.

Domke, J.: »ABC-Einheiten« im Katastrophenschutz – Ist die Detektion biologischer Agenzien vor Ort bald möglich?, 112 Magazin 6/2009, S. 27 ff.

Bannert, N., Biederbick, W., Brockmann, S. et al.: Diagnostik von Infektionserregern und Toxinen, in: Biologische Gefahren I, Handbuch zum Bevölkerungsschutz, 3. Auflage, Bundesamt für Bevölkerungsschutz und Katastrophenhilfe (Hrsg.), Bonn, 2007.

Kayser, F., Böttger, E., Zinkernagel, R.: Taschenlehrbuch Medizinische Mikrobiologie, 11. Auflage, Thieme Verlag, 2005.

Richter, S.: Schnelltest-/Screening-Methoden zum Nachweis von biologischen Kampfstoffen/Krankheitserregern, Instituts-Bericht 451, Institut der Feuerwehr Sachsen-Anhalt, März 2009.

24 Kernstrahlungsmesstechnik

Der Nachweis radioaktiver oder besser ionisierender Strahlung ist im Gegensatz zum Nachweis chemischer oder biologischer Gefahrstoffe vergleichsweise einfach und zuverlässig auch an der Einsatzstelle möglich.

Für den Nachweis ionisierender Strahlung können zwei unterschiedliche Messprinzipien genutzt werden. Zum Ersten kann ionisierende Strahlung – wie der Name sagt – Materie ionisieren und dann direkt als Strom nachgewiesen werden. Das zweite Messprinzip ist die Szintillation, also die Anregung von Materie, die dann unter Lichtemission die aufgenommene Energie wieder abgibt. Das sichtbare Licht wird mit einem entsprechenden Detektor wie beispielsweise einer Photodiode nachgewiesen. Je nach Ausgestaltung der Messtechnik und verwendeten Elektronik kann dabei der Nachweis von einem einfachen Zerfall, die Energie als Dosis (also Energie je Masse) bis hin zu einer genauen Bestimmung der Energie der nachgewiesenen Strahlung erfolgen.

Die ionisierende Strahlung unterscheidet man in die Strahlungsarten Alpha, Beta und Gamma, sowie Neutronen, die aus Kernreaktionen stammen und einer Strahlungsart aus der Atomhülle, die Röntgenstrahlung. Neutronen sind dabei nicht direkt der ionisierenden Strahlung zuzuordnen, können aber Kernreaktionen durch indirekte Ionisationseffekte auslösen und stellen damit auch eine Gefahr für den menschlichen Körper und die Umwelt dar. Röntgen- und Gammastrahlung unterscheiden sich nur durch die Herkunft aus dem Atomkern oder der Atomhülle. Der Energiebereich überlappt teilweise. Im Folgenden wird daher nur noch von Gammastrahlung gesprochen, Röntgenstrahlung wird dort miteingeschlossen.

Der Nachweis der unterschiedlichen Strahlungsarten bedingt auf Grund ihrer physikalischen Eigenschaften die Anwendung der passenden Nachweistechnik. So sind für Alphastrahlung oder niederenergetische Betastrahlung Detektoren mit sehr dünnen Eintrittsfenstern nötig, damit die Strahlung ins Innere und damit in den Nachweisbereich des Detektors kommen kann und nicht im Gehäuse stecken bleibt. Bei der Auswahl der geeigneten Messtechnik muss daher die Strahlungsart, die Energie der Strahlung und die Abschätzung der Menge der Strahlung berücksichtigt werden.

24.1 Detektortypen

Ziel der Strahlungs- oder Kontaminationsnachweisgeräte ist der Nachweis der radioaktiven Strahlung und eventuell noch die Unterscheidung zwischen Alphastrahlung und Beta-/Gammastrahlung. Es geht dabei vorrangig um die Prüfung, ob eine Kontamination und wenn ja, in welcher Höhe vorliegt.

24.1.1 Gasgefüllte Detektoren

Der einfachste Nachweis der ionisierenden Strahlung erfolgt durch einfache Verstärkung der Impulse und das Zählen der Impulse zum Beispiel in einem gasgefüllten Zählrohr.

Dabei löst ein Teilchen oder Quant einer ionisierenden Strahlung einen Stromimpuls aus, mit dem die Energie an das Gas übertragen wird. Das Zählrohr als Hohlkörper und eine gegenteilige Elektrode werden dabei durch Anlegen von Hochspannung zu einer Art Kondensator. Die Ionisation des Gases durch die Strahlung führt zu freien Elektronen und Ionen, die im Feld an Anode und Kathode wandern und zu einem Stromimpuls führen.

Je nach angelegter Spannung kann man mit diesem Aufbau auch ein Signal proportional zur Energie der einfallenden Strahlung erhalten (Proportionalzählrohr). Oft wird jedoch eine Eigenverstärkung im Zählrohr durch eine hohe Spannung erreicht, was eine nachfolgende Signalverstärkung – die deutlich aufwändiger ist – erspart (Geiger-Müller-Zählrohr). Das Signal kann direkt über einen Lautsprecher hörbar gemacht werden.

Gasgefüllte Zählrohre haben in der Regel dünne Eintrittsfenster oder Folien, die das Gas zurückhalten. Diese sind jedoch empfindlich gegenüber mechanischen Belastungen und den robusten Anforderungen im Feuerwehreinsatz. Vorteil dieser Detektoren ist der günstige Preis und dass beliebige Formen (Zählrohr, flache sogenannte Pfannkuchendetektoren, …) realisierbar sind.

Gasgespülte Zählrohre, wie sie früher üblich waren, sind heute weitgehend aus dem Einsatz der Feuerwehren verschwunden, da das Spülen mit Gas aufwendig ist und Detektoren im Einsatz immer wieder neu gespült werden müssen.

24.1.2 Szintillationsdetektoren

Alternativ haben sich heute Detektoren bewährt, die die Szintillationstechnik nutzen. Dabei kommen Kristalle wie Zinksulfid (ZnS), Natriumiodid (NaI) oder Kunststoffkörper mit einer Beimischung des eigentlichen Szintillators, einem organischen Molekül, das Anregungsenergie aufnimmt und als sichtbares Licht wieder abgibt, zum Einsatz. Dieses sichtbare Licht wird dann über einen Photomultiplier in Strom umgewandelt. Licht (Photonen) treffen dabei auf eine Photokathode und lösen Elektronen heraus. Diese Elektronen werden in einem elektrischen Feld auf eine weitere Kathode beschleunigt und schlagen durch die zusätzliche Energie dort ein Vielfaches an Elektronen heraus. In einem mehrstufigen Verfahren kann damit ein deutliches Signal als Stromimpuls erzeugt werden. Dieser Stromimpuls ist dabei proportional zur einfallenden Lichtmenge, die wiederum proportional zur Energie der einfallenden radioaktiven Strahlung ist.

Auch eine Unterscheidung von Alphastrahlung und Beta-/Gammastrahlung ist durch die unterschiedliche Übertragung der Energie an den Szintillator möglich. Während Beta- und Gammastrahlung die Energie in einem kurzen Puls in den Detektor übertragen, erfolgt dies bei Alphastrahlung deutlich langsamer. Der Signalverlauf ist langsamer und erreicht nicht das gleiche Maximum. Mit einer optimalen Auswerteelektronik kann dadurch Alpha- von Beta- und Gammastrahlung unterschieden werden.

Durch eine geeignete Auswertelektronik kann nicht nur die Pulsform unterschieden werden, sondern auch die Energie aus der im Detektor deponierten Strahlung summiert werden. Damit ist es auch möglich, die Energie des einfallenden Teilchens bzw. des Quants zu bestimmen und so auch unterschiedliche Nuklide anhand ihrer Strahlungsenergie zu unterscheiden. Die Energieauflösung ist aber bei den Szintillationsdetektoren nicht allzu hoch, so dass nur einzelne Nuklide oder einfache Mischungen erkannt werden können. Die Entwicklung schreitet hier aber kontinuierlich voran. Detektoren aus Lanthanbromid $LaBr_3$ und vergleichbare Entwicklungen zeigen, welches Potential noch in dieser Technik steckt.

24.1.3 Halbleiterdetektoren

Sollen exakte Untersuchungen vorgenommen werden, kommt man derzeit noch nicht an Halbleiterdetektoren vorbei. Diese sind sowohl für die hochauflösende Alphaspektroskopie wie für die Beta- und Gammaspektroskopie die beste am Markt verfügbare Technik. Die Alphaspektroskopie ist jedoch auf Grund hoher Anforderungen an die Probenvorbereitung (Aufschluss, Trennung, Probenpräparation durch Elektrolyse, Messung im Hochvakuum) eine reine Labortechnik und recht langwierig. Die hochauflösende Beta- und Gammaspektroskopie wird jedoch im Routinebetrieb genutzt, insbesondere bei der Umweltüberwachung durch Betreiber kerntechnischer Anlagen oder Fachbehörden. Sie kann auch als vor-Ort-Technik eingesetzt werden.

Die Technik nutzt die ionisierende Eigenschaft der Strahlung. Der Halbleiter wird als Diode in einem Stromkreis eingesetzt. Er ist in Sperrrichtung geschaltet und durch einfallende Strahlung wird ein Stromfluss erzeugt. Die Energieauflösung ist dabei aber erheblich besser als bei den klassischen Szintillationsdetektoren.

Als Halbleiter werden vorrangig Silizium oder Germanium Einkristalle genutzt. Je größer der Einkristall ist, desto besser ist die Nachweiseffizienz (entsprechend steigt allerdings auch der Preis). Um ihre hohe Energieauflösung zu nutzen, müssen sie jedoch weit heruntergekühlt werden. Dazu wird in der Regel eine permanente Kühlung mit flüssigem Stickstoff (-196°C) in einem Dewargefäß benötigt, wobei am Detektor selbst nur -20 bis -40 °C anliegen. Der Dewar muss je nach Größe zwei- bis dreimal je Woche nachgefüllt werden. Die neuesten Detektoren kommen auch mit einer elektrischen Kühlung (Peltierelement) aus, was den Einsatz an Einsatzstellen vereinfacht. Elektrisch gekühlte Detektoren sind dabei immer noch etwas schlechter in Bezug auf ihre mögliche Energieauflösung.

24.1.4 Neutronendetektoren

Der Nachweis von Neutronen kann nicht direkt erfolgen, da Neutronen als neutrale Teilchen im Detektor keine Ionisation auslösen oder eine Materie zur Szintillation anregen können. Sie können jedoch bei Stoffen mit einem hohen Neutroneneinfangquerschnitt eine Kernreaktion auslösen, die im günstigsten Fall zu einer gut nachweisbaren Strahlung führt, die in ihrer Menge auch proportional zur Menge der Neutronenstrahlung ist. Alternativ können auch Streueffekte genutzt werden.

Eine häufig genutzte Kernreaktion ist die mit einer borhaltigen Verbindung, zum Beispiel Bortrifluorid BF_3. Trifft ein Neutron auf das Bor-Atom (B-10) wird mit einer sehr hohen Wahrscheinlichkeit ein Lithiumkern (Li-7) und ein Alphateilchen entstehen. Das Alphateilchen ist dann gut nachweisbar. Auch Lithium (Li-6) und Helium (He-3) können genutzt werden.

Da die Wahrscheinlichkeit der Reaktion von Neutronen mit der Materie energieabhängig ist, müssen schnelle und damit energiereiche Neutronen abgebremst, oder mit dem Fachbegriff »moderiert« werden. Am besten geeignet sind Stoßpartner für die Neutronen, die eine vergleichbare Masse besitzen. Hier bietet sich Wasserstoff an. Da Wasser und Elektronik bekanntermaßen nicht besonders verträglich sind, wird häufig mit Polyethylen oder Paraffin als Umhüllung für die Reaktionszone und den Detektor gearbeitet. Für eine gute Nachweisempfindlichkeit muss die Masse des Moderators angemessen hoch sein, was zu schweren Messgeräten führt, die ein Vielfaches des Gewichts von Kontaminations- oder Dosisleistungsmessgeräten führen. Hier gilt: je mehr, desto besser der Nachweis.

Solche Messgeräte sind auch nicht in der Standardausstattung der Messeinheiten zu finden, sondern Teil der Ausrüstung der ATF, der Fachbehörden und werden als Genehmigungsauflage auch von Betreibern vorgehalten.

24.2 Messgeräte und Anwendungen

Vor dem Messen muss geklärt werden, welche Fragestellung von den Einsatzkräften zu ermitteln ist. Geht es um die Ermittlung einer Dosisleistung, um die Festlegung von Absperrgrenzen, um die Kontaminationskontrolle, ob Personen, Gegenstände oder Oberflächen kontaminiert sind oder ob festgestellt werden soll, welche Nuklide vorliegen.

Wichtig ist, dass den Einsatzkräften bekannt ist,

- ob Dosisleistung oder Kontamination gemessen werden soll,
- welche Strahlungsart vorliegt, und ob das Messgerät dafür geeignet ist,
- ob der Energiebereich des Messgerätes für die Energie des Strahlers geeignet ist und
- ob das Messgerät die geforderte Nachweisgrenze erreicht.

Können die Frage nicht im Vorfeld geklärt werden, so beginnt man mit der Messung der Dosisleistung. Kontaminationsmessungen können nur dort durchgeführt werden, wo die Dosisleistung niedrig ist. Das gilt besonders an den Schleusen zum Gefahrenbereich, um eine Kontaminationsverschleppung sicher zu verhindern. Weitere Hinweise sind im Folgenden beschrieben.

Im Strahlenschutz ist es üblich, dass auf den Gehäusen die Leistungsdaten der Messgeräte angegeben sind, z. B. der Energiebereich des Messgerätes.

24.2.1 Dosis- und Dosisleistungsnachweis

Der Begriff der Dosis beschreibt allgemein eine aufgenommene Energie bezogen auf die Masse des bestrahlten Körpers. Die Energiedosis D mit der Einheit 1 Gray = 1 J/kg berücksichtigt dabei nur die übertragene Energiemenge. Für die Beurteilung der biologischen Wirkung muss die Qualität der Strahlung bzw. der Strahlungsart und die damit verbundene potenzielle Wirkung auf den menschlichen Körper und die Empfindlichkeit der Gewebearten in den unterschiedlichen Organen berücksichtigt werden. Berücksichtigt man diese Faktoren spricht man von der Organ-Äquivalentdosis für die einzelnen Organe und der Effektiven Dosis H für den gesamten menschlichen Körper. Die Messgröße ist das Sievert mit der Einheit 1 Sievert = 1 J/kg. Messtechnisch unterscheidet man die Ortsäquivalentdosis bzw. Ortsäquivalentdosisleistung H*(10) in 10 cm Eindringtiefe (oft auch nur als Ortsdosis bezeichnet) und die von Dosimetern ermittelte Personenäquivalentdosis. Die Personenäquivalentdosis ist dabei nochmal in drei unterschiedliche Größen zu unterscheiden. $H_P(10)$ steht dabei für die in den Körper eingedrungene Tiefen-Personenäquivalentdosis, $H_P(3)$ für die Augenlinsenäquivalentdosis mit ca. 3 cm Eindringtiefe und $H_P(0,07)$ für die Oberflächen- oder Hautäquivalentdosis mit einer Eindringtiefe von 0,07 cm. Letztere kommt besonders bei Kontaminationen der Haut mit Alpha- oder niederenergetischen Betastrahlern zum Tragen. Die ermittelten Messwerte von Dosimetern lassen einen Rückschluss auf die tatsächliche effektive Dosis zu, die eine Einsatzkraft im Einsatz erhalten hat.

Für den Feuerwehreinsatz und die dort eingesetzte Messtechnik ist dabei wichtig, dass Dosimeter einen Wert für die Personenäquivalentdosis ermitteln, während Dosisleistungsmessgeräte in der Regel die Ortsäquivalentdosis anzeigen.

Geräte

Die Zahl der potentiell einsatzbaren Geräte am Markt ist groß und selbst im Heimanwenderbereich gibt es entsprechende Geräte, die ordentliche Ergebnisse erzielen.

Die bei der Feuerwehr verbreitetsten Messgeräte sind dabei das ThermoFisher FH40G (CBRN-Erk), das automess AD 5 bzw. AD 6 und seine Vorgänger, das Berthold UMo II (LB 134) und das ThermoFisher RadEye in verschiedenen Ausführungen.

Durch den Einsatz externer Sonden können alle oben genannten Geräte für spezielle Anwendungen aufgerüstet werden. Im CBRN Erk wird durch eine große Szintillatorsonde NBR 672-2 eine deutliche Empfindlichkeitssteigerung (Nachweisschwelle 10 nSv/h) erreicht, so dass auch während der Fahrt mit niedriger Geschwindigkeit gute Messergebnisse erzielt werden können. Beim automess AD 5 und

AD 6 und beim Berthold UMo II können handgeführte kompakte Sonden für eine Suche verwendet werden. Dabei sind Sonden unterschiedlicher Empfindlichkeit verfügbar. Diese ermöglichen eine Suche nach Strahlern auch an schwer zugänglichen Stellen, während die Anzeige weiterhin abgelesen werden kann, während bei Messgeräten ohne externe Sonde, die Anzeige oft nicht mehr abgelesen werden kann.

Für die Geräte automess AD 5 und AD 6 ist auch ein bis zu 4 m ausziehbarer Detektor verfügbar (Teletector), mit dem aus großem Abstand eine Dosisleistungsmessung durchgeführt werden kann. Die Handhabung der Geräte erfordert jedoch Geschick und Übung. Auch andere Hersteller bieten vergleichbare Geräte an.

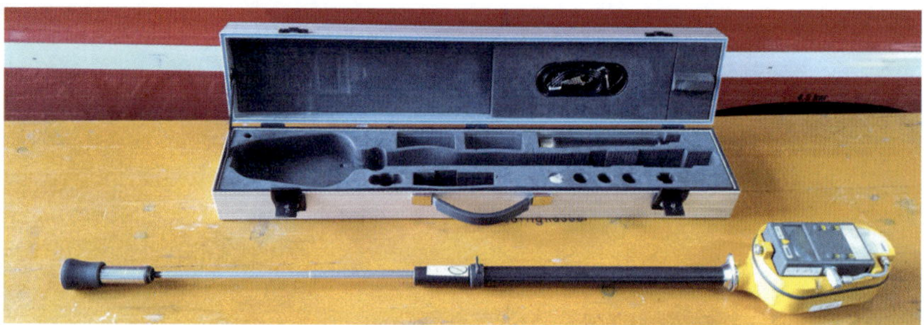

Bild 87: ***Teletector von automess (Quelle: Bernhard Kuczewski)***

Einsatz

Dosisleistungsmessgeräte dienen dem Ermitteln der Dosisleistung an einem bestimmten Ort, um daraus die Gefährdung abzuschätzen. Dabei wird die stärkste Quelle kleine Quellen messtechnisch oft überdecken. Aus der gemessen Dosisleistung kann eine zulässige Aufenthaltsdauer abgeschätzt werden. Bei einem Einzelnuklid kann auch die Aktivität des Strahlers bestimmt werden, wenn der Abstand zur Strahlenquelle bekannt ist.

Da die Messgeräte eher träge reagieren, um stabilere Messergebnisse zu erzeugen, darf die Messung nie hektisch durchgeführt werden, sondern muss in Ruhe und langsam erfolgen. Bereiche hoher Dosisleistung misst man am besten, indem das Messgerät auf einer sauberen Unterlage abgelegt wird und die Einsatzkraft sich für ein bis zwei Minuten zurückzieht, dann erneut vorgeht, den Wert abliest und das Gerät aus dem Bereich hoher Dosisleistung zurückholt.

24.2.2 Strahlungs- oder Kontaminationsnachweis

Geräte

Aus den vorgenannten Dosisleistungsmessgeräten ThermoFisher FH40G (CBRN-Erk), automess AD 5 bzw. AD 6 und seinen Vorgängern und dem Berthold UMo II (LB 134) können mit den richtigen Erweiterungen Kontaminationsmessgeräte entstehen.

Mit dem Ergänzungssatz MER-1 (CBRN-Erk) wird die Sonde ESM FHZ 732 GMZ geliefert, und damit aus dem FH40G ein Kontaminationsmessgerät für Alpha- und Beta-/Gammastrahlung. Auch eine Abschirmung aus Metall wird für die Messung von Proben und Wischproben mitgeliefert. Diese reduziert die Umgebungsstrahlung und sorgt so für eine bessere bzw. niedrigere Nachweisgrenze. Da die Fläche des Detektors allerdings klein ist, ist der Einsatz zur Kontaminationssuche größerer Flächen ungeeignet.

Das ADK ergänzt die automess-Geräte und kann Alpha- und Beta-/Gammastrahlung nachweisen und durch unterschiedliche Messmodi und Abschirmungen unterscheiden. Mit einer Standardmessfläche von 170 cm² ist es optimal für die Kontaminationskontrolle mittlerer und großer Flächen.

Bild 88: ***Kontaminationsmessgeräteauswahl ADK von automess mit AD 6 und Como von Nuvia (Quelle: Bernhard Kuczewski)***

Das Berthold UMo II (LB 134) kann mit der Erweiterung LB 1342 zu einer parallelen Kontrolle auf Alpha- und Betastrahlung in einem Messdurchgang bei einer Detektorfläche von 170 cm² eingesetzt werden. Eine größere Sonde ist ebenfalls verfügbar. Vom selben Hersteller ist auch ein integrierter Kontaminationsmonitor LB 124 mit gleicher Bedienoberfläche verfügbar, ebenso eine Variante mit 300 cm² Detektorfläche.

Als Einzelgerät ist das COMO 170 der Firma Nuvia ebenfalls weit verbreitet, wobei drei Versionen am Markt üblich sind. Die Variante ZS (Zivilschutz) ist dabei auf ungeübte Nutzer ausgerichtet und bietet wenige Einstellmöglichkeiten. In dieser Form gehört es zur Ausstattung der CBRN-Erk und der GW-Dekon P des Bundes. Die Variante FW (Feuerwehr) bietet erweiterte Einstellmöglichkeiten. Die Strahlenschutzvariante COMO 170 bietet erfahrenen Strahlenschützern die vollen Möglichkeiten des Gerätes. Es kann ebenso parallel in einem Messdurchgang Oberflächen auf Alpha- und Beta-/Gammastrahlung bei einer Detektorfläche von 170 cm² kontrollieren. Das Messgerät ist auch mit einer Detektorfläche von 300 cm² erhältlich.

ThermoFisher bietet mit dem RadEye B20 ein Messgerät mit der Möglichkeit, Kontaminationen durch Alpha- und Beta-/Gammastrahlung zu messen. Durch einen geeigneten Filter kann Alphastrahlung »ausgeblendet« werden. Ein weiterer Filter ermöglicht es, das Gerät auch als Dosisleistungsmessgerät einzusetzen. Das Gerät ist relativ preiswert, sehr kompakt und bietet trotzdem gute Nachweisgrenzen.

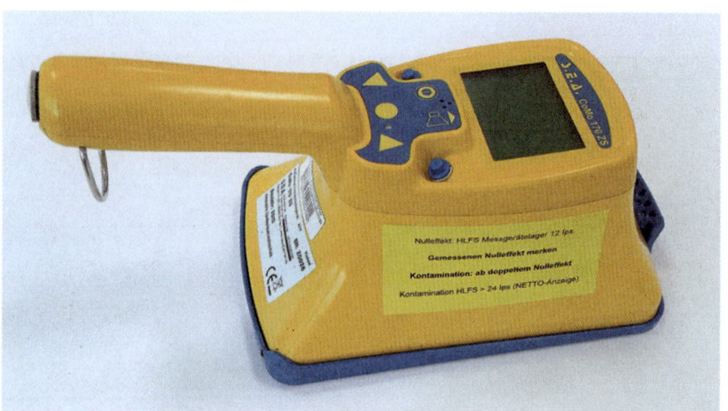

Bild 89: ***Como mit Beschriftung (Quelle: Bernhard Kuczewski)***

Einsatz

Um eine Kontaminationskontrolle effektiv durchzuführen, darf keine hohe Hintergrundstrahlung vorhanden sein. Im Bereich hoher Dosisleistung muss daher mit Wischproben gearbeitet werden, um offene radioaktive Stoffe und Kontaminationen auszuschließen. Die entnommene Wischprobe wird in Bereiche verbracht, in denen eine Messung (niedrige Hintergrundstrahlung) möglich ist. Durch den Messtrupp ist unbedingt die gewischte also beprobte Fläche zu erfassen. Die Nachweissicherheit sinkt allerdings mit dieser Methode. Neben einer schlechten Abwischbarkeit stellen besonders die niederenergetischen Betastrahler und Alphastrahler ein Problem dar.

Fehlerträchtig ist dabei, wenn Wischproben mit angefeuchteten Pads genommen werden, um einen hohen Ablösegrad zu erreichen. Diese Pads müssen vor der Messung getrocknet werden, da niederenergetische Betastrahler und Alphastrahler sonst gerne übersehen werden. In einer feuchten Probe sinkt die Reichweite der Strahlung soweit, dass sie nicht aus der Probe »herauskommt« und damit den Detektor nicht erreichen kann.

Auch der Abstand zur Oberfläche ist ein Problem, gerade wenn niederenergetische Betastrahler oder Alphastrahler nachgewiesen werden sollen. Da diese in der Luft nur wenige Zentimeter Reichweite haben, kann ein zu großer Abstand eine korrekte Messung verhindern. Berührt man eine kontaminierte Oberfläche mit dem Detektor, kann das Messgerät kontaminiert werden, was ebenso vermieden werden muss. Aus der Laborpraxis empfiehlt es sich – entgegen der üblichen Lehrmeinung der Feuerwehrausbildungsstätten – das Messgerät mit einer einzigen Lage Frischhaltefolie zu überziehen. Messungen mit Kalibrierpräparaten wie Am-241 zeigen, dass sich die Zählrate des Alphastrahlers zwar vermindert, aber bei einer verbleibenden Zählrate von 60-80 % des Wertes bei ungeschütztem Messgerät, kann ein guter Kompromiss zwischen Nachweis und Kontaminationsschutz erreicht werden. Gerade bei einer Personenkontrolle ist das Risiko eines ungewollten Kontakts des Messgerätes zur Person am größten. Wird aber aus Furcht vor Kontaminationen der Abstand zu groß gewählt, wird die Zählrate noch deutlich geringer als 60 %.

Bei Kontaminationsmessungen empfiehlt es sich, einen Wert einer Nulleffektmessung vom Standort durchzuführen und mit einem Aufkleber oder Anhänger am Messgerät zu vermerken. So kann zum einen leicht festgestellt werden, ob man sich für Kontaminationsmessungen noch in einem Bereich erhöhter Dosisleistung aufhält und zum andern kann die Entscheidung über eine Kontamination nach den Vorgaben der FwDV 500 (dreifacher Nulleffekt) schneller getroffen werden (FwDV 500 Kapitel 2.4.2.4). Besonders die Einstellung des COMO 170 ZS, die eine Nulleffektmessung nach dem Einschalten verlangt, und diesen Wert von allen Messwerten automatisch abzieht, führt dazu, diese Entscheidung nicht mehr treffen zu können. Hier hilft – falls der Wert der Nulleffektmessung beim Start des Gerätes nicht notiert wurde – ersatzweise der Wert vom eigenen Gerätehaus. Da bei diesem Messgerät von allen Messwerten der Nulleffekt automatisch abgezogen wird, muss hier und nur hier mit dem zweifachen Nulleffekt entschieden werden. Bei allen anderen Messgeräten kann dieser Effekt durch Einschalten des Bruttomessmodus statt des Nettomessmodus umgangen werden. Dies wurde bei der zweiten Generation des COMO 170 ZS 2, wie sie auf dem neuen CBRN ErkW verlastet ist, ebenfalls umgesetzt.

Dies ist besonders deshalb wichtig, weil allein die Strahlenschutzfachbehörde über die Freigabe/Freimessung entschieden darf und die Mitarbeiterinnen und Mitarbeiter für ihre Entscheidung in der Regel die Rohdaten einsehen wollen.

Auch bei den Kontaminationsmessgeräten ist eine Trägheit der Anzeige gewünscht, um diese zu stabilisieren. Daher ist auch hier die Messung mit einer gewissen Ruhe durchzuführen, um Kontaminationen sicher aufzuspüren. Wenn die Umgebungsgeräusche es zulassen, sollte mit Hilfe des Lautsprechers gearbeitet werden, weil dieser sehr viel schneller auf Änderungen der Zählrate reagiert.

24.2.3 Spektroskopischer Nachweis und Nuklididentifikation

Bei den Messgeräten haben sich Halbleiterdetektoren im Feuerwehreinsatz nicht bewährt, auch wenn diese mobil verfügbar sind. Diese werden von den Strahlenschutzbehörden und ihren amtlichen Messstellen, den Betreibern und Fachgutachtern eingesetzt.

Bei den ATF-Standorten kommt ein robustes Gerät der Firma ThermoFisher zum Einsatz. Das RIIDEye vereinbart Robustheit, einfache Bedienung und zuverlässige Nuklididentifikation. Hier kommt ein Lanthanbromid-Detektor zum Einsatz. Lediglich der hohe Stromverbrauch ist störend und eine ausreichende Anzahl Ersatzbatterien oder -akkus sollte immer vorgehalten werden.

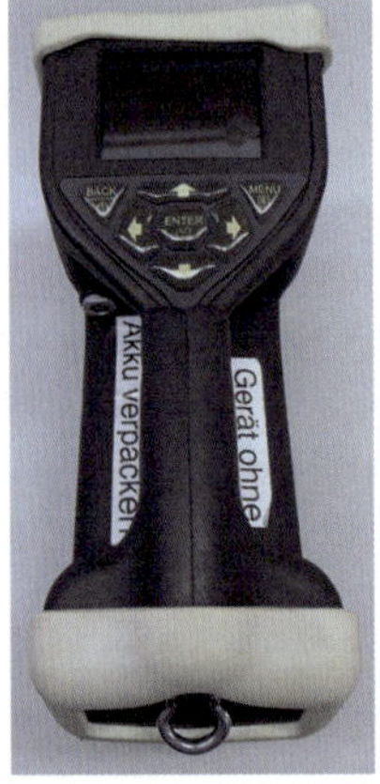

Bild 90: ***ThermoFisher RIIDEye (Quelle: Mario König)***

Auch andere Hersteller bieten hierzu vergleichbare Lösungen an. Die bekantesten Vertreter sind der indentiFINDER von Teledyne FLIR und der Inspector 1000 von

Canberra/Mirion. Bei der Auswahl sollte darauf geachtet werden, dass die benötigten Nuklide in der Datenbank vorhanden sind und die Nukliddatenbank an die örtlichen Gegebenheiten angepasst werden kann. Ebenso gilt, dass das Detektorvolumen im Sinne der Nachweissicherheit so groß wie möglich gewählt werden sollte, auch wenn das Gerät so unhandlicher wird.

Bei der Anwendung sollte auch hier eine Messung – wie bereits bei der Dosisleitungsmessung durch Abstellen und Abwarten in Distanz durchgeführt werden, besonders da hier Messzeiten – in Abhängigkeit der Komplexität des Spektrums – einige Minuten betragen können.

Bei der Auswertung der Spektren sollte hier nicht blindes Vertrauen vorherrschen, sondern mit gefundenen Informationen und Fachwissen eine Plausibilisierung durchgeführt werden. Es empfiehlt sich hierfür erfahrene Fachberater heranzuziehen, denn die Auswertung von Spektren bedarf einer gewissen Erfahrung. So kann eine falsch ausgewählte Datenbank bei der Auswertung dazu führen, dass Nuklide mit hoher Sicherheit durch das Messgerät erkannt werden, die nicht vorhanden sein können.

24.2.4 Dosimetrie

Dosimeter sind Vorrichtungen, mit denen die Dosis der Strahlenbelastung der Einsatzkräfte erfasst wird. Man unterscheidet zwischen amtlicher und nicht amtlicher Dosimetrie.

Die amtliche Dosimetrie wird von wenigen, von den Strahlenschutzbehörden bestimmten, Messstellen durchgeführt. Diese Dosimeter werden für einen Tragezeitraum ausgegeben und sind in der Regel fest einer beruflich exponierten Person zugeordnet. Nach dem Tragezeitraum von ein bis drei Monaten werden diese zurückgeschickt und amtlich ausgewertet. Für Feuerwehr- und Katastrophenschutzeinsatzkräfte gilt ein Tragezeitraum von einem Jahr, und erst im Einsatzfall werden diese konkret zugeordnet. Ein Ablesen im Einsatzfall ist nicht möglich.

Als amtliche Dosimeter wurden in lichtdichte Folie eingeschweißte Fotofilme verwendet, die durch Kristalle aus Aluminium- oder Berylliumoxid abgelöst werden. Diese Kristalle »speichern« die Strahlung und können durch optische Stimulation dazu angeregt werden, diese »Information« wieder freizugeben. Diese Kristalle können zurückgesetzt und damit wiederverwendet werden.

Sie werden unter der Schutzkleidung auf Brusthöhe (Rumpf oben), ersatzweise auf Hüfthöhe (Rumpf unten) getragen, da sie die Dosis der Einsatzkraft am Körper erfassen sollen und nicht kontaminiert werden dürfen. Dosimeter zur Ermittlung der Gebärmutterdosis müssen immer auf Hüfthöhe getragen werden.

Die nichtamtlichen elektronischen Dosimeter können direkt abgelesen werden und ergänzen das amtliche Dosimeter. Das Tragen außen auf der Kleidung erleichtert das Ablesen. Nur in Ausnahmefällen können nichtamtliche Dosimeter zur Ermittlung der amtlichen Dosis ersatzweise herangezogen werden. Diese Dosimeter messen dauerhaft die Dosisleistung und summieren sie über den Tragezeitraum.

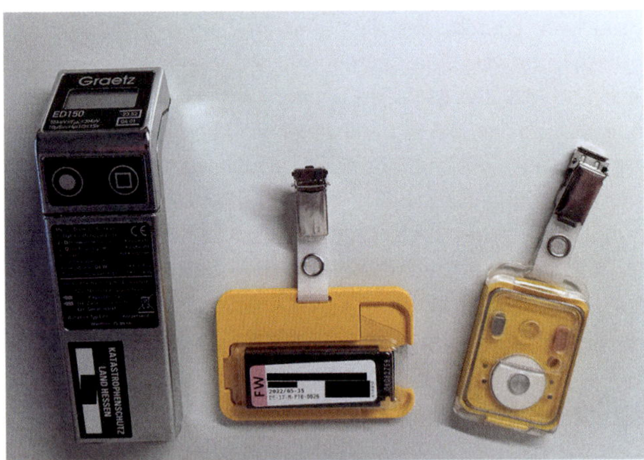

Bild 91: ***OSL-Dosimeter, Filmdosimeter und elektronisches Personendosimeter (Quelle: Bernhard Kuczewski)***

Dosimeter dürfen nie zur Strahlersuche eingesetzt werden, denn dann sind die Ergebnisse nicht mehr für die Dosis der Trägerin oder des Trägers repräsentativ.

Alarmdosimeter warnen die Einsatzkraft, wenn ein voreingestellter Dosiswert überschritten wird. Dosisleistungswarner warnen vor der Überschreitung eines Dosisleistungswertes. Die Schwellen sollten, nach Möglichkeit, immer so gewählt werden, dass ein Rückzug möglich ist, ohne die Referenzwerte zu überschreiten.

Die Zahl der Dosimeter richtet sich nach der Zahl der auszurüstenden Einsatzkräfte. Bedingt durch die Lagerzeit von bis zu einem Jahr, muss bei der Auswertung jeweils ein Referenzdosimeter mit eingesendet werden. Zum einem ist es daher nötig in jedem Dosimetersatz auf dem Fahrzeug immer ein Dosimeter mehr vorzuhalten als Einsatzkräfte vorgesehen sind, und immer auch vollständige Sätze zu tauschen, da das Referenzdosimeter immer bei gleichen Bedingungen zu lagern ist.

24.3 Notfallpläne für nukleare Notfälle

Mit Inkrafttreten des neuen Strahlenschutzrechtes 2017 wurden aufeinander abgestimmte Notfallpläne des Bundes und der Länder für die nachfolgenden Szenarien entwickelt:

- Notfall in einem deutschen Kernkraftwerk,
- Notfall in einem Kernkraftwerk im grenznahen Ausland,
- Notfall in einem Kernkraftwerk im übrigen Europa,
- Notfall in einem Kernkraftwerk außerhalb Europas,
- Notfall in kerntechnischen Anlagen (keine Kernkraftwerke),
- terroristischer oder anderweitig motivierter Anschlag auf eine kerntechnische Anlage,
- Transportunfall an Land (Straße, Schiene, Luft),
- sonstiger Notfall mit radioaktiven Stoffen oder Kontaminationen,
- Absturz eines Satelliten mit radioaktivem Material,
- Notfall mit ungeklärtem Ursprung,
- Nuklearwaffen-Explosion.

Dem allgemeinen Notfallplan des Bundes sind besondere Notfallpläne für bestimmte Lebens- und Wirtschaftsbereiche nachgeordnet, die dann von den Ländern durch eigene Pläne ergänzt werden.

Für viele Szenarien wird die Koordinierung durch das radiologische Lagezentrum des Bundes, das vom Bundesamt für Strahlenschutz betrieben wird, übernommen. Dazu gehört auch ein radiologisches Lagebild, in dem neben vielen anderen Daten die von den Erkundern ermittelten Werte dargestellt werden.

Die Details zu den Plänen sprengen allerdings den Rahmen dieses Buches.

Literatur

Messgrößen im Strahlenschutz, online abrufbar unter: https://www.automess.de/service/messgroessen-im-strahlenschutz#energiedosis, zuletzt aufgerufen am 21.12.2025.

Krieger, H.: Strahlungsmessung und Dosimetrie, Springer Spektrum, 3., erweiterte und aktualisierte Aufl. 2021.

Vogt, H.-G., Vahlbruch, J.-W.: Grundzüge des praktischen Strahlenschutzes, Carl Hanser Verlag GmbH & Co. KG; 7., überarbeitete Auflage. 2019

Deutsches Institut für Normung e. V.: DIN 25700-2023 – Oberflächenkontaminationsmessungen an Fahrzeugen und deren Ladungen in strahlenschutzrelevanten Ausnahmesituationen, DIN Media GmbH, 2023.

Allgemeiner Notfallplan des Bundes, https://www.bundesrat.de/SharedDocs/drucksachen/2023/0301-0400/393-23(neu).pdf?__blob=publicationFileamp;v=1, zuletzt aufgerufen am 21.12.2025.

25 Analytische Task Force

25.1 Grundlage der Analytischen Task Force

Die Idee einer Analytischen Task Force (ATF) entstand erstmalig im Rahmen eines Forschungsvorhabens, das vom ehemaligen Bundesamt für Zivilschutz (Vorgänger des heutigen Bundesamtes für Bevölkerungsschutz und Katastrophenhilfe, BBK) bei der Technischen Universität Hamburg-Harburg im Jahr 1999 in Auftrag gegeben worden war. Der Gedanke war, den mit der messtechnischen Grundausstattung versorgten lokalen Feuerwehren in kurzer Zeit und flächendeckend durch hochtechnisierte und mobile Einheiten mit optimaler Gerätetechnik ein Expertenwissen zur Verfügung zu stellen, um komplexe CBRN-Lagen besser bewältigen zu können. Um dieses Ziel zu erreichen, müssen die Einheiten luftverlastbar und schnell abrückebereit sein. Zur Unterstützung der Kräfte vor Ort soll im Einsatzfall parallel ein Expertensystem aktiviert werden, welches sich aus Fachleuten aller Disziplinen (Meteorologen, Chemiker, Mediziner, Physiker, Ingenieure usw.) zusammensetzt, die aus den vor Ort ermittelten Daten eine Beratung der örtlichen Einsatzkräfte durchführen können. Dieser Gedanke wurde dann in der »Strategische Neukonzeption der ergänzenden technischen Ausstattung des Katastrophenschutzes im Zivilschutz« wieder aufgenommen. Als Folge der Veränderung der klassischen Bedrohungslage des Kalten Krieges war ein Umdenken im deutschen Zivilschutz notwendig geworden. Im Jahr 2002 kam es dann zu einer Verständigung des Bundes und der Länder über ein gemeinsames Vorgehen. Eines der Ziele war eine Abkehr von der flächendeckenden Ausstattung des Bevölkerungsschutzes nach dem »Gießkannenprinzip«. Zukünftig sollten, am konkreten Bedarf orientiert, Ressourcen vorgehalten werden. Aufgrund der in der Zukunft vorgesehenen Versorgungsstufen im Katastrophenschutz wird der normierte alltägliche Schutz der Bevölkerung (Stufe I) mit den lokalen Mitteln der Gefahrenabwehr bewältigt.

Ein standardisierter, flächendeckender Grundschutz (Stufe II) ist auf Ebene der Kreise sicherzustellen. Für den erhöhten Schutz in gefährdeten Regionen und Einrichtungen (Stufe III) sollen die Länder Sorge tragen.

Der Sonderschutz mithilfe von Spezialkräften (Task Forces als Stufe IV) für von Bund und Ländern definierte besondere Gefahren, wird von diesen beiden gemeinsam getragen. Als mögliche Schadenszenarien mögen hier der Anschlag auf die Tokioter U-Bahn 1995, der Großbrand in Schweizerhalle 1986 bzw. das Unglück von Bhopal 1984 dienen. Eine der dabei vorgesehenen Spezialressourcen ist die Task Force zur Schnellanalytik bei chemischen Lagen. Die dazu notwendigen Grundlagen waren in dem oben vorgestellten Forschungsprojekt geschaffen worden. Die Realisierung dieser Task Forces mit Aufgaben der C-Analytik (auch Analytische Task Force, ATF genannt) erfolgte im Rahmen eines Pilotprojektes an vier Standorten (Feuerwehr Hamburg, Feuerwehr Mannheim, Institut der Feuerwehr Sachsen-Anhalt in Heyrothsberge und das Landeskriminalamt Berlin), gefördert durch das BBK. Die Auswahl der Standorte erfolgte aufgrund der Tatsache, dass hier bereits eine umfangreiche analytische Ausstattung (unter anderem ein GC-MS) und eine hinreichende Einsatzerfahrung vorhanden waren. Die technische Ausstattung der einzelnen Standorte ist nahezu identisch, nur Art und Umfang des verfügbaren Personals unterscheiden sich durch die gewachsenen Strukturen. Das Fachpersonal (Chemiker, Ingenieure) stellen immer die Standorte. Der Bund ergänzt die vorhandene technische Ausstattung.

Nach Abschluss der Pilotphase und der Anerkennung des Systems durch die Innenministerien der Länder ist eine Erweiterung auf insgesamt sieben Standorte, zwei zusätzliche in Nordrhein-Westfalen (Köln und Dortmund) und München umgesetzt worden (▶ Bild 92), seit 2010 sind alle Standorte einsatzbereit. Die ATF soll innerhalb von zwei bis drei Stunden vor Ort zum Einsatz kommen, wenn die Möglichkeiten der kommunalen Gefahrenabwehr erschöpft sind. Die ATF baut dabei auf die Strukturen der Versorgungsstufen I bis III auf und kann diese nur verstärken, aber nicht ersetzen. Generell wird sich eine ATF auch immer der örtlichen Einsatzleitung unterstellen.

In einem weiteren Pilotprojekt wurde in den Jahren 2012 bis 2015 die Möglichkeit untersucht auch im Bereich der Biologie feldtaugliche Analysefähigkeiten sicherstellen zu können. Nach den hier gewonnenen Erkenntnissen wurden anschließend die erweiterten Fähigkeiten in das bestehende Konzept integriert.

Mittlerweile gab es auch noch organisatorische Änderungen. So wurde der Standort Heyrothsberge durch die Berufsfeuerwehr Leipzig (ab 2014) ersetzt und mit der Berufsfeuerwehr Essen (ab 2015), die sich auf den Bereich der B-Analytik spezialisiert hat, entstand die ATF Nordrhein-Westfalen mit den Standorten Köln, Essen und Dortmund. Die Standorte Berlin und München wurden zusätzlich zu ihren CRN-Fähigkeiten um das Modul B-Analytik erweitert, um auch diese Fähigkeit über das Bundesgebiet verteilt anbieten zu können.

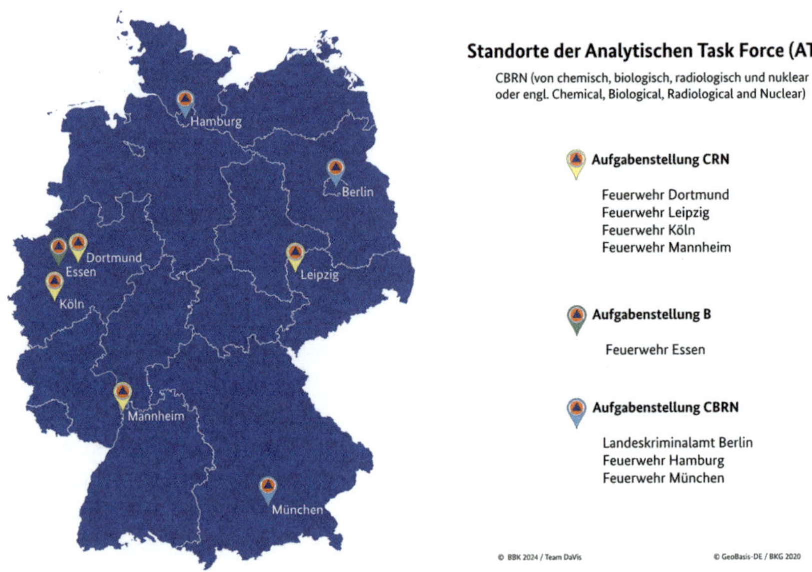

Bild 92: ***Standorte der Analytischen Task Force (Quelle: BBK, © BBK © GeoBasis-DE/BKG (2025))***

25.2 Alarmierung

Die Anforderung soll über die zentrale Koordinierungsstelle des Bundes (Gemeinsames Melde- und Lagezentrum, GMLZ) in Absprache mit den betroffenen Ländern erfolgen. Je nach Bundesland kann dies direkt erfolgen oder aber über eine autorisierte Stelle des betroffenen Landes. Aufgabe des GMLZ ist es, den Kontakt zwischen der anfordernden Institution und einer Führungskraft der ATF oder dem Lagezentrum des Landes, in dem die alarmierte ATF sitzt, herzustellen. Im direkten Gespräch müssen dann die Bedarfe und die Möglichkeiten zur Unterstützung abgeklärt werden. Zuweilen erfolgt die Hilfeanforderung aber noch auf dem klassischen Weg der Überlandhilfe bzw. in einigen Fällen auch im Rahmen der Amtshilfe. Die genauen Details zur Alarmierung finden sich in den Informationen des BBK zu Leistungsspektrum und Anforderungswegen der ATF.

In Abhängigkeit von der Schadenlage können folgende Unterstützungsleistungen angeboten werden:

- Detektion und Identifikation gefährlicher Substanzen und Substanzgemische,
- Überwachung großer Areale mittels Fernerkundung,
- Lokalisation und Identifikation luftgetragener Schadstoffe,
- Vorläufige Detektion biologischer Agenzien in einer biologischen Gefahrenlage,
- Detektion von Alpha-, Beta-, Gamma- und Neutronenstrahlung sowie eine Nuklididentifikation, um hier gegebenenfalls weitere spezialisierte Einheiten hinzuziehen zu können,
- Durchführung einer qualifizierten CBRN-Probenahme in biologischen Gefahrenlagen, Sicherstellung der Probenverpackung und des Transports in ein geeignetes Labor in Zusammenarbeit mit einem Labornetzwerk,
- Situationsbewertung basierend auf Analyseergebnissen und sonstigen einsatzrelevanten Erkenntnissen,
- Einschätzung der Lageentwicklung: kurz-, mittel- und langfristig,
- Erarbeitung von Vorschlägen für Maßnahmen der Einsatzleitung vor Ort (z. B. Warnung der Bevölkerung, Evakuierung, Dekontaminationsmaßnahmen usw.).

Wesentlich ist, dass die Kräfte der ATF immer nur eine beratende Funktion wahrnehmen und die Entscheidungsbefugnisse an der Einsatzstelle davon völlig unberührt bleiben.

25.3 Einsatzstufen der ATF

Ihre Aufgaben kann die ATF je nach Problemstellung und Dringlichkeit in drei Stufen wahrnehmen:

1. Stufe
Telefonische Beratung durch eine Führungskraft, die die Möglichkeiten der ATF einschätzen kann und die auch über ein fundiertes Fachwissen verfügt, um möglicherweise erste Hinweise zur weiteren Vorgehensweise geben zu können.

2. Stufe
Einsatz eines Erkundungsteams (Soforteinheit), das bei Bedarf luftverlastet eingesetzt werden kann. Diese Einheit ist in der Lage zu spüren und zu identifizieren, in Datenbanken zu recherchieren und sie kann durch Einbeziehung des Expertennetz-

werkes auch fundierte Fachinformationen liefern. Sofern eine erste Bewertung der Gefahrenlage eine erhebliche Gefährdung von Anwohnern oder Einsatzkräften nicht eindeutig ausschließt, ist in Abstimmung mit der örtlichen Einsatzleitung der Einsatz des Erkundungsteams, bestehend aus einer Führungskraft und zwei Einsatzkräften, sinnvoll. In Abhängigkeit vom Einsatzradius, der Wetterlage bzw. der Uhrzeit fährt das Erkundungsteam auf dem Landweg die Einsatzstelle an. Bei weiter entfernten Einsatzstellen und den gegebenen Voraussetzungen kann die luftverlastbare Ausrüstung umgeladen und auf dem Luftweg mit einem Hubschrauber zur Einsatzstelle gebracht werden.

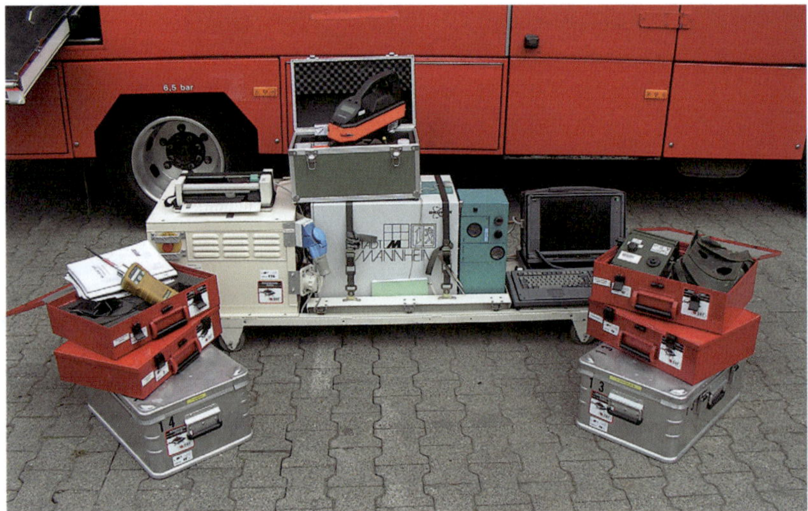

Bild 93: ***Umladen der luftverlastbaren Ausrüstung in einen Hubschrauber der Landespolizei (Quelle: Feuerwehr Mannheim)***

3. Stufe

Der Einsatz der vollständigen Einheit ist bei großräumigen oder länger anhaltenden bzw. komplexen Schadenlagen sinnvoll. Zusätzlich zum Erkundungsteam werden weitere Einsatzkräfte alarmiert, die zusätzliche Ausstattung und Fahrzeuge mitführen. Die erste Aufgabe an einer Schadenstelle wird in diesen Fällen aus der Erfahrung heraus in der Identifikation unbekannter Chemikalien liegen. Dazu wird in der ersten Phase des Spürens mit einer Art Screening-Verfahren das Gelände nach kontaminierten Bereichen untersucht. Im zweiten Schritt wird dann an Stellen mit positivem Befund eine Probe entnommen und eine Stoffidentifikation durchgeführt.

Sobald die freigesetzten Substanzen identifiziert sind, wird der Gefährdungsumfang ermittelt, d. h. mithilfe der Fernerkundung bzw. Erkundung im Gelände ist die mengenmäßige Verbreitung der Substanzen hauptsächlich in der Luft, bei Bedarf aber auch im Boden und Wasser zu bestimmen. Zusammen mit dem Spürauftrag werden auch erste Proben für stationäre Laboratorien genommen. Sobald erste analytische Fakten verfügbar sind, beginnt die Beratung der Einsatzleitung in Sachen Einsatztaktik, Medizin und Umwelt durch die ATF.

Auslandseinsatz

Die ATF Deutschland stellt mittlerweile auch ein CBRN-Detection and Sampling Module, das im Rahmen des EU-Gemeinschaftsverfahrens eingesetzt werden kann. Diese Teams müssen innerhalb von 24 Stunden die Abmarschbereitschaft sicherstellen und mehrere Tage autark arbeitsfähig sein. Die weiteren Anforderungsdetails, insbesondere bezüglich der Fähigkeiten, sind von der EU detailliert beschrieben. Das ATF-Team hat dabei eine Gesamtstärke von 19 Einsatzkräften, die im Bereich Logistik von drei Helfern des Technischen Hilfswerks unterstützt werden. Das Team selbst gliedert sich in sogenannte Teilfähigkeitseinheiten (TFE), die für spezielle Aufgaben vorgesehen sind.

Neben den Führungskräften gibt es eine TFE Logistik, die dafür zuständig ist, dass das Team auch in Einsatzgebieten ohne lokale Infrastruktur einsatzfähig ist. Die TFE Analytik bedient die umfangreiche Messtechnikausstattung. Die TFE Fernerkundung betreut das HI 90. Die TFE Probenahme/Dekon stellt die Entnahme der Proben im Feld sicher und dekontaminiert auch Einsatzkräfte, die diese Proben genommen haben. Als letztes stellt die TFE medizinischer Eigenschutz die medizinische Versorgung des Teams sicher. Neben der fachlichen Qualifikation müssen die Führungskräfte des EU-Moduls sprachliche Fähigkeiten (Englisch) besitzen sowie diverse Kurse für den Auslandseinsatz und ein umfangreiches Impfprogramm absolvieren.

25.4 Personal

Die personelle Ausstattung der ATF liegt in der Minimalbesatzung von vier Einsatzkräften und in der Maximalform bei 13 Personen für die eigentliche analytische Aufgabenstellung und die notwendige logistische Unterstützung. Im Bereich Analytik gliedert sich die ATF in den Führer der Einheit, der ständigen Kontakt zur Einsatzleitung hält und Führungskräfte, die die Einsatzkräfte direkt am Einsatzort leiten und beraten. Die Einsatzkräfte teilen sich auf in Personal, das die Sonderausstattung wie Fernerkundungs-FTIR und GC-MS bedient, und den Einsatzkräften mit Probenahmeausstattung und handgehaltenen Messgeräten, die im kontaminierten Bereich arbeiten.

25.5 Fahrzeuge

Der Fuhrpark der ATF-Standorte besteht aus dem Einsatzleitwagen ATF (ELW ATF) als Führungskomponente. Der auf einem Transporterfahrgestell aufgebaute ELW stellt die notwendige Kommunikationsinfrastruktur, Datenbanken und Ausbreitungsmodelle zur Verfügung. Er dient auch der Dokumentation des Einsatzes. Darüber hinaus ist er auch Träger des Fernerkundungssystems SIGIS 2 (▶ Kapitel 17).

Der CBRN-Erkundungswagen (CBRN-ErkW) entspricht dem Fahrzeugtyp, der flächendeckend vom Bund an die Länder abgegeben wurde. Neben dem Transport von Einsatzkräften dient er der Erkundung bei Flächenlagen.

Mit dem Gerätewagen ATF (GW ATF) steht ein Lkw zum Transport weiterer sechs Einsatzkräfte und der zusätzlichen Ausstattung des Bundes zur Verfügung. Bei den Standorten, die über den Ausstattungssatz B verfügen, steht ein zusätzlicher Gerätewagen zur Verfügung.

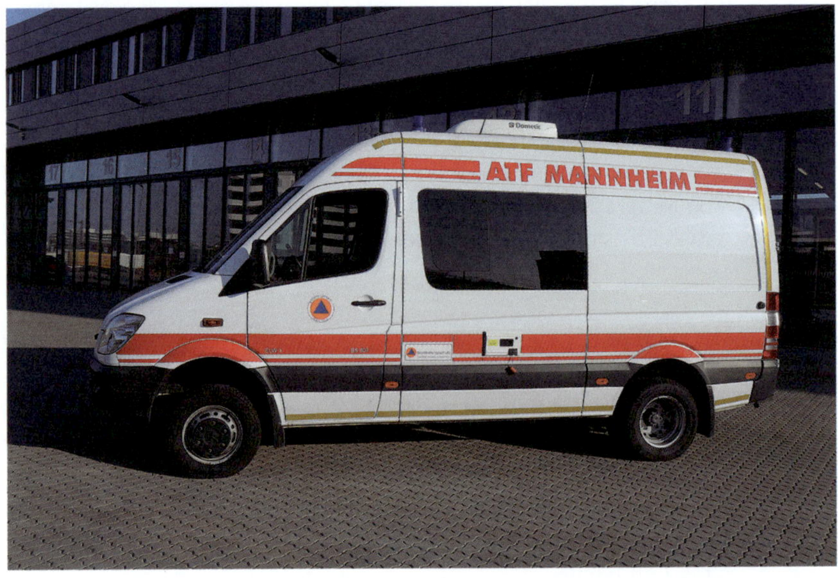

Bild 94: ***ELW-ATF der Analytischen Task Force (Quelle: Mario König)***

An den Standorten mit B-Aufgaben ist auch noch ein Mehrzweckfahrzeug ATF B (MZF ATF B) stationiert. Dieses Fahrzeug dient neben dem Personaltransport auch dem Transport von Proben zum Labor.

Als letztes stehen an den Standorten noch jeweils lokal beschaffte Fahrzeuge zur Verfügung, in denen vor Ort die Proben aufgearbeitet werden können, um sie mit den mitgeführten Messgeräten zu analysieren. Je nach Standort kann dies ein Transporter, ein Lkw oder aber ein Abrollbehälter sein. Hier ist in Zukunft ebenso wie bei den anderen Fahrzeugen eine Vereinheitlichung vorgesehen (▶ Kapitel 7).

25.6 Analytische Ausstattung

Neben den bei den Feuerwehren eingesetzten Messgeräten der Basis-Ausstattung (pH-Papier, Öltestpapier, Ex-Messgerät und Spürpulver) wird die Sonderausstattung, bestehend aus Prüfröhrchen, elektrochemischen Messgeräten, Photoionisationsdetektor (PID), Probenahmeausrüstung, Wärmebildkamera und Fernthermometer vorgehalten. Als Spezialausstattung können folgende Geräte eingesetzt werden:

Ausstattungssatz C:

- Mobiles GC-MS-System (▶ Kapitel 18)
- FTIR-Fernerkundungssystem (▶ Kapitel 17)
- FTIR ATR-Spektrometer zur Fest-/Flüssiganalytik (▶ Kapitel 15)
- Raman-Spektrometer zur Fest-/Flüssiganalytik (▶ Kapitel 16)
- Röntgenfluoreszenzspektrometer (▶ Kapitel 19)
- Ionenmobilitätsspektrometer (▶ Kapitel 14)
- Flammenionisationsspektrometer (▶ Kapitel 13)
- Ausstattungssatz Probenahme (▶ Kapitel 5)

Ausstattungssatz B (▶ Kapitel 23):

- Immunologische Methode
- Molekulargenetische Methode PCR

Ausstattungssatz RN (▶ Kapitel 24):

- Kontaminationsnachweisgerät
- Dosisleitungsmesser
- Dosisleistungswarner
- Gammaspektrometer

Neben der messtechnischen Ausstattung verfügt die ATF noch über umfangreiche Möglichkeiten zur Entnahme von Luft-, Wasser- und Bodenproben bzw. sonstigen Proben aus den unterschiedlichsten Quellen, gegebenenfalls auch im größeren Umfang, für radiologische, biologische und chemische Analysen.

Die Ausstattung mit Fahrzeugen und Analysentechnik der ATF-Standorte ist mittlerweile über die Stärke- und Ausstattungsnachweisung Analytische Task Force C-RN (StAN ATF C-RN) geregelt, die wiederum ein Teil des Feinkonzeptes der ATF darstellt.

25.7 Qualitätssicherung

Es wird angestrebt, im Bereich der Vor-Ort-Analytik Maßstäbe anzulegen, wie sie vom Prinzip auch für stationäre Labore gelten. Durch die Qualitätssicherung sollen jederzeit und von jedermann nachprüfbare Messergebnisse erzielt werden. Die Qualität der Messergebnisse bezüglich Stoffidentität (qualitative Analyse) und der Stoffmenge (quantitative Analyse) muss gewährleistet sein. Um diese Anforderungen umsetzen zu können, sind mehrere Maßnahmen notwendig:

- Wo immer es möglich ist, werden standardisierte Verfahren eingesetzt, die detailliert beschrieben sind und permanent geübt werden.
- Soweit möglich, werden alle Geräte regelmäßig kalibriert und auf ihre Genauigkeit überprüft (zum Teil täglich).
- Der Einsatz von internen Standards soll sicherstellen, dass die Messwerte reproduzierbar sind.
- Die Teilnahme an Ring-Tests mit anderen Laboratorien soll die Vergleichbarkeit mit den Werten stationärer Laboratorien und der ATF-Standorte untereinander sicherstellen.

25.8 Analysenstrategie

Eine der Stärken der ATF ist die sogenannte Vor-Ort-Analytik. Unter dem Begriff der Vor-Ort-Analytik versteht man die Tatsache, dass das Labor zur Probe (Schadenstelle) kommt und nicht wie üblich die Probe zum Labor. Der Vorteil dieses Vorgehens, das im Bereich der Messtechnik bei Altlastenuntersuchungen häufig angewendet wird, liegt darin, dass die Analyseergebnisse bereits nach wenigen Minuten vorliegen. Darüber hinaus ist es bei diesem Verfahren auch sehr viel schneller möglich, auf Situationsänderungen bzw. neue Erkenntnisse zu reagieren, da jederzeit neue

Proben genommen und zeitnah ausgewertet werden können. Aufgrund der oftmals akuten Bedrohungslage sind die konventionellen Verfahren der chemischen Analytik für die Fragestellungen im Brand und Havariefall ungeeignet, da die Analyseergebnisse alleine durch die Transportzeit der Proben nicht zeitnah für eine Entscheidungsfindung zur Verfügung stehen. Je nach Schadenfall ist bei akuten Fragestellungen von einem maximalen Zeitfenster bis zum Vorliegen des Untersuchungsergebnisses von wenigen Minuten bis zu maximal ein bis zwei Stunden auszugehen. Die von der ATF an der Einsatzstelle gewonnenen analytischen Ergebnisse bezüglich der freigesetzten Stoffe oder Stoffgemische werden von den unterschiedlichsten Fachleuten im Rahmen des Expertennetzwerkes bewertet. Die Stärke des Systems gegenüber einem einzelnen Fachberater besteht darin, dass viele Fachrichtungen abgedeckt werden können. Auf Basis einer gemeinsamen EDV-Plattform ist auch ein interner Informations- und Datenaustausch zwischen den Experten möglich, bevor die bewerteten Daten über die ATF an die Einsatzleitung weitergegeben werden.

25.9 Erfahrungen

Neben den laufenden Übungen am Standort und der Teilnahme an Übungen im Umland nehmen die ATF-Standorte auch regelmäßig an Übungen teil, die im Rahmen des EU-Gemeinschaftsverfahrens innerhalb der EU veranstaltet werden. So war die ATF Mannheim 2004 bei der Eudrex in Österreich, 2005 bei der Euratech in Frankreich, 2007 bei der Eulux in Luxemburg und die ATF Hamburg 2006 bei der Eudanex in Dänemark vertreten. 2008 kam es zu einer gemeinsamen Übung der Standorte Hamburg, Berlin und Mannheim in Südfrankreich. In den späteren Jahren wurden unter anderem 2013 in Lyon, 2015 in Antwerpen und 2023 in Linz an europäischen Großübungen teilgenommen, hier dann mit den neu dazugekommenen Standorten. Auf nationaler Ebene finden seit 2011 alle zwei Jahre gemeinsame Übungen aller ATF-Standorte, zum Teil auch mit einer schweizer Einheit statt. Im großen Stil konnten während des Weltjugendtages (2005), der Fußball-WM (2006), dem G8-Gipfel (2007), der Fußball-EM (2008) und dem NATO-Gipfel (2009), den G7-Gipfeln in Garmisch-Partenkirchen (2015 und 2022) und in Hamburg (2017) Erfahrungen bei der Bewältigung von Großereignissen gesammelt werden. Daneben kam es aber auch zu einer Reihe von Einsätzen bei Schadenfällen im Rahmen der Überlandhilfe, bei denen das System erprobt werden konnte. Bei allen Realeinsätzen, Übungen und bei den Einsätzen im Zusammenhang mit Großveranstaltungen zeigte sich das Funktionieren des Systems Analytische Task Force. Viele, heute in der Fläche noch unübliche technische und taktische Neuerungen, konnten dabei erprobt und optimiert werden. Alle ATF-Standorte werden auch in die permanente Weiterentwicklung modernster Analysentechnik eingebunden. Durch die enge Zusammenarbeit mit anderen Einrichtungen des Bundes (Wehrwissenschaftliches Institut der Bundeswehr, Bundeskriminalamt) ist auch ein permanenter Erfahrungsaustausch sichergestellt.

Nicht zuletzt werden alle ATF-Standorte zusammen jährlich zu über 100 Einsätzen gerufen.

Weiterführende Literatur zu Kapitel 25

Matz, G., Schillings, A., Rechenbach, P.: Task Force für die Schnellanalytik bei großen Chemieunfällen und Bränden, Bundesverwaltungsamt – Zentralstelle für Zivilschutz (Hrsg.), Zivilschutzforschung Band 49, 2002.

Rechenbach, P.: Strategische Neukonzeption der ergänzenden technischen Ausstattung des Katastrophenschutzes im Zivilschutz, Bundesministerium des Innern, 2003.

König, M.: Anwendung von Vor-Ort-Analytik bei Havarien und im Katastrophenschutz, in: Vor-Ort-Analytik für die Erkundung von kontaminierten Standorten, E. Schmidt Verlag, S. 129-149, 2003.

König, M., Rudolph, R.: Europe trains for disasters, Crisis Response Journal, Vol. 1, Issue 3, S. 9-11, 2005.

König, M., Rudolph, R.: Einsatz für die ATF, Erfahrungsbericht zur Übung Euratech, BRANDSCHUTZ/Deutsche Feuerwehr-Zeitung 7/2005, S. 543 ff.

Thorns, J., Will, M.: Rhadereistedt: Tödlicher Gasaustritt in Biogasanlage, BRANDSCHUTZ/Deutsche Feuerwehr-Zeitung 1/2006, S. 43 ff.

Warner, D., Storm, K., Feuerwehr Hamburg: Messeinsatz beim Biogasanlagen-Unfall, BRANDSCHUTZ/Deutsche Feuerwehr-Zeitung 7/2006, S. 472 ff.

BBK Ausstattungssatz, Beladeplan und Typenblatt für Einsatzleitwagen der Analytischen Task Force BBK III.6, Stand November 2010.

BBK Die Analytische Task Force, Informationen zu Leistungsspektrum und Anforderungswegen, BBK Ref. III.2, Mai 2019.

Krause M., Kötke F.: Analytische Task Force, Feuerwehr Retten-Löschen-Bergen, 1-2/2020, S. 24-29.

26 Praktische Ausbildung

Die Handhabung von Nachweisgeräten muss regelmäßig geübt werden, um den Anwendenden praktische Erfahrungen zu ermöglichen.

In praktischen Ausbildungsteilen sind Vorgaben des Arbeitsschutzes grundsätzlich einzuhalten, da hier keine Abweichungen in Anlehnung an die einsatzbezogenen Regelungen der FwDV 500 möglich sind. Lässt es sich nicht vermeiden, die Funktion von Nachweisgeräten unter der Verwendung von Gefahrstoffen darzustellen, fordert die Gefahrstoffverordnung eine Gefährdungsbeurteilung. Die grundsätzliche Vermeidung einer Gefährdung und die Vermeidung des Verwaltungsaufwands sind Motivation genug, nach alternativen Darstellungsmöglichkeiten zu suchen.

26.1 Ersatzmedien zur Darstellung

An den Stationen (Messpunkten) einer Übung liegen vorbereitete schriftliche Unterlagen für die Teilnehmenden bereit. Dies können im einfachsten Fall Zettel mit Vorgaben für die Messwertanzeige der eingesetzten Geräte sein. Mehr Vorbereitungsaufwand erfordern Fotos (ggf. einlaminiert) von Messwertanzeigen der eingesetzten Geräte [26.3, 26.4]. Diese Verfahrensweise setzt voraus, dass die erzeugten Anzeigen bei der Übungsvorbereitung unter Laborbedingungen mit realen Gefahrstoffen oder geeigneten Ersatzstoffen für eine Fotodokumentation erzeugt worden sind.

Die Verwendung von QR-Codes zur Darstellung der Messwerte wird bereits im Jahr 2014 in der Fachliteratur beschrieben [26.4].

26.2 Gerätetechnische Simulation

Die auf dem Markt verfügbaren Simulationssysteme kommen ohne die Verwendung gefährlicher Stoffe aus, da die Simulation auf Funksignalen oder Magnetfeldern beruht, die von entsprechend technisch modifizierten Originalgeräten empfangen und ausgewertet werden.

Der Nachteil, dass zusätzliche Geräte beschafft werden müssen, wird durch die Vorteile der gefahrlosen Arbeitsweise und Reproduzierbarkeit aufgewogen. Ein weiterer Vorteil ist, dass für das Ausbildungspersonal die Möglichkeit zur Einflussnahme von außen während der Übung besteht.

Die Palette der am Markt verfügbaren Simulationsgeräte wird kontinuierlich erweitert. Beispiele für verfügbare Geräte unterschiedlicher Hersteller:

- FH40G-SIM,
- Tracerco PED-SIM,
- CoMo170 SIM,
- RadEye-SIM,
- Radsim GS4 Strahlungsquellen-Sim,
- Multigas-SIM,
- LCD3-SIM,
- ChemProX.

26.3 Stoffliche Darstellung

26.3.1 Radioaktive Quellen

Der gefahrlose Einsatz von Prüfstrahlern gehört zum Standard, wenn bei verschiedenen Gerätegruppen für ionisierende Strahlung eine Messwertanzeige ausgelöst werden soll. Der Klassiker ist auch immer noch die Verwendung von schwach radioaktiven Glühstrümpfen von gasbetriebenen Lampen.

Für den Kontaminationsnachweis eignen sich Suchvorrichtungen, die vor der Ausbildungsveranstaltung mit schwach radioaktiven Quellen präpariert werden können und die Darstellung für Alpha-, Beta- und Gamma-Strahlung ermöglichen.

26.3.2 Chemische Gefahrstoffe

Für die Darstellung luftgetragener Gefahrstoffe eignen sich handelsübliche Haushaltsprodukte, die leicht verfügbar und bei korrekter Handhabung trotz stoffspezifischer gefährlicher Eigenschaften gefahrlos anwendbar sind und sich in der nachfolgend beschriebenen Übungsvorrichtung auch für quantitative Verfahren eignen.

Tabelle 23: ***Ersatzstoffe für die Lagedarstellung bei CBRN-Übungen (Quelle: Kühar, A., Ehrmann, K.: CBRN-Schutz in der Gefahrenabwehr, 1. Auflage 2020, Verlag W. Kohlhammer, S. 305 ff.)***

Gefahrstoff	Darstellungsmittel
Ammoniak	Verdünnte wässrige Ammoniaklösungen »Salmiakgeist«
Blausäure	Zigarettenrauch
Chlor	Hypochlorithaltige Haushaltsreiniger, wässrige Natriumhypochlorit-Lösungen
Brennbare Flüssigkeiten	Brennspiritus

Die in ▶ Tabelle 23 genannten Darstellungsmittel reichen auf jeden Fall aus, um die Handhabung und Funktion von Prüfröhrchen und elektrochemischen Messgeräten ausprobieren zu können.

Übungen mit Prüfröhrchen bleiben sonst immer abstrakt, wenn keine Verfärbung erkennbar ist. Das richtige Gefühl im Umgang mit Prüfröhrchen kann nur vermittelt werden, wenn auch ein Ergebnis ablesbar ist.

Die früheren Trainerröhrchen der Firma MSA-AUER stehen seit 2014 dem deutschen Markt nicht mehr zur Verfügung.

Für die Civil Defense Simultantestsets bietet Dräger Trainingssets an. Für spezielle Anwendungsfälle, bei denen die Darstellung von Kampfstoffen in Übungen erforderlich wird, nennen Kühar/Ehrmann auch alternative Darstellungsmittel [26.3]. Weiterhin eignen sich folgende Stoffe für die Lagedarstellung:

- verdünnte Soda- und Essig-/Zitronensäurelösungen: Umgang pH-Papier
- Glycerin mit Lebensmittelfarbe gefärbt: viskose Flüssigkeiten
- Tapetenkleister; für Flüssigkeiten mit schleimiger Konsistenz
- Methylcellulose: Zusatzstoff zur Beimengung zur Beeinflussung der Viskosität
- Mehl und Bärlappsporen (Lykopodium): feinkörniges Pulver
- Kochsalz, körniger Zucker: kristalline Feststoffe

Wenn sauberes Arbeiten trainiert werden soll, bieten sich flüssige oder pudrige Fluoreszenzfarbstoffe an. Eine Kontaminationsverschleppung lässt sich nach der eigentlichen Probenahme sehr gut mit einer geeigneten UV-Lampe nachweisen. Der Nachweis erfolgt am besten in einem möglichst dunklen Raum mit einer UV-Lampe in einer Leuchtstoffröhrenfassung.

Übungsvorrichtung für gasförmige und flüssige Gefahrstoffe

Ziel der nachfolgend beschriebenen Vorgehensweise ist es, mit wenig Aufwand eine Vorrichtung zu schaffen, mit der eine Vielzahl leicht reproduzierbarer Gas-/Dampf-Luftgemische für eine möglichst große Zahl an Messverfahren bzw. zu messender Gase ortsunabhängig (auch im Freien) herstellbar sind. Die dabei erreichten Genauigkeiten entsprechen in keiner Weise einem wissenschaftlichen Ansatz, für die in einem Feuerwehreinsatz notwendige Präzision dürften sie jedoch hinreichend genau sein.

Das Verfahren bietet auch die Möglichkeit bei Prüfröhrchen den jeweiligen Farbumschlag in einer realistischen Übung zu erkennen. Durch die Möglichkeit verschiedene Stoffkonzentrationen einzustellen, kann auch in einem Raum bei einem Gas hoher Dichte das Konzentrationsgefälle gut simuliert werden, oder aber bei einer Freisetzung im Gelände durch die Verteilung der Gassäcke eine Konzentrationsabnahme mit zunehmender Entfernung von der Leckagestelle simuliert werden.

Um unnötige Gefährdungen zu vermeiden, kann insbesondere im Bereich der Prüfröhrchen oftmals mit der Querempfindlichkeit vieler Substanzen gearbeitet werden, die den gleichen Farbumschlag ergeben. Eventuell müssen die Stoffmengen angepasst werden, um die gewünschte quantitative Anzeige zu erhalten.

Das Gleiche gilt für den Einsatz mit einem Photoionisationsdetektor. Wenn hier quantitative Messungen geübt werden sollen, kann über die Einstellung der Substanz die entsprechende Empfindlichkeit sichergestellt werden.

Die Übungsvorrichtung besteht aus einem Kunststoffbeutel in den ein stark verdünntes Gas-/Dampf-Luftgemisch gefüllt wird, das während der Übung mit einem Gasmessgerät herausgesaugt und ausgewertet wird. Neben der vorgestellten Bastellösung eignen sich grundsätzlich auch Tedlar-Bags für die beschriebenen Übungen.

Versuch

Die hier beschriebenen Bauteile sind zum Teil im Laborfachhandel und im Einzelhandel zu beziehen.

Materialliste:

- **1 Kunststoffsack (ca. 3 l Volumen, am besten sind stabile Gefrierbeutel)**
- **1 Gummistopfen NS 29 einfach durchbohrt**
- **1 Edelstahlröhrchen ca. 50 mm lang, passend zur Bohrung**
- **1 Laborschlauch ca. 10 cm lang**
- **1 Quetschhahn**
- **1 Kabelbinder oder Schlauchschelle mit Schutzgummi**

Der Sack wird mit einem Kabelbinder oder der Schlauchschelle, geschützt durch ein Stück Moosgummi oder ähnlichem, fest am Gummistopfen befestigt. Das Stahlröhrchen wird in den Stopfen eingedreht, etwas Silikonöl erleichtert das Ganze. Er sollte stramm sitzen. Der Laborschlauch sollte ebenfalls stramm auf dem Stahlröhrchen sitzen. Zuletzt wird jetzt der Quetschhahn zum Verschluss des Schlauches eingesetzt.

Als nächstes muss das Volumen des Sackes bestimmt werden. Dazu wird er blasenfrei mit Wasser bis zur Schlauchklemme gefüllt und auf einer Waage (Anzeige auf ein Gramm genau) gewogen. Wenn vorher das Leergewicht bestimmt wurde, kann nun leicht das Volumen aus der Differenz bestimmt werden. Bei gleicher Bauweise der Säcke muss das Volumen nur einmal für die Konstruktion bestimmt werden.

Für das Herstellen der Gasgemische können Kolbenprober, medizinische Einwegspritzen oder Mikroliterspritzen für Flüssigkeitsproben verwendet werden.

Gase

Wird direkt ein Gas eingesetzt, das einer Gasflasche entnommen wird, bietet sich ein Dreiwegehahn zum Befüllen des Kolbenprobers oder der Einwegspritze an. Das Gas wird dann über den Schlauch in den Beutel gegeben. Anschließend wird der Sack vorsichtig mit Pressluft aufgefüllt. Dafür bietet sich Atemluft an, die man über einen Adapter in den Beutel einfüllt. Der Druck im Beutel entspricht am Schluss dem der Umgebungsluft!

Die Gaskonzentration berechnet sich in diesem Fall nach dieser Formel:

$$c = \frac{V_{Gas}}{V_{Sack}} \times 100$$

c = Konzentration des Gases [Vol.-%]
V_{Gas} = Volumen des Prüfgases [mL]
V_{Sack} = Volumen des Probensackes [mL]

Flüssigkeiten

Bei der Einspritzung von Flüssigkeiten muss die Volumenzunahme durch Verdampfen berücksichtigt werden. Ist die Menge an einzuspritzender Flüssigkeit zu gering, um noch gut handhabbar zu sein, kann auch ein Lösungsmittel verwendet werden, das aber zu keiner Querempfindlichkeit mit dem Messverfahren führen darf.

Zum Herstellen des gewünschten Gasgemisches wird bei Flüssigkeiten mit einer Mikroliterspritze eine kleine Menge aufgezogen, in den Beutel eingespritzt und dann wieder mit Luft aufgefüllt. Beim Aufziehen der Spritze ist darauf zu achten, dass sich in der Spritze keine Luftblasen befinden.

Die Dampfkonzentration berechnet sich nach diesen Formeln:

$$c = \frac{D \times V_{fl}}{V_{Sack}}$$

c = Konzentration des Dampfes, massenbasiert [mg/m³]
D = Dichte der Flüssigkeit [mg/µl]
$V_{fl.}$ = Flüssigkeitsvolumen [µl]
V_{Sack} = Sackvolumen [mL]

zur Umrechnung in ppm:

$$c_{ppm} = \frac{24{,}1 \times c}{M}$$

c_{ppm} = Konzentration volumenbasiert [ml/m³], ppm
24,1 = Molvolumen bei 20 °C [ml/mmol]
c = Konzentration des Dampfes, massenbasiert [mg/m³]
M = Molmasse [mg/mmol], entspricht den Tabellenwerten [g/mol]

Ist der Beutel mit dem Gasgemisch gefüllt, wird das Messgerät über den Schlauch an den Sack angeschlossen, der Quetschhahn geöffnet und das nötige Gasvolumen abgesaugt, um die gewünschte Anzeige zu erhalten. Ist die Messung beendet, erst den Quetschhahn schließen und dann das Gerät wieder abziehen.

Beispielhafte Anwendungen

Die Prüfröhrchen Benzintest, Kohlenwasserstoffe, Erdgas, Kohlenmonoxid lassen sich z. B. mit n-Pentan zur Anzeige bringen.
Die Röhrchen Ammoniak, Triethylamin und Hydrazin reagieren mit Ammoniakgas. Viele Röhrchen zum Nachweis von Säuren enthalten pH-Indikatoren und sind daher leicht über Querempfindlichkeiten zur Anzeige zu bringen.

Literatur

[26.1] Göhlich, T.: Platz für 228 radioaktive Quellen. Crisis Prevention 2/2021, S. 19.
[26.2] Göhlich, T.: Schulung nach FwDV 500 mit Gamma-Simulations-Quelle. Crisis Prevention 2/2022, S. 45.
[26.3] Kühar, A., Ehrmann, K.: CBRN-Schutz in der Gefahrenabwehr, Verlag W. Kohlhammer, 1. Auflage, 2020.

[26.4] Neumann, J., Voss, O., Moravec, O.: Messübungen durch moderne Technik aktueller Ausbildung angepasst. BRANDSCHUTZ/Deutsche Feuerwehr-Zeitung 4/2014, S. 296 f.
[26.5] Bundesamt für Zivilschutz: Leitfaden für die Vollausbildung der Helfer des ABC-Dienstes im Katastrophenschutz, März 1987 S. 653.

Schlusswort

Wie wird sich das Thema »Messtechnik im Feuerwehreinsatz« weiterentwickeln? Die Autoren antworten auf diese Frage mit mehreren Thesen:

Mit der Neuentwicklung weiterer Nachweisverfahren wird im Bereich der radioaktiven und chemischen Stoffe nicht im gleichen Umfang zu rechnen sein, wie in den vergangenen 16 Jahren seit 2010.

Für den Nachweis biologischer Gefahren wird es dagegen weitere interessante Entwicklungen geben, die auch für unterwiesene Einsatzkräfte einfach zu bedienen sind und im Rahmen der Reaktionszeiten der biochemischen Verfahren zu Ergebnissen führen, die noch Einfluss auf die taktischen Maßnahmen der eingesetzten Einheiten haben können.

Messkonzepte und flächendeckend einheitliche Standards werden aufgrund der Fortschreibung der Feuerwehr-Bedarfs- und Entwicklungsplanung weiter etabliert und ausgebildet. Auch auf Bundesebene sind weitere Standardisierungen im Bereich Zivilschutz zu erwarten.

Für die Messdatenauswertung, -übertragung und -darstellung sind weitere EDV-Anwendungen in der Entwicklung, insbesondere bei der Anbindung der Erkunderfahrzeuge des Bundes an die Messleitkomponente.

Der Bedarf an standardisierter Aus- und Fortbildung wird deutlich steigen.

Die Fähigkeit, Gefahrstoffe nachweisen zu können, wird aufgrund der veränderten globalen Bedrohungslagen an Bedeutung weiter gewinnen und über die zukünftige Methodik der Risikoanalyse und Bedarfsplanung für den Katastrophenschutz – aufbauend auf der Bedarfs- und Entwicklungsplanung – einen anderen Stellenwert bekommen, als das bisher der Fall war. Damit einher wird auch eine verbesserte gerätetechnische Ausstattung der Einheiten auf örtlicher Ebene gehen. Auch der Nachweis von CBRN-Stoffen im Rahmen von militärischen Anwendungen muss leider wieder einen höheren Stellenwert bekommen.

Die Hersteller von Nachweisgeräten werden auch weiterhin nicht auf die Wünsche der Anwender bei Feuerwehren und bei Katastrophenschutzeinheiten nach Bedienerfreundlichkeit und Nachhaltigkeit eingehen, da der Marktanteil für diese Zielgruppe im Vergleich zu kommerziellen und militärischen Anwendungen einfach zu klein ist.